中国城乡建设统计年鉴

China Urban-Rural Construction Statistical Yearbook
2014

中华人民共和国住房和城乡建设部

Ministry of Housing and Urban-Rural Development, P. R. CHINA

中国统计出版社
China Statistics Press

图书在版编目（CIP）数据

中国城乡建设统计年鉴. 2014 : 汉英对照 / 中华人民共和国住房和城乡建设部编. -- 北京 : 中国统计出版社, 2015.9
ISBN 978-7-5037-7585-7

Ⅰ. ①中… Ⅱ. ①中… Ⅲ. ①城乡建设－统计资料－中国－2014－年鉴－汉、英 Ⅳ. ①TU984.2-66

中国版本图书馆 CIP 数据核字(2015)第 204390 号

中国城乡建设统计年鉴—2014

作　　者/中华人民共和国住房和城乡建设部
责任编辑/佘竞雄
封面设计/张　冰
出版发行/中国统计出版社
通信地址/北京市丰台区西三环南路甲 6 号　邮政编码/100073
电　　话/邮购（010）63376909　书店（010）68783171
网　　址/ http://www.zgtjcbs.com
印　　刷/河北天普润印刷厂
经　　销/新华书店
开　　本/880mm×1230mm　1/16
字　　数/445 千字
印　　张/15
版　　别/2015 年 9 月第 1 版
版　　次/2015 年 9 月第 1 次印刷
定　　价/90.00 元

如有印装差错，由本社发行部调换。

《中国城乡建设统计年鉴—2014》

编委会和编辑工作人员

China Urban Construction Statistical Yearbook - 2014

Editorial Board and Editorial Staff

编者说明

一、为贯彻落实科学发展观和城乡统筹精神，全面反映我国城乡市政公用设施建设与发展状况，为方便国内外各界了解中国城乡建设全貌，我们编辑了《中国城乡建设统计年鉴》和《中国城市建设统计年鉴》中英文对照本，每年公开出版一次，供社会广大读者作为资料性书籍使用。

二、本年鉴的统计范围

设市的城市的城区：市本级(1)街道办事处所辖地域；(2)城市公共设施、居住设施和市政公用设施等连接到的其他镇（乡）地域；（3）常住人口在3000人以上独立的工矿区、开发区、科研单位、大专院校等特殊区域。

县城：(1)县政府驻地的镇、乡或街道办事处地域（城关镇）；(2)县城公共设施、居住设施和市政公用设施等连接到的其他镇（乡）地域；（3）常住人口在3000人以上独立的工矿区、开发区、科研单位、大专院校等特殊区域。

村镇：政府驻地的公共设施和居住设施没有和城区（县城）连接的建制镇、乡和镇乡级特殊区域。

三、2014年底全国境内31个省、自治区、直辖市，共有653个设市城市，1596个县（含自治县、旗、自治旗、林区、特区。下同），20401个建制镇，12282个乡（含民族乡、苏木、民族苏木。下同），58.5万个行政村。

四、本年鉴根据各省、自治区和直辖市建设行政主管部门上报的2014年城乡建设统计数据编辑，由城市（城区）、县城、村镇三部分组成：

（一）城市（城区）部分，统计了651个城市、1个特殊区域、1个新撤销市。其中，陕西省杨凌区按城市统计；福建省建阳市由市改区，仍按城市单独统计；另外2个城市，即云南省香格里拉市属于撤县改市，仍按县城统计，没有统计在城市（城区）部分；新疆霍尔果斯市新设市，暂未统计。

（二）县城部分，统计了1579个县，另有10个新撤销县、14个特殊区域以及149个新疆生产建设兵团师团部驻地。17个县没有统计，包括北京市延庆县、密云县和上海市崇明县3个县因与城市分不开，数据含在城市部分；河北省邯郸县、邢台县、宣化县、沧县，山西省泽州县，辽宁省抚顺县、盘山县、铁岭县、朝阳县，河南省许昌县、安阳县，新疆维吾尔自治区乌鲁木齐县、和田县等13个县，因与所在城市市县同城，数据含在所在城市部分；福建省金门县暂无数据资料。

江苏省赣榆县、福建省永定县、山东省沾化县、河南省开封县、湖北省郧县、湖南省望城县、广东省阳东县、贵州省平坝县、云南香格里拉县、陕西省高陵县等10个县，因新撤销县，改区或改市，仍按县城统计。

14 个特殊区域包括河北省曹妃甸区，黑龙江省加格达奇区，江西省庐山风景区，湖南省南岳区、大通湖区、洪江区，海南省洋浦开发区，云南省昆明阳宗海风景名胜区、昆明倘甸产业园区和昆明轿子山旅游开发区，宁夏回族自治区红寺堡开发区，青海省海北州府西海镇、茫崖行委、大柴旦行委、冷湖行委。

（三）村镇部分，统计了 17653 个建制镇、11871 个乡、679 个镇乡级特殊区域和 270 万个自然村（其中村民委员会所在地 54.67 万个）。

五、本年鉴数据不包括香港特别行政区、澳门特别行政区以及台湾省。

六、本年鉴中除人均住宅建筑面积、人均日生活用水外，所有人均指标、普及率指标均以户籍人口与暂住人口合计为分母计算。

七、本年鉴中“—”表示本数据不足本表最小单位数。

八、本年鉴中部分数据合计数或相对数由于单位取舍不同而产生的计算误差，均没有进行机械调整。

九、为促进中国建设行业统计信息工作的发展，欢迎广大读者提出改进意见。

EDITOR'S NOTES

1. Under the guideline of the Scientific Outlook on Development and in line with the efforts to promote the coordinated urban and rural development, *China Urban-Rural Construction Statistical Yearbook* and *China Urban Construction Statistical Yearbook* are published annually in both Chinese and English languages to provide comprehensive information on urban and rural service facilities development in China. Being the source of facts, the yearbooks help to facilitate the understanding of people from all walks of life at home and abroad on China's urban and rural development.

2. Coverage of the statistics

Urban Areas: (1) areas under the jurisdiction of neighborhood administration; (2) other towns (townships) connected to urban public facilities, residential facilities and municipal utilities; (3) special areas like independent industrial and mining districts, development zones, research institutes, and universities and colleges with permanent residents of 3000 and above.

County Seat Areas: (1) towns and townships where county governments are situated and areas under the jurisdiction of neighborhood administration; (2) other towns (townships) connected to county seat public facilities, residential facilities and municipal utilities; (3) special areas like independent industrial and mining districts, development zones, research institutes, and universities and colleges with permanent residents of 3000 and above.

Villages and Small Towns Areas: towns, townships and special district at township level of which public facilities and residential facilities are not connected to those of cities (county seats).

3. There were a total of 653 cities, 1596 counties (including autonomous counties, banners, autonomous banners, forest districts, and special districts), 20401 towns, 12282 townships (including minority townships, Sumus and minority Sumus), and 585,000 administrative villages in all the 31 provinces, autonomous regions and municipalities across China by the end of 2014.

4. The yearbook is complied based on statistical data on urban and rural construction in year 2014 that were reported by construction authorities of provinces, autonomous regions and municipalities directly under the central government. The yearbook is composed of statistics for three parts, namely statistics for cities (urban districts), county seats, and villages and small towns.

(1) In the part of Cities (Urban Districts), data are from 651 cities, 1 special zones and 1 city that has been newly removed. Yangling District in Shannxi Province is classified as city; Jianyang City in Fujian Province has been reorganized to become a district, but is still classified as city in the yearbook; Shangri-la City in Yunnan Province was a county previously which has been removed to establish city, and its data are still included in the Part of County Seats instead of the Part of Cities (Urban Districts); Huoerguosi City in Xinjiang Autonomous Region is a newly established city, and its data are currently unavailable.

(2) In the part of County Seats, data is from 1579 counties, 10 newly removed counties, 14 special zones and districts, and 149 stations of Xinjiang Production and Construction Corps. Data of 17 counties are not included, because data from Yanqing and Miyun County in Beijing and Chongming County in Shanghai are included in the

statistics of Beijing and Shanghai respectively, as these counties cannot be separated from the cities they belong to; data from 13 counties including Handan, Xingtai, Xuanhua, and Cangxian County in Hebei Province, Zezhou County in Shanxi Province, Fushun, Panshan, Tieling, and Chaoyang County in Liaoning Province, Xuchang and Anyang County in Henan Province, and Urumqi and Hetian County in Xinjiang Uygur Autonomous Region are included in the statistics of the respective cities administering the above counties due to the identity of the location between the county seats and the cities; data on Jinmen County in Fujian Province has not been available at the moment.

Data from 10 counties including Ganyu County in Jiangsu Province, Yongding County in Fujian Province, Zhanhua County in Shandong Province, Kaifeng County in Henan Province, Yunxian County in Hubei Province, Wangcheng County in Hunan Province, Yangdong County in Guangdong Province, Pingba County in Guizhou Province, Shangri-la County in Yunnan Province and Gaoling County in Shannxi Province are still included in the Part of Count Seats as these counties have been newly removed to become districts or cities.

14 special zones and districts include Caofeidian in Hebei Province, Jiagedaqi in Heilongjiang Province, Mount Lushan Scenic Spot in Jiangxi Province, Nanyue District, Datong Lake District and Hongjiang District in Hunan Province, Yangpu Development Zone in Hainan Province, Kunming Yangzonghai Scenic Spot, Kunming Tangdian Industrial Park and Kunming Mount Jiaozi Tourism Development Zone in Yunnan Province, Hongsibao Development Zone in Ningxia Autonomous Region, and Xihai Town and Mangya, Dachaidan and Lenghu Administrative Commission in Haibei Prefecture of Qinghai Province.

(3) In the part of Villages and Towns, statistics is based on data from 17653 towns, 11871 townships, 679 special areas at the level of town and township, and 2.70 million natural villages including 546.7 thousand villages where villagers' committees are situated.

5. This Yearbook does not include data of Hong Kong Special Administrative Region, Macao Special Administrative Region and Taiwan Province.

6. All the per capita and coverage rate data in this Yearbook, except the per capita residential floor area and per capita daily consumption of domestic water, are calculated using the sum of resident and non-resident population as a denominator.

7. In this yearbook "—" indicates that the figure is not large enough to be measured with the smallest unit in the table.

8. The calculation errors of the total or relative value of some data in this Yearbook arising from the use of different measurement units have not been mechanically aligned.

9. Any comments to improve the quality of the yearbook are welcomed to promote the advancement in statistics in China's construction industry.

目　录

Contents

城市部分

Statistics for Cities

县城部分
Statistics for County Seats

村镇部分

Statistics for Villages and Small Towns

一、城市部分

Statistics for Cities

2014年城市部分概述

概况 2014年末，全国设市城市653个，城市城区人口3.86亿人，暂住人口0.60亿人，建成区面积4.98万平方公里。

城市市政公用设施固定资产投资 2014年城市市政公用设施固定资产完成投资16245.0亿元，城市市政公用设施固定资产完成投资总额占同期全社会固定资产投资总额的3.17%。道路桥梁、轨道交通、园林绿化分别占城市市政公用设施固定资产投资的47.1%、19.8%和11.2%。

全国城市市政公用设施投资新增固定资产10656.0亿元，固定资产投资交付使用率65.6%。主要新增生产能力（或效益）是：供水日综合生产能力530万立方米，天然气储气能力1342万立方米，集中供热蒸汽能力0.15万吨/小时，热水能力40.6万兆瓦，道路长度1.09万公里，排水管道长度2.34万公里，城市污水处理厂日处理能力443万立方米，城市生活垃圾无害化日处理能力2.1万吨。

城市供水和节水 2014年，城市供水总量546.7亿立方米，其中，生产运营用水162.4亿立方米，公共服务用水73.9亿立方米，居民家庭用水200.5亿立方米，用水人口4.35亿人，用水普及率97.64%，人均日生活用水量173.73升。2014年，城市节约用水40.5亿立方米，节水措施总投资27.4亿元。

城市燃气和集中供热 2014年，人工煤气供应总量56.0亿立方米，天然气供气总量964.4亿立方米，液化石油气供气总量1082.8万吨。用气人口4.21亿人，燃气普及率94.57%。2014年末，蒸汽供热能力8.5万吨/小时，热水供热能力44.7万兆瓦，集中供热面积61.1亿平方米。

城市轨道交通 2014年末，全国有22个城市已建成轨道交通线路长度2715公里，车站数1786个，其中换乘站366个，配置车辆数14654辆。全国在建轨道交通线路长度3004公里，车站数2047个，其中换乘站532个。

城市道路桥梁 2014年末，城市道路长度35.2万公里，道路面积68.3亿平方米，其中人行道面积15.0亿平方米，人均城市道路面积15.34平方米。

城市排水与污水处理 2014年末，全国城市共有污水处理厂1807座，污水厂日处理能力13087万立方米，排水管道长度51.1万公里。城市年污水处理总量401.6亿立方米，城市污水处理率90.18%，其中污水处理厂集中处理率85.94%。

城市园林绿化 2014年末，城市建成区绿化覆盖面积201.7万公顷，建成区绿化覆盖率40.2%；建成区绿地面积182.0万公顷，建成区绿地率36.3%；公园绿地面积58.2万公顷，人均公园绿地面积13.1平方米。

国家级风景名胜区 2014年末，全国共有225处国家级风景名胜区，风景名胜区面积9.9万平方公里，可游览面积4.2万平方公里，全年接待游人7.8亿人次。国家投入56.8亿元用于风景名胜区的维护和建设。

城市市容环境卫生 2014年末，全国城市道路清扫保洁面积67.6亿平方米，其中机械清扫面积34.1亿平方米，机械清扫率50.5%。全年清运生活垃圾、粪便1.94亿吨。全国城市共有生活垃圾无害化处理厂（场）818座，日处理能力53.3万吨，处理量1.64亿吨，城市生活垃圾无害化处理率91.79%。

Overview

General situation

There were 653 cities across the country at the end of 2014 with a total population of 386 million, among which 60 million were temporary population. The urban built areas amounted to 49.8 thousand square kilometers.

The fixed assets investment in municipal service facilities

In 2014, the total fixed assets investment in the urban municipal service facilities reached 1624.5 billion yuan, accounting for 3.17% of the country's total fixed assets investment. The fixed assets investment in roads and bridges, transit system, and landscaping and greening accounted for 47.1%, 19.8%, and11.2% of the total fixed assets investment in municipal service facilities respectively.

This year saw the newly added fixed assets in the municipal service facilities amounting to 1065.6 billion yuan. The fixed assets delivery rate reached 65.6%. The newly added production capacity or efficacy of major facilities were as follows: daily overall water production capacity was 5.3 million cubic meters, natural gas storage capacity was 13.42 million cubic meters, supply capacity of central heating from steam and hot water was 1.5 thousand tons per hour and 40.6 thousand megawatts respectively, length of urban roads totaled 10.9 thousand kilometers, drainage pipelines reached 23.4 thousand kilometers, daily urban wastewater treatment capacity was 4.43 million cubic meters, and daily urban domestic garbage treatment capacity was 21 thousand tons.

Urban water supply and water conservation

In 2014, the urban water supply totaled 54.67 billion cubic meters. 16.24 billion cubic meters of water was consumed in production and operation, 7.39 billion cubic meters in public service, and 20.05 billion cubic meters was for domestic use. The water supply served a population of 435 million with coverage rate of 97.64% and daily per capita consumption of domestic water being 173.73 liter. 4.05 billion cubic meters of urban water was saved in the year with total investment in water saving measures reaching 2.74 billion yuan.

Urban gas and central heating supply

In 2014, the man-made coal gas, natural gas, and LPG supply totaled 5.6 billion cubic meters, 96.44 billion cubic meters, and 10.828 million tons respectively, serving a population of 421 million and with coverage rate of 94.57 %. By the end of 2014, the supply capacity of heating from steam and hot water reached 85 thousand tons per hour and 447 thousand megawatts respectively. The centrally heated area extended to reach 6.11 billion square meters.

Urban rail transit system

By the end of 2014, 2715 kilometers rail transit lines have been built in 22 cities across the country. The number of stations totaled 1786, among which 470 were transfer stations, and the number of vehicles in service amounted to 14654. There were 3004 kilometers rail transit lines under construction. These projects involved the construction of 2047 stations, among which 532 were transitions.

Urban roads and Bridge

At the end of 2014, the country claimed a total length of urban road of 352 thousand kilometers covering an area of 6.83 billion square meters with sidewalks 1.5 billion square meters, and per capita road surface area is 15.34

square meters.

Urban drainage and wastewater treatment

At the end of 2014, there were a total of 1807 wastewater treatment plants in cities with daily treatment capacity of 130.87 million cubic meters. The length of drainage pipelines reached 511 thousand kilometers. The total quantity of urban wastewater treated within the year was 40.16 billion cubic meters with treatment rate of 90.18% and central treatment rate of 85.94%.

Urban landscaping

By the end of 2014, the area in urban built district covered by greenery totaled 2.017 million hectares with coverage rate of 40.2%. The total green space in built areas amounted to 1.82 million hectares with coverage rate of 36.3%. The total public green space in cities was 582 thousand hectares with per capita public green space 13.1 square meters.

State-level Scenic Spots and Historic Sites

By the end of 2014, there were 225 state-level scenic spots and historic sites in China. They covered an area of 99 thousand square kilometers with 42 thousand square kilometers open to visitation which added up to 780 million people times for the whole year. The Central Government invested 5.68 billion yuan in the development and maintenance of national parks.

The urban environmental sanitation

By the end of 2014, the total surface area of road cleaned and maintained was 6.76 billion square meters, of which mechanically cleaned area was 3.41 billion square meters with a mechanical cleaning rate of 50.5%. The yearly amount of domestic garbage and night soil cleared and transported totaled 194 million tons. There are 818 non-hazardous treatment facilities for domestic solid waste in cities across the country, handling a treatment volume of 164 million tons with daily treatment capacity of 533 thousand tons. The non-hazardous treatment rate for urban domestic solid waste is 91.79%.

1-1-1 全国历年城市市政公用设施水平
Level of National Urban Service Facilities in Past Years

年份 Year	用水普及率 (%) Water Coverage Rate (%)	燃气普及率 (%) Gas Coverage Rate (%)	每万人拥有公共交通车辆 (标台) Motor Vehicle for Public Fransport Per 10,000 Persons (standardunit)	人均道路面积 (平方米) Road Surface Area Per Capita (m^2)	污水处理率 (%) Wastewater Treatment Rate (%)	园林绿化 Landscaping: 人均公园绿地面积 (平方米) Public Recreational Green Space Per Capita (m^2)	园林绿化 Landscaping: 建成区绿化覆盖率 (%) Green Coverage Rate of Built District (%)	园林绿化 Landscaping: 建成区绿地率 (%) Green Space Rate of Built District (%)	每万人拥有公厕 (座) Number of Public Lavatories per 10,000 Persons (unit)
1978									
1979									
1980									
1981	53.7	11.6		1.81		1.50			3.77
1982	56.7	12.6		1.96		1.65			3.99
1983	52.5	12.3		1.88		1.71			3.95
1984	49.5	13.0		1.84		1.62			3.57
1985	45.1	13.0		1.72		1.57			3.28
1986	51.3	15.2	2.5	3.05		1.84	16.90		3.61
1987	50.4	16.7	2.4	3.10		1.90	17.10		3.54
1988	47.6	16.5	2.2	3.10		1.76	17.00		3.14
1989	47.4	17.8	2.1	3.22		1.69	17.80		3.09
1990	48.0	19.1	2.2	3.13		1.78	19.20		2.97
1991	54.8	23.7	2.7	3.35	14.86	2.07	20.10		3.38
1992	56.2	26.3	3.0	3.59	17.29	2.13	21.00		3.09
1993	55.2	27.9	3.0	3.70	20.02	2.16	21.30		2.89
1994	56.0	30.4	3.0	3.84	17.10	2.29	22.10		2.69
1995	58.7	34.3	3.6	4.36	19.69	2.49	23.90		3.00
1996	60.7	38.2	3.8	4.96	23.62	2.76	24.43	19.05	3.02
1997	61.2	40.0	4.5	5.22	25.84	2.93	25.53	20.57	2.95
1998	61.9	41.8	4.6	5.51	29.56	3.22	26.56	21.81	2.89
1999	63.5	43.8	5.0	5.91	31.93	3.51	27.58	23.03	2.85
2000	63.9	45.4	5.3	6.13	34.25	3.69	28.15	23.67	2.74
2001	72.26	60.42	6.10	6.98	36.43	4.56	28.38	24.26	3.01
2002	77.85	67.17	6.73	7.87	39.97	5.36	29.75	25.80	3.15
2003	86.15	76.74	7.66	9.34	42.39	6.49	31.15	27.26	3.18
2004	88.85	81.53	8.41	10.34	45.67	7.39	31.66	27.72	3.21
2005	91.09	82.08	8.62	10.92	51.95	7.89	32.54	28.51	3.20
2006	86.07	79.11	9.05	11.04	55.67	8.30	35.11	30.92	2.88
	(97.04)	(88.58)	(10.13)	(12.36)		(9.30)			(3.22)
2007	93.83	87.40	10.23	11.43	62.87	8.98	35.29	31.30	3.04
2008	94.73	89.55	11.13	12.21	70.16	9.71	37.37	33.29	3.12
2009	96.12	91.41		12.79	75.25	10.66	38.22	34.17	3.15
2010	96.68	92.04		13.21	82.31	11.18	38.62	34.47	3.02
2011	97.04	92.41		13.75	83.63	11.80	39.22	35.27	2.95
2012	97.16	93.15		14.39	87.30	12.26	39.59	35.72	2.89
2013	97.56	94.25		14.87	89.34	12.64	39.70	35.78	2.83
2014	97.64	94.57		15.34	90.18	13.08	40.22	36.29	2.79

注：1.自2006年起，人均和普及率指标按城区人口和城区暂住人口合计为分母计算，以公安部门的户籍统计和暂住人口统计为准。括号中的数据为与往年同口径数据。
2."人均公园绿地面积"指标2005年及以前年份为"人均公共绿地面积"。
3.从2009年起，城市公共交通内容不再统计，增加城市轨道交通建设情况内容。

Note:1.Since 2006,figure in terms of per capita and coverage rate have been calculated based on denominater which combines both permanent and temporary residents in urban areas. And the population should come from statistics of police. The data in brackets are same index calculated by the method of past years.
2.Since 2006, Public Green Space Per Capita is changed to be Public Recreational Green Space Per Capita.
3.Since 2009, statistics on urban public transport have been removed, and relevant information on the construction of rail transit system has been added.

1-1-2 全国历年城市数量及人口、面积情况

National Changes in Number of Cities, Urban Population and Urban Area in Past Years

面积计量单位：平方公里 Area Measurement Unit: Square Kilometer

人口计量单位：万人 Population Measurement Unit:10,000 persons

年份 Year	城市个数 Number of Cities			县及其他个数 Number of Counties	城区人口 Urban Population		城区暂住人口 Urban Temporary Population	城区面积 Urban Area		城市建设用地面积 Area of Urban Construction Land
		地级 City at Prefecture Level	县级 City at County Level			非农业人口 Non-Agricultural Population			建成区面积 Area of Built District	
1978	193	98	92	2153	7682.0					
1979	216	104	109	2153	8451.0					
1980	223	107	113	2151	8940.5					
1981	226	110	113	2144	14400.5	9243.6		206684.0	7438.0	6720.0
1982	245	109	133	2140	14281.6	9590.0		335382.3	7862.1	7150.5
1983	281	137	141	2091	15940.5	10047.2		366315.9	8156.3	7365.6
1984	300	148	149	2069	17969.1	10956.9		480733.3	9249.0	8480.4
1985	324	162	159	2046	20893.4	11751.3		458066.2	9386.2	8578.6
1986	353	166	184	2017	22906.2	12233.8		805834.0	10127.3	9201.6
1987	381	170	208	1986	25155.7	12893.1		898208.0	10816.5	9787.9
1988	434	183	248	1936	29545.2	13969.5		1052374.2	12094.6	10821.6
1989	450	185	262	1919	31205.4	14377.7		1137643.5	12462.2	11170.7
1990	467	185	279	1903	32530.2	14752.1		1165970.0	12855.7	11608.3
1991	479	187	289	1894	29589.3	14921.0		980685.0	14011.1	12907.9
1992	517	191	323	1848	30748.2	15459.4		969728.0	14958.7	13918.1
1993	570	196	371	1795	33780.9	16550.1		1038910.0	16588.3	15429.8
1994	622	206	413	1735	35833.9	17665.5		1104712.0	17939.5	20796.2
1995	640	210	427	1716	37789.9	18490.0		1171698.0	19264.2	22064.0
1996	666	218	445	1696	36234.5	18882.9		987077.9	20214.2	19001.6
1997	668	222	442	1693	36836.9	19469.9		835771.8	20791.3	19504.6
1998	668	227	437	1689	37411.8	19861.8		813585.7	21379.6	20507.6
1999	667	236	427	1682	37590.0	20161.6		812817.6	21524.5	20877.0
2000	663	259	400	1674	38823.7	20952.5		878015.0	22439.3	22113.7
2001	662	265	393	1660	35747.3	21545.5		607644.3	24026.6	24192.7
2002	660	275	381	1649	35219.6	22021.2		467369.3	25972.6	26832.6
2003	660	282	374	1642	33805.0	22986.8		399173.2	28308.0	28971.9
2004	661	283	374	1636	34147.4	23635.9		394672.5	30406.2	30781.3
2005	661	283	374	1636	35923.7	23652.0		412819.1	32520.7	29636.8
2006	656	283	369	1635	33288.7		3984.1	166533.5	33659.8	34166.7
2007	655	283	368	1635	33577.0		3474.3	176065.5	35469.7	36351.7
2008	655	283	368	1635	33471.1		3517.2	178110.3	36295.3	39140.5
2009	654	283	367	1636	34068.9		3605.4	175463.6	38107.3	38726.9
2010	657	283	370	1633	35373.5		4095.3	178691.7	40058.0	39758.4
2011	657	284	369	1627	35425.6		5476.8	183618.0	43603.2	41805.3
2012	657	285	368	1624	36989.7		5237.1	183039.4	45565.8	45750.7
2013	658	286	368	1613	37697.1		5621.1	183416.1	47855.3	47108.5
2014	653	288	361	1596	38576.5		5951.5	184098.6	49772.6	49982.7

注：1.2005年及以前年份"城区人口"为"城市人口"，"城区面积"为"城市面积"。

2.2005年、2009年、2011年城市建设用地面积不含上海市。

Note:1.In 2005 and before, Urban Population is the population of the city proper, and Urban Area is the area of the city proper.

2.Urban usable land for construction purpose throughout the country does not include that in Shanghai in 2005,2009 and 2011.

1-1-3 全国历年城市维护建设资金收入
National Revenue of Urban Maintenance and Construction Fund in Past Years

计量单位：万元　　　　Measurement Unit:10,000 RMB

年份 Year	合计 Total	城市维护建设税 Urban Maintenance and Construction Tax	城市公用事业附加 Extra-Charges for Municipal Utilities	中央财政拨款 Financial Allocation From Central Government Budget	地方财政拨款 Financial Allocation From Local Government Budget	水资源费 Water Resource Fee	国内贷款 Domestic Loan	利用外资 Foreign Investment	企事业单位自筹资金 Self-Raised Funds by Enterprises and Institutions	其他收入 Other Revenues
1978										
1979										
1980	276174		92966	66212						116996
1981	345600		92186	65657						187757
1982	425957		97416	69381						259160
1983	408524		103142	81571						223811
1984	468835		118445	96120						254270
1985	1168293	331296	129744	143313	123963	14142			49362	376473
1986	1448311	406817	157889	138944	351961	16812	31716	744		343428
1987	1638197	442275	176337	152094	225498	22420	61601	748		557224
1988	1845193	525452	192643	104666	181053	24396	75829	6386		734768
1989	1835625	603583	198409	91529	170347	24873	44494	10078		692312
1990	2104896	650908	226186	109126	198421	27876	88429	24713		779237
1991	2661198	695681	270109	99919	277595	35324	229274	107127		946169
1992	3934788	779701	310916	134237	576569	42506	322596	73484		1694779
1993	5811904	980234	329620	269593	594615	48498	445658	138159		3005527
1994	6748008	1161193	413851	213565	599378	47060	413327	183295		3716339
1995	7743732	1409097	447388	213543	725758	51964	476654	254876		4164452
1996	8476420	1578088	555873	103699	862641	60509	956850	558688	1194722	2605348
1997	11103424	1906696	561217	139392	1154245	61203	1657405	1407194	1077986	3138088
1998	14333158	2153203	603965	649420	1581006	63724	3069622	738402	1769411	3704405
1999	16271209	2191985	631558	1052000	1714628	77828	3741979	494463	2374802	3991966
2000	19889324	2372908	541475	1150668	2081330	100590	4146988	847124	3332242	5315999
2001	25262680	2709430	488144	895818	3237790	111087	7416589	563167	4095561	5745094
2002	31561758	3160358	498761	759545	3927309	123825	8739016	610535	6007620	7734789
2003	42761892	3717417	556909	771320	5329302	159757	13318273	681057	7696801	10531056
2004	52575966	4462912	590251	526414	6657678	206883	14455465	741815	9002038	15932510
2005	54225147	5512933	554799	621597	7958871	249990	16698914	927141	9460261	12240641
2006	35406259	5667745	762171	566632	10748459	244522				17416730
2007	47617452	6170604	824251	348134	12137926	279545				27856992
2008	56164219	7442775	896248	756011	14247316	254199				32567671
2009	67276878	7719472	980433	1066464	22311926	247971				34950612
2010	85704996	9970340	1090649	1747961	16855095	295347				55845604
2011	117817189	13395522	1571916	1383183	19817577	750347				80898644
2012	119233467	14797543	1663517	2453300	27252469	413782				72652856
2013	143227465									
2014	138005449									

注：1.自2006年起，城市维护建设资金收入仅包含财政性资金，不含社会融资。地方财政拨款中包括省、市财政专项拨款和市级以下财政资金；其他收入中包括市政公用设施配套费、市政公用设施有偿使用费、土地出让转让金、资产置换收入及其他财政性资金。

2.2014年数据不含北京市。

Note: 1.Since 2006, national revenue of urban maintenance and construction fund includes the fund fiscal budget, not including social funds. Local Financail Allocation include province and city special finacial allocation, and Other Revenues include fee for expansion of municipal utilites capacity, fee for use of municaipal utilities,land drainage facilities, water resource fee, property displace fee and so on.

2.The data of 2014 did not include those of Beijing Municipality.

1-1-4 全国历年城市维护建设资金支出

计量单位：万元

年份 Year	支出合计 Total	按用途分 By Purpose					
		维护支出 Maintenance Expenditure	固定资产投资支出 Expenditure from Investment in Fixed Assets	其他支出 Other Expenditures	供水 Water Supply	燃气 Gas Supply	集中供热 Central Heating
1978	163589		163589		38439		
1979	256895	142593	114302		49317		
1980	266451	152991	112370	1090	45258		
1981	325615	180778	144837		32932		
1982	369382	172902	183897	12583	50238		
1983	426986	214709	185511	26766	51642		
1984	462705	219226	243479		61886		
1985	1122714	375563	721943	25208	102424	86598	12157
1986	1343025	431595	816154	95276	139303	110697	17993
1987	1480706	479768	895695	105243	50997	99993	20339
1988	644695	303420	246835	94440	78875		
1989	737038	361213	249516	126309	99822		
1990	814901	406025	269992	138884	108132		
1991	2442190	446562	1800536	195092	265064	224584	
1992	3841602	1086759	2529896	224947	453996	261810	
1993	5573279	1550715	3757865	264699	613695	394564	
1994	6583051	1721457	4514337	347257	753151	376545	
1995	7578470	1092891	6056988	428591	839579	332546	
1996	8827009	2029361	6272955	524693	991630	405386	149145
1997	11229697	2149827	7832004	1247866	915220	477144	255485
1998	14374965	2354278	10927777	1092910	1250356	552624	406733
1999	16172386	2600945	12281137	1290304	1175347	485483	425240
2000	18960338	2699820	15400602	859916	1232155	620982	638120
2001	25372970	2367551	19207735	3797684	1530995	775355	789525
2002	31780253	3184473	24475402	4120378	1578903	844230	1137775
2003	42479605	3840924	32807384	5831298	1769459	1120184	1438295
2004	46617124	4662527	36924771	5029826	2013230	1237042	1538473
2005	52757240	5474379	40946915	6335946	2140834	1210925	1838492
2006	33494964	6950298	20005661	6888341	791690	344728	583932
2007	42473049	8689485	24649406	9134158	981690	409311	617348
2008	50083394	10432730	30612349	9279334	1074319	565441	1047382
2009	59270667	10982852	38125424	10187001	1175896	512700	1206084
2010	75080799	13443275	47144531	14389306	1751365	823824	1450987
2011	87390666	16790270	53139075	17461321			
2012	101981275	20228860	63505657	18246758			
2013	108047393						
2014	106589135						

注：1.1978年至1984年，1988年至1990年供水支出为公用事业支出；1978年至2000年道路桥梁支出为市政工程支出，包含道路、桥梁、排水等。
2.自2006年起，城市维护建设资金支出仅包含财政性资金，不含社会融资。
3."公共交通"中，2009年至2010年数据仅包括城市轨道交通建设投资支出。
4.2014年数据不含北京市。

National Expenditure of Urban Maintenance and Construction Fund in Past Years

Measurement Unit:10,000 RMB

按行业分 By Indurstry							年份 Year
公共交通 Public Transportation	道路桥梁 Road and Bridge	排水 Sewerage	防洪 Flood Control	园林绿化 Landscaping	市容环境卫生 Environmental Sanitation	其他 Other	
	48882			13904			1978
	67940			19337	26541		1979
	77891			24708	26093	1089	1980
	65032			23311	31751		1981
	114715			30304	41112	12585	1982
	121204			35445	44873	26766	1983
	150554			44421	52459	-6799	1984
56073	331930			85831	76250	25208	1985
43281	408526	86533		93234	107719	95276	1986
50997	481682	92141		98347	109356	105242	1987
	214471			61143	89510	94440	1988
	229082			66320	94189	126309	1989
	256539			73356	114880	138884	1990
69668	757003			186574	206776	195092	1991
106503	1198511			245334	283664	224947	1992
199547	2336633			311418	363825	264699	1993
139599	2929744			402105	440382	347257	1994
154127	3222256			523299	575786	428591	1995
201337	3590192	393753		532873	616247	524693	1996
285625	4664378	539945		675787	736913	1247866	1997
509899	6263259	881923		1035178	990036	1092909	1998
504331	7359954	985336		1315396	953377	1290304	1999
1434521	8188958	1291761		1779059	1526633	859916	2000
1901819	8640772	2181103	568835	1776331	932631	6275604	2001
2714424	11081731	2670957	1394590	918210	2628912	6810521	2002
2540364	17463295	3580353	1089181	3348090	1665167	8465217	2003
2405912	19862495	3361557	1494379	953154	3619398	10131484	2004
3467801	23719550	3555419	1786861	908127	4224763	9904468	2005
1511917	13154564	2215124	448841	2967691	1746169	9730308	2006
3394326	16951020	2972994	729391	3611468	2100669	10704832	2007
4012497	19769532	3709526	977739	4086639	2579521	12260798	2008
2259540	23061301	4923007	820261	4979200	2716274	17616404	2009
2530155	30396564	5808060	1604103	6908970	3666153	20140618	2010
							2011
							2012
							2013
							2014

Note: 1.Data in the water supply column from 1978 to 1984 and from 1988 to 1990 reder to expenditure of public utilities; Data in the bridge and road column reder to expenditure of municipal engineering construction projects,including roads, bridges and sewers.

2.From 2006, expenditure of Urban maintenance and construction fund includes the fund from fiscal buget, not including society fund.

3.In the section of "Public Transit", data from 2009 to 2010 only included investment in the construction of urban rail infrastructure.

4.The data of 2014 did not include those of Beijing Municipality.

1-1-5 按行业分全国历年城市市政公用设施建设固定资产投资
National Fixed Assets Investment in Urban Sevice Facilities by Industry in Past Years

计量单位：亿元　　Measurement Unit：100 million RMB

年份 Year	本年固定资产投资总额 Completed Investment of This Year	供水 Water Supply	燃气 Gas Supply	集中供热 Central Heating	轨道交通 Rail Transit System	道路桥梁 Road and Bridge	排水 Sewerage	污水处理及其再生利用 Wastewater Treatment and reused	防洪 Flood Control	园林绿化 Landscaping	市容环境卫生 Environmental Sanitation	垃圾处理 Garbage Treatment	其他 Other
1978	12.0	4.7				2.9							4.4
1979	14.2	3.4	0.6		1.8	3.1	1.2		0.1	0.4	0.1		3.4
1980	14.4	6.7				7.0							0.7
1981	19.5	4.2	1.8		2.6	4.0	2.0		0.2	0.9	0.7		3.2
1982	27.2	5.6	2.0		3.1	5.4	2.8		0.3	1.1	0.9		5.9
1983	28.2	5.2	3.2		2.8	6.5	3.3		0.4	1.2	0.9		4.7
1984	41.7	6.3	4.8		4.7	12.2	4.3		0.5	2.0	0.9		5.9
1985	64.0	8.1	8.2		6.0	18.6	5.6		0.9	3.3	2.0		11.3
1986	80.1	14.3	12.5	1.6	5.6	20.5	6.0		1.6	3.4	2.8		11.9
1987	90.3	17.2	10.9	2.1	5.5	27.1	8.8		1.4	3.4	2.1		11.9
1988	113.2	23.1	11.2	2.8	6.0	35.6	10.0		1.6	3.4	2.6		16.9
1989	107.0	22.2	12.3	3.3	7.7	30.1	9.7		1.2	2.8	2.8		14.8
1990	121.2	24.8	19.4	4.5	9.1	31.3	9.6		1.3	2.9	2.9		15.4
1991	170.9	30.2	24.8	6.4	9.8	51.8	16.1		2.1	4.9	3.6		21.3
1992	283.2	47.7	25.9	11.0	14.9	90.6	20.9		2.9	7.2	6.5		55.6
1993	521.8	69.9	34.8	10.7	22.1	191.8	37.0		5.9	13.2	10.6		125.8
1994	666.0	90.3	32.5	13.4	25.1	279.8	38.3		8.0	18.2	10.9		149.7
1995	807.6	112.4	32.9	13.8	30.9	291.6	48.0		9.5	22.5	13.6		232.5
1996	948.6	126.1	48.3	15.7	38.8	354.2	66.8		9.1	27.5	12.5		249.7
1997	1142.7	128.3	76.0	25.1	43.2	432.4	90.1		15.5	45.1	20.9		266.1
1998	1477.6	161.0	82.0	37.3	86.1	616.2	154.5		35.8	78.4	36.7		189.6
1999	1590.8	146.7	72.1	53.6	103.1	660.1	142.0		43.0	107.1	37.1		226.0
2000	1890.7	142.4	70.9	67.8	155.7	737.7	149.3		41.9	143.2	84.3		297.5
2001	2351.9	169.4	75.5	82.0	194.9	856.4	224.5	116.4	70.5	163.2	50.6	23.5	466.6
2002	3123.2	170.9	88.4	121.4	293.8	1182.2	275.0	144.1	135.1	239.5	64.8	29.7	551.0
2003	4462.4	181.8	133.5	145.8	281.9	2041.4	375.2	198.8	124.5	321.9	96.0	35.3	760.4
2004	4762.2	225.1	148.3	173.4	328.5	2128.7	352.3	174.5	100.3	359.5	107.8	53.0	838.4
2005	5602.2	225.6	142.4	220.2	476.7	2543.2	368.0	191.4	120.0	411.3	147.8	56.7	947.0
2006	5765.1	205.1	155.0	223.6	604.0	2999.9	331.5	151.7	87.1	429.0	175.8	51.8	554.3
2007	6418.9	233.0	160.1	230.0	852.4	2989.0	410.0	212.2	141.4	525.6	141.8	53.0	735.6
2008	7368.2	295.4	163.5	269.7	1037.2	3584.1	496.0	264.7	119.6	649.8	222.0	50.6	530.8
2009	10641.5	368.8	182.2	368.7	1737.6	4950.6	729.8	418.6	148.6	914.9	316.5	84.6	923.9
2010	13363.9	426.8	290.8	433.2	1812.6	6695.7	901.6	521.4	194.4	1355.1	301.6	127.4	952.2
2011	13934.2	431.8	331.4	437.6	1937.1	7079.1	770.1	420.5	243.8	1546.2	384.1	199.2	773.1
2012	15296.4	410.4	414.5	630.3	2064.5	7402.5	704.5	279.4	249.2	1798.7	296.5	110.9	1325.5
2013	16350.0	524.7	425.6	596.0	2455.1	8355.6	778.9	353.7		1647.4	408.4	125.9	1158.0
2014	16245.0	475.3	416.0	575.4	3221.2	7643.9	900.0	404.2		1817.6	494.8	130.6	700.9

注：1.2008年及以前年份，“轨道交通”投资为“公共交通”，2009年以后仅包含轨道交通建设投资。
2.自2013年开始，全国城市市政公用设施建设固定资产投资中不再包括城市防洪固定资产投资。

Note:1.For the year 2008 and before, there was data about investment in public transport.Starting from 2009, the data has only include investment in rail transport construction.
2.Starting from 2013, the national fixed assets investment in the construction of municipal public utilities facilities has not included the fixed assets investment in urban flood prevention.

1-1-6 按资金来源分全国历年城市市政公用设施建设固定资产投资
National Fixed Assets Investment in Urban Service Facilities by Capital Source in Past Years

计量单位：亿元 Measurement Unit: 100 million RMB

年份 Year	本年资金来源合计 Completed Investment of This Year	上年末结余资金 The Balance of The revious Year	本年资金来源 Sources of Fund							
			小计 Subtotal	中央财政拨款 Financial Allocation From Central Government Budget	地方财政拨款 Financial Allocation From Local Government Budget	国内贷款 Domestic Loan	债券 Securities	利用外资 Foreign Investment	自筹资金 Self-Raised Funds	其他资金 Other Funds
1978	12.0		6.4	6.4						
1979	14.0									
1980	14.4		14.4	6.1		0.1			8.2	
1981	20.0		20.0	5.3		0.4		—	13.8	0.5
1982	27.2		27.2	8.6		1.0		—	16.5	1.1
1983	28.2		28.2	8.2		0.6			17.2	2.2
1984	41.7		41.7	11.8		2.1		—	25.5	2.3
1985	63.8		63.8	13.9		3.1		0.1	40.9	5.8
1986	79.8		79.8	13.2		3.1		0.1	57.4	6.0
1987	90.0		90.0	13.4		6.2		1.3	61.4	7.7
1988	112.6		112.6	10.2		7.1		1.6	78.0	15.7
1989	106.8		106.8	9.7		6.0		1.5	72.9	16.7
1990	121.2		121.2	7.4		11.0		2.2	82.2	18.4
1991	169.9		169.9	8.6		25.3		6.0	108.1	21.9
1992	265.4		265.4	9.9		42.9		10.3	180.4	38.9
1993	521.6		521.6	15.9		72.8		20.8	304.5	107.6
1994	665.5		665.5	27.9		58.3		64.2	397.1	118.0
1995	837.0		807.5	24.2		65.1		84.9	493.3	140.0
1996	939.1	68.0	871.1	34.8		122.2	4.9	105.6	486.1	117.5
1997	1105.6	49.0	1056.6	43.0		165.3	3.1	129.5	554.3	161.4
1998	1404.4	58.0	1346.4	100.2		284.8	40.3	110.1	600.4	210.6
1999	1534.2	81.0	1453.2	173.8		357.8	55.9	68.6	595.2	201.9
2000	1849.5	109.0	1740.5	222.0		428.6	29.0	76.7	682.7	301.5
2001	2351.9	109.0	2112.8	104.9	379.1	603.4	16.8	97.8	636.4	274.5
2002	3123.2	111.0	2705.9	96.3	516.9	743.8	7.3	109.6	866.3	365.7
2003	4264.1	120.7	4143.4	118.9	733.4	1435.4	17.4	90.0	1350.2	398.0
2004	4650.9	267.9	4383.0	63.0	938.4	1468.0	8.5	87.2	1372.9	445.0
2005	5505.5	229.0	5276.6	63.9	1050.6	1805.9	5.2	170.0	1728.0	453.0
2006	5800.6	365.4	5435.2	89.2	1339.0	1880.5	16.4	92.9	1638.1	379.2
2007	6283.5	369.5	5914.0	77.3	1925.7	1763.7	29.5	73.1	1635.7	409.0
2008	7277.4	386.9	6890.4	72.7	2143.9	2037.0	27.8	91.2	1980.1	537.6
2009	10938.1	460.4	10477.6	112.9	2705.1	4034.8	120.8	66.1	2487.1	950.7
2010	13351.7	659.3	12692.4	206.0	3523.6	4615.6	49.1	113.8	3058.9	1125.3
2011	14158.1	648.9	13509.1	166.3	4555.6	3992.8	111.6	100.3	3478.6	1103.9
2012	15264.2	595.4	14668.9	171.1	4446.6	4366.7	26.8	150.8	3740.5	1766.4
2013	16121.9	987.5	15134.3	147.5	3573.2	4218.0	41.5	62.2	4714.1	2377.7
2014	16054.0	954.0	15100.0	102.2	4135.2	4383.1	96.0	42.0	4294.7	2046.7

注：自2013年起，“本年资金来源合计”为“本年实际到位资金合计”。

Note:Since 2013, Completed Investment of This Year is changed to be The Total Funds Actually Available for The Reported Year.

1-1-7 全国历年城市供水情况
National Urban Water Supply in Past Years

年份 Year	综合生产能力 (万立方米/日) Integrated Production Capacity (10,000 m³/day)	供水管道长度 (公里) Length of Water Supply Pipelines (km)	供水总量 (万立方米) Total Quantity of Water Supply (10,000 m³)	生活用量 Residential Use	用水人口 (万人) Population with Access to Water Supply (10,000 persons)	人均日生活用水量 (升) Daily Water Consumption Per Capita (liter)	用水普及率 (%) Water Coverage Rate (%)
1978	2530.4	35984	787507	275854	6267.1	120.6	81.6
1979	2714.0	39406	832201	309206	6951.0	121.8	82.3
1980	2979.0	42859	883427	339130	7278.0	127.6	81.4
1981	3258.0	46966	969943	367823	7729.3	130.4	53.7
1982	3424.9	51513	1011319	391422	8102.2	132.4	56.7
1983	3539.0	56852	1065956	421968	8370.9	138.1	52.5
1984	3960.9	62892	1176474	465651	8900.7	143.3	49.5
1985	4019.7	67350	1280238	519493	9424.3	151.0	45.1
1986	10407.9	72557	2773921	706971	11757.9	161.9	51.3
1987	11363.6	77864	2984697	759702	12684.6	164.1	50.4
1988	12715.8	86231	3385847	873800	14049.9	170.4	47.6
1989	12821.1	92281	3936648	930619	14786.3	172.4	47.4
1990	14220.3	97183	3823425	1001021	15611.1	175.7	48.0
1991	14584.0	102299	4085073	1159929	16213.2	196.0	54.8
1992	16036.4	111780	4298437	1172919	17280.8	186.0	56.2
1993	16927.9	123007	4502341	1282543	18636.4	188.6	55.2
1994	18215.1	131052	4894620	1422453	20083.0	194.0	56.0
1995	19250.4	138701	4815653	1581451	22165.7	195.4	58.7
1996	19990.0	202613	4660652	1670673	21997.0	208.1	60.7
1997	20565.8	215587	4767788	1757157	22550.1	213.5	61.2
1998	20991.8	225361	4704732	1810355	23169.1	214.1	61.9
1999	21551.9	238001	4675076	1896225	23885.7	217.5	63.5
2000	21842.0	254561	4689838	1999960	24809.2	220.2	63.9
2001	22900.0	289338	4661194	2036492	25832.8	216.0	72.26
2002	23546.0	312605	4664574	2131919	27419.9	213.0	77.85
2003	23967.1	333289	4752548	2246665	29124.5	210.9	86.15
2004	24753.0	358410	4902755	2334625	30339.7	210.8	88.85
2005	24719.8	379332	5020601	2437374	32723.4	204.1	91.09
2006	26965.6	430426	5405246	2220459	32304.1	188.3	86.67(97.04)
2007	25708.4	447229	5019488	2263676	34766.5	178.4	93.83
2008	26604.1	480084	5000762	2274266	35086.7	178.2	94.73
2009	27046.8	510399	4967467	2334082	36214.2	176.6	96.12
2010	27601.5	539778	5078745	2371488	38156.7	171.4	96.68
2011	26668.7	573774	5134222	2476520	39691.3	170.9	97.04
2012	27177.3	591872	5230326	2572473	41026.5	171.8	97.16
2013	28373.4	646413	5373022	2676463	42261.4	173.5	97.56
2014	28673.3	676727	5466613	2756911	43476.3	173.7	97.64

注：1.1978年至1985年综合供水生产能力为系统内数；1978年至1995年供水管道长度为系统内数。
2.自2006年起，用水普及率指标按城区人口和城区暂住人口合计为分母计算，括号中的数据为往年同口径数据。

Note:1.Integrated production capacity from 1978 to 1985 is limited to the statistical figure in building secter; Length of water supply pipelines from 1978 to 1995 is limited to the statistical figure in building secter.
2.Since 2006,water coverage rate has been calculated based on denominator which combines both permanent and temporary residents in urban areas, and the datas of brackets are the same index but calculated by the method of past years.

1-1-8 全国历年城市节约用水情况

National Urban Water Conservation in Past Years

计量单位：万立方米 Measurement Unit:10,000 m^3

年份 Year	计划用水量 Planned Quantity of Water Use	新水取用量 Fresh Water Used	工业用水重复利用量 Quantity of Industrial Water Recycled	节约用水量 Water Saved
1991	1977024	1921307	1985326	211259
1992	2077092	1939390	2843918	205087
1993	2076928	2004922	3000109	218317
1994	2299596	2497236	3375652	276241
1995	2123215	1930610	3626086	235113
1996	6285246	2166806	3345351	235194
1997	2004412	1875974	4429175	260885
1998	2490390	2343370	3978967	278835
1999	2409254	2223035	3966355	287284
2000	2153979	2071731	3811945	353569
2001	2504134	2126401	3881683	377733
2002	2463717	2091365	4849164	372352
2003	2353286	2014528	4572711	338758
2004	2441914	2048488	4183937	393426
2005	2676425	2300332	5670096	376093
2006		2356268	5535492	415755
2007		2295192	6026048	454794
2008		2121034	6547258	659114
2009		2064014	6130645	628692
2010		2161262	6872928	407152
2011		1694727	6334101	406578
2012		1838306	7388185	400806
2013		1876372	6526517	382760
2014		1950107	6930588	405234

注：自2006年起，不统计计划用水量指标。
Note:From 2006, "Planned Quantity of Water Use" has not been counted.

1-1-9 全国历年城市燃气情况
National Urban Gas in Past Years

年份 Year	人工煤气 Man-Made Coal Gas				天然气 Natural Gas				液化石油气 LPG				燃气普及率 (%) Gas Coverage Rate (%)
	供气总量(万立方米) Total Gas Supplied (10,000 m^3)	家庭用量 Domestic Consumption	用气人口(万人) Population with Access to Gas (10,000 persons)	管道长度(公里) Length of Gas Supply Pipeline (km)	供气总量(万立方米) Total Gas Supplied (10,000 m^3)	家庭用量 Domestic Consumption	用气人口(万人) Population with Access to Gas (10,000 persons)	管道长度(公里) Length of Gas Supply Pipeline (km)	供气总量(吨) Total Gas Supplied (ton)	家庭用量 Domestic Consumption	用气人口(万人) Population with Access to Gas (10,000 persons)	管道长度(公里) Length of Gas Supply Pipeline (km)	
1978	172541	66593	450	4157	69078	4103	24	560	194533	175744	635		14.4
1979	182748	73557	500	4446	68489	9833	76	751	243576	218797	788		16.1
1980	195491	83281	561	4698	58937	4893	80	921	290460	269502	924		17.3
1981	199466	90326	594	4830	93970	8575	83	1059	330987	308028	995		11.6
1982	208819	94896	630	5258	90421	8938	93	1098	388596	342828	1076		12.6
1983	214009	89012	703	5967	49071	9443	91	1149	456192	414635	1159		12.3
1984	231351	96228	768	7353	168568	38258	135	1965	535289	424318	1435		13.0
1985	244754	107060	911	8255	162099	43268	281	2312	601803	540761	1534		13.0
1986	337745	139374	951	7990	435887	65262	492	2409	1011308	763590	2041		15.2
1987	686518	170887	1177	11650	501093	77719	634	5465	1049116	954534	2399		16.7
1988	667927	171376	1357	13028	573983	73305	748	6186	1730261	1136883	2764		16.5
1989	841297	204709	1498	14448	591169	91770	896	6849	1898003	1259349	3156		17.8
1990	1747065	274127	1674	16312	642289	115662	972	7316	2190334	1428058	3579		19.1
1991	1258088	311430	1867	18181	754616	154302	1072	8054	2423988	1694399	4084		23.7
1992	1495531	305325	2181	20931	628914	152013	1119	8487	2996699	2019620	4796		26.3
1993	1304130	345180	2490	23952	637207	139297	1180	8889	3150296	2316129	5770		27.9
1994	1262712	416453	2889	27716	752436	146938	1273	9566	3664948	2817702	6745		30.4
1995	1266894	456585	3253	33890	673354	163788	1349	10110	4886528	3701504	8355		34.3
1996	1348076	472904	3490	38486	637832	138018	1470	18752	5758374	3943604	8864	2762	38.2
1997	1268944	535412	3735	41475	663001	177121	1656	22203	5786023	4370979	9350	4086	40.0
1998	1675571	480734	3746	42725	688255	195778	1908	25429	7972947	5478535	9995	4458	41.8
1999	1320925	494001	3918	45856	800556	215006	2225	29510	7612684	4990363	10336	6116	43.8
2000	1523615	630937	3944	48384	821476	247580	2581	33655	10537147	5322828	11107	7419	45.4
2001	1369144	494191	4349	50114	995197	247543	3127	39556	9818313	5583497	13875	10809	60.42
2002	1989196	490258	4541	53383	1259334	350479	3686	47652	11363884	6561738	15431	12788	67.17
2003	2020883	583884	4792	57017	1416415	374986	4320	57845	11263475	7817094	16834	15349	76.74
2004	2137225	512026	4654	56419	1693364	454248	5628	71411	11267120	7041351	17559	20119	81.53
2005	2558343	458538	4369	51404	2104951	521389	7104	92043	12220141	7065214	18013	18662	82.08
2006	2964500	381518	4067	50524	2447742	573441	8319	121498	12636613	6936513	17100	17469	79.11 (88.58)
2007	3223512	373522	4022	48630	3086365	662198	10190	155271	14667692	7280415	18172	17202	87.40
2008	3558287	353162	3370	45172	3680393	779917	12167	184084	13291072	6292713	17632	28590	89.55
2009	3615507	307134	2971	40447	4050996	913386	14544	218778	13400303	6887600	16924	14236	91.41
2010	2799380	268764	2802	38877	4875808	1171596	17021	256429	12680054	6338523	16503	13374	92.04
2011	847256	238876	2676	37100	6787997	1301190	19028	298972	11658326	6329164	16094	12893	92.41
2012	769686	215069	2442	33538	7950377	1558311	21208	342752	11148032	6081312	15683	12651	93.15
2013	627989	167886	1943	30467	8882417	1726620	23783	388466	11097298	6130639	15102	13437	94.25
2014	559513	145773	1757	29043	9643783	1968878	25973	434571	10828490	5862125	14378	10986	94.57

注：自2006年起，燃气普及率指标按城区人口和城区暂住人口合计为分母计算，括号中的数据为与往年同口径数据。

Note:Since 2006, gas coverage rate has been calculated based on denominator which combines both permanent and temporary residents in urban areas, and the datas in brackets are the same index but calculated by the method of past years.

1-1-10 全国历年城市集中供热情况
National Urban Centralized Heating in Past Years

年份 Year	供热能力 Heating Capacity		供热总量 Total Heat Supplied		管道长度(公里) Length of Pipelines (km)		集中供热面积(万平方米) Heated Area (10,000 m2)
	蒸汽(吨/小时) Steam (ton/hour)	热水(兆瓦) Hot Water (mega watts)	蒸汽(万吉焦) Steam (10,000 gigajoules)	热水(万吉焦) Hot Water (10,000 gigajoules)	蒸汽 Steam	热水 Hot Water	
1981	754	440	641	183	79	280	1167
1982	883	718	627	241	37	491	1451
1983	965	987	650	332	67	586	1841
1984	1421	1222	996	454	71	761	2445
1985	1406	1360	896	521	76	954	2742
1986	9630	36103	3467	2704	183	1335	9907
1987	16258	27601	6669	3650	163	1576	15282
1988	18550	32746	5978	4848	209	2193	13883
1989	20177	25987	6782	4334	401	2678	19386
1990	20341	20128	7117	21658	157	3100	21263
1991	21495	29663	8195	21065	656	3952	27651
1992	25491	45386	9267	26670	362	4230	32832
1993	31079	48437	10633	29036	532	5161	44164
1994	34848	52466	10335	32056	670	6399	50992
1995	67601	117286	16414	75161	909	8456	64645
1996	62316	103960	17615	56307	9577	24012	73433
1997	65207	69539	20604	62661	7054	25446	80755
1998	66427	71720	17463	64684	6933	27375	86540
1999	70146	80591	22169	69771	7733	30506	96775
2000	74148	97417	23828	83321	7963	35819	110766
2001	72242	126249	37655	100192	9183	43926	146329
2002	83346	148579	57438	122728	10139	48601	155567
2003	92590	171472	59136	128950	11939	58028	188956
2004	98262	174442	69447	125194	12775	64263	216266
2005	106723	197976	71493	139542	14772	71338	252056
2006	95204	217699	67794	148011	14012	79943	265853
2007	94009	224660	66374	158641	14116	88870	300591
2008	94454	305695	69082	187467	16045	104551	348948
2009	93193	286106	63137	200051	14317	110490	379574
2010	105084	315717	66397	224716	15122	124051	435668
2011	85273	338742	51777	229245	13381	133957	473784
2012	86452	365278	51609	243818	12690	147390	518368
2013	84362	403542	53242	266462	12259	165877	571677
2014	84664	447068	55614	276546	12476	174708	611246

注：1981年至1995年热水供热能力计量单位为兆瓦/小时；1981年至2000年蒸汽供热总量计量单位为万吨。

Note:Heating capacity through hot water from 1981 to 1995 is measured with the unit of maga watts/hour; Heating capacity through steam from 1981 to 2000 is measured with the unit of 10,000 tons.

1-1-11 全国历年城市轨道交通情况
National Urban Rail Transit System in Past Years

年份 Year	建成轨道交通的城市个数(个) Number of Cities with Completed Rail Transport Lines (unit)	建成轨道交通线路长度(公里) The Length of Completed Rail Transport Lines (km)	正在建设轨道交通的城市个数(个) Number of Cities with Rail Transport Lines under Construction (unit)	正在建设轨道交通线路长度(公里) The Length of Rail Transport Lines under Construction (km)
1978	1	23		
1979	1	23		
1980	1	23		
1981	1	23		
1982	1	23		
1983	1	23		
1984	2	47		
1985	2	47		
1986	2	47		
1987	2	47		
1988	2	47		
1989	2	47		
1990	2	47		
1991	2	47		
1992	2	47		
1993	2	47		
1994	2	47		
1995	3	63		
1996	3	63		
1997	3	63		
1998	4	81		
1999	4	81		
2000	4	117		
2001	5	172		
2002	5	200		
2003	5	347		
2004	7	400		
2005	10	444		
2006	10	621		
2007	10	775		
2008	10	855		
2009	10	838.88	28	1991.36
2010	12	1428.87	28	1741.07
2011	12	1672.42	28	1891.29
2012	16	2005.53	29	2060.43
2013	16	2213.28	35	2760.38
2014	22	2714.79	36	3004.37

注：2000年及以前年份，大连、鞍山、长春、哈尔滨的有轨电车没有统计在内。

Note:For the year 2000 and before, the streetcar systems in Dalian, Anshan, Changchun and Harbin City were not included when collecting data on the number of cities with completed rail transport lines and the length of lines.

1-1-12 全国历年城市道路和桥梁情况
National Urban Road and Bridge in Past Years

年份 Year	道路长度（公里） Length of Roads (km)	道路面积（万平方米） Surface Area of Roads (10,000 m^2)	防洪堤长度（公里） Length of Flood Control Dikes (km)	人均城市道路面积（平方米） Urban Road Surface Area Per Capita (m^2)
1978	26966	22539	3443	2.93
1979	28391	24069	3670	2.85
1980	29485	25255	4342	2.82
1981	30277	26022	4446	1.81
1982	31934	27976	5201	1.96
1983	33934	29962	5577	1.88
1984	36410	33019	6170	1.84
1985	38282	35872	5998	1.72
1986	71886	69856	9952	3.05
1987	78453	77885	10732	3.10
1988	88634	91355	12894	3.10
1989	96078	100591	14506	3.22
1990	94820	101721	15500	3.13
1991	88791	99135	13892	3.35
1992	96689	110526	16015	3.59
1993	104897	124866	16729	3.70
1994	111058	137602	16575	3.84
1995	130308	164886	18885	4.36
1996	132583	179871	18475	4.96
1997	138610	192165	18880	5.22
1998	145163	206136	19550	5.51
1999	152385	222158	19842	5.91
2000	159617	237849	20981	6.13
2001	176016	249431	23798	6.98
2002	191399	277179	25503	7.87
2003	208052	315645	29426	9.34
2004	222964	352955	29515	10.34
2005	247015	392166	41269	10.92
2006	241351	411449	38820	11.04(12.36)
2007	246172	423662	32274	11.43
2008	259740	452433	33147	12.21
2009	269141	481947	34698	12.79
2010	294443	521322	36153	13.21
2011	308897	562523	35051	13.75
2012	327081	607449	33926	14.39
2013	336304	644155		14.87
2014	352333	683028		15.34

注：1.自2006年起，人均城市道路面积按城区人口和城区暂住人口合计为分母计算，括号内为与往年同口径数据。
2.自2013年开始，不再统计防洪堤长度。

Note:1.Since 2006, urban road surface per capita has been calculated based on denominator which combines both permanent and temporary residents in urban areas, and the data in brackets are the same index calculated by the method of past years.
2.Starting from 2013, the data on the length of flood prevention dyke has been unavailable.

1-1-13 全国历年城市排水和污水处理情况
National Urban Drainage and Wastewater Treatment in Past Years

年份 Year	排水管道长度 (公里) Length of Drainage Pipelines (km)	污水年排放量 (万立方米) Annual Quantity of Wastewater Discharged (10,000 m³)	污水处理厂 Wastewater Treatment Plant 座数 (座) Number (unit)	污水处理厂 Wastewater Treatment Plant 处理能力 (万立方米/日) Treatment Capacity (10,000 m³/day)	污水年处理量 (万立方米) Annual Treatment Capacity (10,000 m³)	污水处理率 (%) Wastewater Treatment Rate (%)
1978	19556	1494493	37	64		
1979	20432	1633266	36	66		
1980	21860	1950925	35	70		
1981	23183	1826460	39	85		
1982	24638	1852740	39	76		
1983	26448	2097290	39	90		
1984	28775	2253145	43	146		
1985	31556	2318480	51	154		
1986	42549	963965	64	177		
1987	47107	2490249	73	198		
1988	50678	2614897	69	197		
1989	54510	2611283	72	230		
1990	57787	2938980	80	277		
1991	61601	2997034	87	317	445355	14.86
1992	67672	3017731	100	366	521623	17.29
1993	75207	3113420	108	449	623163	20.02
1994	83647	3030082	139	540	518013	17.10
1995	110293	3502553	141	714	689686	19.69
1996	112812	3528472	309	1153	833446	23.62
1997	119739	3514011	307	1292	907928	25.84
1998	125943	3562912	398	1583	1053342	29.56
1999	134486	3556821	402	1767	1135532	31.93
2000	141758	3317957	427	2158	1135608	34.25
2001	158128	3285850	452	3106	1196960	36.43
2002	173042	3375959	537	3578	1349377	39.97
2003	198645	3491616	612	4254	1479932	42.39
2004	218881	3564601	708	4912	1627966	45.67
2005	241056	3595162	792	5725	1867615	51.95
2006	261379	3625281	815	6366	2026224	55.67
2007	291933	3610118	883	7146	2269847	62.87
2008	315220	3648782	1018	8106	2560041	70.16
2009	343892	3712129	1214	9052	2793457	75.25
2010	369553	3786983	1444	10436	3117032	82.31
2011	414074	4037022	1588	11303	3376104	83.63
2012	439080	4167602	1670	11733	3437868	87.30
2013	464878	4274525	1736	12454	3818948	89.34
2014	511179	4453428	1807	13087	4016198	90.18

注：1978年至1995年污水处理厂座数及处理能力均为系统内数。
Note:Number of wastewater treatment plants and treatment capacity from 1978 to 1995 are limited to the statistical figure in the building sector.

1-1-14 全国历年城市园林绿化情况
National Urban Landscaping in Past Years

计量单位：公顷 Measurement Unit:Hectare

年份 Year	建成区绿化覆盖面积 Built District Green Coverage Area	建成区绿地面积 Built District Area of Green Space	公园绿地面积 Area of Public Recreational Green Space	公园面积 Park Area	人均公园绿地面积（平方米） Public Recreational Green Space Per Capita (m^2)	建成区绿化覆盖率(%) Green Coverage Rate of Built District (%)	建成区绿地率(%) Green Space Rate of Built District (%)
1981		110037	21637	14739	1.50		
1982		121433	23619	15769	1.65		
1983		135304	27188	18373	1.71		
1984		146625	29037	20455	1.62		
1985		159291	32766	21896	1.57		
1986		153235	42255	30740	1.84	16.9	
1987		161444	47752	32001	1.90	17.1	
1988		180144	52047	36260	1.76	17.0	
1989		196256	52604	38313	1.69	17.8	
1990	246829		57863	39084	1.78	19.2	
1991	282280		61233	41532	2.07	20.1	
1992	313284		65512	45741	2.13	21.0	
1993	354127		73052	48621	2.16	21.3	
1994	396595		82060	55468	2.29	22.1	
1995	461319		93985	72857	2.49	23.9	
1996	493915	385056	99945	68055	2.76	24.43	19.05
1997	530877	427766	107800	68933	2.93	25.53	20.57
1998	567837	466197	120326	73198	3.22	26.56	21.81
1999	593698	495696	131930	77137	3.51	27.58	23.03
2000	631767	531088	143146	82090	3.69	28.15	23.67
2001	681914	582952	163023	90621	4.56	28.38	24.26
2002	772749	670131	188826	100037	5.36	29.75	25.80
2003	881675	771730	219514	113462	6.49	31.15	27.26
2004	962517	842865	252286	133846	7.39	31.66	27.72
2005	1058381	927064	283263	157713	7.89	32.54	28.51
2006	1181762	1040823	309544	208056	8.3(9.3)	35.11	30.92
2007	1251573	1110330	332654	202244	8.98	35.29	31.30
2008	1356467	1208448	359468	218260	9.71	37.37	33.29
2009	1494486	1338133	401584	235825	10.66	38.22	34.17
2010	1612458	1443663	441276	258177	11.18	38.62	34.47
2011	1718924	1545985	482620	285751	11.80	39.22	35.27
2012	1812488	1635240	517815	306245	12.26	39.59	35.72
2013	1907490	1719361	547356	329842	12.64	39.86	35.93
2014	2017348	1819960	582392	367926	13.08	40.22	36.29

注：1.自2006年起，“公共绿地”统计为“公园绿地”。
2.自2006年起，“人均公共绿地面积”统计为以城区人口和城区暂住人口合计为分母计算的“人均公园绿地面积”，括号内数据约为与往年同口径数据。

Note: 1.Since 2006,Public Green Space is changed to Public Recreatinal Green Space.
2.Since 2006,Public Recreational Green Space Per Capita has been calculated based on denominator which combines both permanent and temporary resiclents in urban areas, and the datas in brackets are the same index but calculated by the method of past years.

1-1-15 全国历年城市市容环境卫生情况

年份 Year	生活垃圾 Domestic Garbage			
	清运量 (万吨) Quantity of Collected and Transported (10,000 ton)	无害化处理场(厂)座数 (座) Number of Harmless Treatment Plants/ Grounds (unit)	无害化处理能力 (吨/日) Harmless Treatment Capacity (ton/day)	无害化处理量 (万吨) Quantity of Harmlessly Treated (10,000 ton)
1979	2508	12	1937	
1980	3132	17	2107	215
1981	2606	30	3260	162
1982	3125	27	2847	190
1983	3452	28	3247	243
1984	3757	24	1578	188
1985	4477	14	2071	232
1986	5009	23	2396	70
1987	5398	23	2426	54
1988	5751	29	3254	75
1989	6292	37	4378	111
1990	6767	66	7010	212
1991	7636	169	29731	1239
1992	8262	371	71502	2829
1993	8791	499	124508	3945
1994	9952	609	130832	4782
1995	10671	932	183732	6014
1996	10825	574	155826	5568
1997	10982	635	180081	6292
1998	11302	655	201281	6783
1999	11415	696	237393	7232
2000	11819	660	210175	7255
2001	13470	741	224736	7840
2002	13650	651	215511	7404
2003	14857	575	219607	7545
2004	15509	559	238519	8089
2005	15577	471	256312	8051
2006	14841	419	258048	7873
2007	15215	458	279309	9438
2008	15438	509	315153	10307
2009	15734	567	356130	11220
2010	15805	628	387607	12318
2011	16395	677	409119	13090
2012	17081	701	446268	14490
2013	17239	765	492300	15394
2014	17860	818	533455	16394

注：1.1980年至1995年垃圾无害化处理厂,垃圾无害化处理量为垃圾加粪便。
2.自2006年起，生活垃圾填埋场的统计采用新的认定标准，生活垃圾无害化处理数据与往年不可比。

Note: 1.Quantity of garbage disposed harmlessly from 1980 to 1995 consists of quantity of garbage and soil.
2.Since 2006, treatment of domestic garbage through sanitary landfill has adopted new certification standard,so the datas of harmless treatmented garbage are not compared with the past years.

National Urban Environmental Sanitation in Past Years

粪便清运量 (万吨) Volume of Soil Collected and Transported (10,000 ton)	公厕数量 (座) Number of Latrine (unit)	市容环卫专用车辆设备总数 (台) Number of Vehicles and Equipment Designated for Municipal Environmental Sanitation (unit)	每万人拥有公厕 (座) Number of Latrine per 10,000 Population (unit)	年份 Year
2156	54180	5316		1979
1643	61927	6792		1980
1547	54280	7917	3.77	1981
1689	56929	9570	3.99	1982
1641	62904	10836	3.95	1983
1538	64178	11633	3.57	1984
1748	68631	13103	3.28	1985
2710	82746	19832	3.61	1986
2422	88949	21418	3.54	1987
2353	92823	22793	3.14	1988
2603	96536	25076	3.09	1989
2385	96677	25658	2.97	1990
2764	99972	27854	3.38	1991
3002	95136	30026	3.09	1992
3168	97653	32835	2.89	1993
3395	96234	34398	2.69	1994
3066	113461	39218	3.00	1995
2931	109570	40256	3.02	1996
2845	108812	41538	2.95	1997
2915	107947	42975	2.89	1998
2844	107064	44238	2.85	1999
2829	106471	44846	2.74	2000
2990	107656	50467	3.01	2001
3160	110836	52752	3.15	2002
3475	107949	56068	3.18	2003
3576	109629	60238	3.21	2004
3805	114917	64205	3.20	2005
2131	107331	66020	2.88(3.22)	2006
2506	112604	71609	3.04	2007
2331	115306	76400	3.12	2008
2141	118525	83756	3.15	2009
1951	119327	90414	3.02	2010
1963	120459	100340	2.95	2011
1812	121941	112157	2.89	2012
1682	122541	126552	2.83	2013
1552	124410	141431	2.79	2014

1-2-1 全国城市市政公用设施水平(2014年)

地区名称 Name of Regions	人口密度 (人/平方公里) Population Density (person/km²)	人均日生活用水量 (升) Daily Water Consumption Per Capita (liter)	用水普及率 (%) Water Coverage Rate (%)	燃气普及率 (%) Gas Coverage Rate (%)	建成区供水管道密度 (公里/平方公里) Density of Water Supply Pipelines in Built District (km/km²)	人均道路面积 (平方米) Road Surface Area Per Capita (m²)
全　国 National Total	**2419**	**173.73**	**97.64**	**94.57**	**13.60**	**15.34**
北　京 Beijing	1525	187.52	100.00	100.00	19.69	7.44
天　津 Tianjin	3328	124.33	100.00	100.00	18.03	16.71
河　北 Hebei	2540	116.91	99.29	94.26	8.47	18.49
山　西 Shanxi	3974	114.59	98.54	95.77	8.86	13.34
内蒙古 Inner Mongolia	1291	103.49	97.79	92.28	8.96	21.10
辽　宁 Liaoning	1615	131.79	98.72	96.19	15.16	12.75
吉　林 Jilin	3171	122.79	93.79	91.98	8.63	14.62
黑龙江 Heilongjiang	4946	116.54	96.20	86.23	7.91	13.32
上　海 Shanghai	3826	186.40	100.00	100.00	35.11	4.11
江　苏 Jiangsu	2038	209.62	99.75	99.49	19.52	23.89
浙　江 Zhejiang	1828	197.01	99.93	99.81	21.53	18.40
安　徽 Anhui	2416	166.72	98.63	96.81	12.12	20.33
福　建 Fujian	2627	180.98	99.49	98.83	12.47	13.61
江　西 Jiangxi	4671	178.71	97.78	95.18	11.42	15.77
山　东 Shandong	1426	138.78	99.92	99.49	10.77	25.77
河　南 Henan	5149	107.44	92.99	83.76	8.67	11.67
湖　北 Hubei	2448	210.60	98.75	94.71	14.27	16.57
湖　南 Hunan	3402	202.96	97.05	91.24	13.31	13.76
广　东 Guangdong	2999	247.51	97.26	96.64	17.68	13.20
广　西 Guangxi	1684	234.97	94.40	92.99	13.29	15.75
海　南 Hainan	2069	243.54	98.10	96.49	12.75	17.97
重　庆 Chongqing	1872	146.13	96.78	94.27	9.42	11.68
四　川 Sichuan	3068	216.00	91.12	90.89	12.39	13.32
贵　州 Guizhou	2393	159.65	94.47	76.30	12.00	10.33
云　南 Yunnan	2853	129.06	97.85	76.18	9.81	17.12
西　藏 Tibet	1857	328.98	89.07	57.13	8.38	14.44
陕　西 Shaanxi	5474	154.05	96.31	95.08	7.05	15.38
甘　肃 Gansu	3682	146.25	94.95	83.48	6.76	15.30
青　海 Qinghai	2604	176.52	99.71	88.81	13.45	11.08
宁　夏 Ningxia	1295	148.60	97.26	89.23	5.23	23.16
新　疆 Xinjiang	4280	171.82	98.15	96.87	7.74	16.46

注：本表中北京市的建成区绿化覆盖率和建成区绿地率均为该市调查面积内数据，全国城市建成区绿化覆盖率和建成区绿地率作适当修正。

Note:All of the green coverage rate and green space rate for the built-up areas of Beijing Municipality in the Table refer to the data for the areas surveyed in the city. The green coverage rate and green space rate for the nationwide urban built-up areas have been revised appropriately.

National Level of National Urban Service Facilities(2014)

建成区排水管道密度(公里/平方公里) Density of Sewers in Built District (km/km^2)	污水处理率 (%) Wastewater Treatment Rate (%)	污水处理厂集中处理率 Centralized Treatment Rate of Wastewater Treatment Plants	人均公园绿地面积 (平方米) Public Recreational Green Space Per Capita (m^2)	建成区绿化覆盖率 (%) Green Coverage Rate of Built District (%)	建成区绿地率 (%) Green Space Rate of Built District (%)	生活垃圾处理率 (%) Domestic Garbage Treatment Rate (%)	生活垃圾无害化处理率 Domestic Garbage Harmless Treatment Rate	地区名称 Name of Regions
10.27	**90.18**	**85.94**	**13.08**	**40.22**	**36.29**	**96.43**	**91.79**	**全　国**
10.31	86.11	84.52	15.94	47.40	45.34	99.59	99.59	北　京
23.52	91.04	90.23	9.73	34.93	31.75	96.67	96.67	天　津
8.69	95.06	94.87	14.45	41.93	38.12	92.26	86.61	河　北
6.77	88.37	87.18	11.30	40.08	35.28	92.07	92.07	山　西
10.23	89.21	89.21	18.80	39.79	36.37	96.07	96.07	内蒙古
6.93	89.05	87.69	11.61	40.11	37.33	98.08	91.59	辽　宁
7.24	90.10	89.40	12.05	35.82	32.22	97.60	61.91	吉　林
5.56	77.22	63.35	12.10	35.98	32.99	69.63	58.86	黑龙江
21.00	89.72	89.72	7.33	38.43	33.92	100.00	100.00	上　海
16.48	93.46	78.40	14.41	42.61	39.23	99.62	98.11	江　苏
14.45	90.68	87.97	12.90	40.75	36.71	100.00	100.00	浙　江
13.39	96.21	90.19	13.20	41.18	36.98	99.51	99.51	安　徽
9.58	88.66	83.76	12.76	42.80	38.99	97.92	97.86	福　建
9.00	83.76	82.55	14.13	44.61	41.61	100.00	93.09	江　西
11.26	95.27	95.07	17.10	42.79	38.29	100.00	100.00	山　东
8.15	92.52	90.99	9.93	38.32	33.47	92.84	92.84	河　南
10.34	92.08	88.55	11.10	37.87	33.24	98.07	90.16	湖　北
8.19	90.11	79.93	9.85	38.64	34.78	99.70	99.70	湖　南
9.32	91.55	91.40	16.28	41.44	37.18	94.66	86.38	广　东
7.35	87.45	60.47	11.19	39.26	33.74	97.86	95.40	广　西
11.62	71.42	71.42	13.01	41.32	36.88	99.83	99.83	海　南
9.00	92.99	91.94	16.97	40.60	37.38	99.20	99.20	重　庆
9.30	85.36	79.58	11.26	37.51	33.58	97.24	95.37	四　川
7.71	94.79	94.79	12.50	33.97	31.27	93.26	93.26	贵　州
10.37	91.14	88.75	11.00	38.14	34.38	97.37	92.47	云　南
4.83	16.07	16.07	10.80	43.77	32.80	92.54		西　藏
7.48	91.56	91.56	12.48	40.46	34.11	95.78	95.78	陕　西
6.44	85.00	75.96	12.79	30.81	27.60	98.43	62.60	甘　肃
8.86	59.19	59.19	10.78	31.56	31.01	95.37	86.27	青　海
3.31	92.38	79.15	17.91	37.98	36.43	93.25	93.25	宁　夏
5.36	86.24	85.19	10.74	36.83	33.72	94.04	81.87	新　疆

1-2-2 全国城市人口和建设用地(2014年)

面积计量单位：平方公里
人口计量单位：万人

地区名称 Name of Regions		市区面积 Urban District Area	市区人口 Urban District Population	市区暂住人口 Urban District Temporary Population	城区面积 Urban Area	城区人口 Urban Population	城区暂住人口 Urban Temporary Population	建成区面积 Area of Built District	小计 Subtotal
全　国	**National Total**	**1986565**	**71493.7**	**9217.4**	**184098.59**	**38576.50**	**5951.54**	**49772.63**	**49982.74**
北　京	Beijing	16410	2151.6		12187.00	1859.00		1385.58	1586.39
天　津	Tianjin	7399	832.8	175.3	2363.05	642.91	143.58	797.10	786.80
河　北	Hebei	32490	2856.6	196.4	6412.43	1521.44	107.26	1833.17	1719.10
山　西	Shanxi	28763	1635.7	147.2	2728.99	994.52	89.93	1097.36	1034.25
内蒙古	Inner Mongolia	147096	976.2	211.2	6764.56	691.12	182.34	1184.81	1265.68
辽　宁	Liaoning	65715	3069.6	203.5	14084.17	2106.38	168.42	2422.02	2444.94
吉　林	Jilin	106587	1986.2	118.6	3642.86	1058.30	96.68	1362.79	1281.82
黑龙江	Heilongjiang	185864	2243.3	102.4	2786.78	1306.07	72.23	1785.08	1773.74
上　海	Shanghai	6341	2425.7		6340.50	2425.68		998.75	2915.56
江　苏	Jiangsu	63363	5342.0	876.1	14609.84	2679.84	298.33	4019.83	4067.87
浙　江	Zhejiang	54170	3339.8	1154.1	11094.63	1503.45	524.60	2489.22	2532.02
安　徽	Anhui	38397	2413.6	365.0	5929.72	1147.25	285.13	1835.15	1830.06
福　建	Fujian	44148	2015.7	662.0	4318.09	850.75	283.40	1326.42	1208.14
江　西	Jiangxi	32363	1668.9	125.9	2114.76	890.58	97.22	1201.26	1123.46
山　东	Shandong	84964	5623.9	324.1	21310.86	2837.76	200.95	4400.09	4278.53
河　南	Henan	42145	4070.9	501.0	4662.51	1970.66	429.97	2374.67	2232.91
湖　北	Hubei	80730	3930.6	326.1	7680.61	1636.75	243.21	2077.64	2422.71
湖　南	Hunan	48577	2608.3	164.6	4285.84	1333.74	124.16	1540.21	1479.54
广　东	Guangdong	92641	7631.8	1945.0	17036.40	3727.04	1382.32	5398.07	4415.55
广　西	Guangxi	57090	2003.3	205.3	5886.63	799.98	191.10	1192.82	1141.25
海　南	Hainan	17395	598.8	84.5	1276.68	199.82	64.32	303.06	258.33
重　庆	Chongqing	31849	1952.1	343.4	6643.39	967.22	276.26	1231.44	1028.82
四　川	Sichuan	61142	3675.0	328.5	6426.21	1760.04	211.31	2216.56	2138.49
贵　州	Guizhou	24434	1056.5	155.3	2643.57	536.93	95.59	723.76	635.65
云　南	Yunnan	58628	1415.5	97.5	2903.33	759.46	68.89	977.04	910.52
西　藏	Tibet	16164	44.2	34.9	361.60	35.33	31.82	126.34	124.68
陕　西	Shaanxi	31435	1555.0	64.9	1610.32	838.16	43.29	967.56	946.44
甘　肃	Gansu	87361	890.1	80.8	1554.78	517.78	54.65	779.28	756.59
青　海	Qinghai	165618	207.3	19.6	635.78	150.34	15.24	165.84	156.47
宁　夏	Ningxia	22380	364.9	51.0	2110.95	229.62	43.83	441.31	376.37
新　疆	Xinjiang	234907	908.0	153.1	1691.75	598.58	125.51	1118.40	1110.06

注：北京市建设用地面积1586.39平方公里，其中197.24平方公里为现状情况不明的建设用地，没有纳入分类中。
Note:The area of construction land in Beijing was 1586.39 square kilometers,among which 197.24 square kilometers were not classified due to uncleare current use.

National Urban Population and Construction Land (2014)

Area Measurement Unit: Square Kilometer

Population Measurement Unit:10,000persons

城市建设用地面积 Area of Urban Construction Land										
居住用地 Residential	公共管理与公共服务用地 Administration and Public Services	商业服务业设施用地 Commercial and Business Facilities	工业用地 Industrial, Manufacturing	物流仓储用地 Logistics and Warehouse	道路交通设施用地 Road, Street and Transportation	公用设施用地 Municipal Utilities	绿地与广场用地 Green Space and Square	本年征用土地面积 Area of Land Requisition This Year	耕地 Arable Land	地区名称 Name of Regions
15783.05	**4717.75**	**3390.71**	**9934.11**	**1553.03**	**6666.26**	**2116.97**	**5623.62**	**1475.88**	**671.65**	**全国**
408.52	164.35	125.55	240.03	49.46	260.74	29.11	111.39	14.38	2.56	北京
199.93	57.95	45.81	185.93	57.52	139.94	22.00	77.72	16.57	8.16	天津
591.97	168.04	116.02	249.79	71.47	231.07	87.34	203.40	33.03	15.46	河北
336.44	124.23	68.58	181.71	37.07	105.22	79.70	101.30	25.34	12.17	山西
391.56	108.79	109.09	170.58	44.70	201.08	75.26	164.62	25.21	11.38	内蒙古
819.22	178.68	185.18	570.49	70.97	287.86	70.06	262.48	70.01	35.85	辽宁
467.63	105.48	86.40	268.97	39.60	150.27	65.15	98.32	36.11	24.18	吉林
635.35	178.49	88.41	334.28	81.82	211.99	71.71	171.69	24.33	8.20	黑龙江
1058.89	161.73	137.54	733.11	85.54	418.86	130.28	189.61	35.51	21.01	上海
1260.07	331.63	319.45	923.64	117.58	493.10	147.31	475.09	146.88	68.06	江苏
708.89	217.18	201.62	610.71	56.29	357.30	115.61	264.42	105.49	53.79	浙江
590.44	158.23	151.75	341.59	51.12	268.52	61.00	207.41	107.33	56.54	安徽
375.67	153.06	83.67	246.88	33.17	133.97	55.82	125.90	75.63	23.48	福建
346.98	101.79	98.43	207.54	27.88	153.25	51.42	136.17	39.65	13.41	江西
1302.87	442.26	289.14	934.60	123.43	533.54	147.07	505.62	88.13	39.82	山东
660.49	258.28	117.09	347.80	75.46	352.69	93.66	327.44	36.74	16.22	河南
693.07	246.01	138.43	549.88	70.43	243.90	101.58	379.41	115.26	54.34	湖北
517.05	195.24	103.13	192.79	48.28	174.96	94.36	153.73	48.89	10.84	湖南
1373.73	343.74	302.22	1121.46	110.59	602.23	153.82	407.76	78.80	23.29	广东
349.45	126.02	64.17	174.64	43.35	208.62	49.00	126.00	62.02	24.14	广西
95.10	34.11	9.25	20.09	4.42	44.67	11.16	39.53	5.80	0.66	海南
326.81	91.51	63.04	218.58	22.24	174.09	30.39	102.16	88.64	51.35	重庆
685.56	229.09	124.30	428.11	48.75	255.49	143.25	223.94	50.84	20.73	四川
202.46	60.00	35.41	109.71	21.45	75.47	29.81	101.34	16.05	8.07	贵州
325.64	104.20	69.90	104.39	31.60	115.71	34.22	124.86	40:33	17.95	云南
35.58	28.38	13.74	13.01	4.11	14.12	6.98	8.76			西藏
226.06	101.42	79.56	118.16	21.24	156.45	31.32	212.23	22.50	8.88	陕西
210.27	81.50	51.39	129.80	29.19	90.24	40.96	123.24	39.42	28.01	甘肃
71.37	12.83	7.23	12.42	17.19	14.66	5.99	14.78	4.22	2.80	青海
125.72	51.86	19.47	35.42	12.80	60.35	16.88	53.87	2.89	1.56	宁夏
390.26	101.67	85.74	158.00	44.31	135.90	64.75	129.43	19.88	8.74	新疆

1-2-3 全国城市维护建设资金(财政性资金)收支(2014年)

计量单位：万元

地区名称 Name of Regions	城市市政公用设施建设维护管理财政性资金收入 Revenue of urban Construction, Maintenance and Management of Municipal Public Utilities Facilities Fund							
	合计 Completed of Revenue	中央预算资金 Central Budgetary Fund	省级预算资金 Provincial Budgetary Fund	市级预算资金				
				小计 Subtotal	城市维护建设税 Urban Maintenance and Construction Tax	城市公用事业附加 Extra-Charges for Municipal Utilities	城市基础设施配套费 Fees for Supporting Urban Infrastructure	国有土地使用权出让收入 Income Generated from The Transfer of Stateowned Landuse Right
全　国 National Total	**138005449**	**2119735**	**2645941**	**124152663**	**17843612**	**1819986**	**10418170**	**74515103**
北　京 Beijing								
天　津 Tianjin	1626502	9100	213148	1163360	134837	3621	506488	342288
河　北 Hebei	3378756	21255	56923	3280552	622527	75391	124706	2067453
山　西 Shanxi	2955134	7777	9800	2825035	253456	19980	163615	1882905
内蒙古 Inner Mongolia	1919616	23608	31208	1855158	262830	20195	183976	649886
辽　宁 Liaoning	5230764	227829	83318	4874801	889045	80381	392497	2954535
吉　林 Jilin	1217209	50990	18717	1057667	456129	21741	195089	239096
黑龙江 Heilongjiang	1716356	92381	81924	1390913	455758	22929	126128	584513
上　海 Shanghai	3358903	15000		3336543		214078	79820	470000
江　苏 Jiangsu	13386774	16233	88730	11876304	2169817	198186	768673	7173832
浙　江 Zhejiang	8016579	33959	36491	7356330	973094	82734	177258	4707651
安　徽 Anhui	6735412	81542	40538	6401057	1962283	26535	322790	3484721
福　建 Fujian	10852589	29920	21053	10793615	633986	65982	148217	7803706
江　西 Jiangxi	3957685	11379	7738	3891299	163948	13547	736013	2559370
山　东 Shandong	11777166	32370	56025	11506632	1761908	213036	1838311	5985936
河　南 Henan	4001624	60836	8600	2988512	445404	98117	441701	1724253
湖　北 Hubei	6356547	28204	18539	5075837	569259	51360	140073	3616629
湖　南 Hunan	3250849	125549	30639	3014588	771859	51202	328189	1542094
广　东 Guangdong	20133006	130972	415615	18945977	2565689	339053	982380	14348627
广　西 Guangxi	5004714	83152	46901	3586354	213986	59103	77738	2096471
海　南 Hainan	1025788	6944	26866	961891	94542	3686	132396	404466
重　庆 Chongqing	2950656	5559	336448	2536576	342509	46015	630306	1183571
四　川 Sichuan	5437876	75800	414387	3723536	739631	42630	650604	1618226
贵　州 Guizhou	1009443	25237	9527	970193	111725	11628	34829	525730
云　南 Yunnan	2984654	342836	238358	2392022	277882	2005	421640	1425388
西　藏 Tibet	133707	101452	28049	4186	211	80	3685	100
陕　西 Shaanxi	5189644	331273	93891	4540397	370983	15143	532001	2736355
甘　肃 Gansu	965239	37421	53704	858108	139671	2343	49152	595571
青　海 Qinghai	473973	32954	155319	285458	44360	6049	2569	34943
宁　夏 Ningxia	538359	715	12614	438998	56850	18518	32009	241920
新　疆 Xinjiang	2419925	77488	10871	2220764	359433	14718	195317	1514867

注：北京市数据未报送。
Note:The data of Beijing were not reported.

National Revenue and Expenditure of Urban Maintenance and Construction Fund (Fiscal Buget)(2014)

Measurement Unit: 10,000 RMB

City-Level Budgetary Fund				城市市政公用设施建设维护管理财政性资金支出 Expenditure of urban Construction, Maintenance and Management of Municipal Public Utilities Facilities Fund						
市政公用设施有偿使用费 Fee for Use of Municipal Utilities	污水处理费 Wastewater Treatment Fee	垃圾处理费 Garbage Treatment Fee	其他财政资金 Others	合计 Completed of Expenditure	城乡社区规划与管理 Planning and Management of Urban and Rural Communities	市政公用行业市场监管 Market Supervision of Municipal Public Utilities Industry	市政公用设施建设维护与管理 Construction, Maintenance and Management of Municipal Public Utilities Facilities	风景名胜区规划与保护 Planning and Protection of National Parks	其他 Others	地区名称 Name of Regions
4476920	**2204995**	**694024**	**9087110**	**106589135**	**5597658**	**3068185**	**66648757**	**805435**	**30469100**	**全　国**
										北　京
			240894	1668808			1428881		239927	天　津
76001	65944	8086	20026	2602461	66897	75876	2079900	18272	361516	河　北
46439	29672	15884	112522	1709289	99985	3347	1532664	1000	72293	山　西
12210	8073	4137	9642	1382055	32822	110255	1001003	741	237234	内蒙古
66990	55229	11405	44816	3237272	168936	143662	2305104	4364	615206	辽　宁
41929	22421	7242	89835	1335060	22586	58936	924364	36319	292855	吉　林
35580	22294	5058	151138	1233016	28944	28351	549062	3529	623130	黑龙江
856000			7360	2661719			223244		2438475	上　海
637563	381417	97883	1405507	11915342	1923708	290133	7721984	101912	1877605	江　苏
348192	263315	39957	589799	6645984	90845	85353	5100076	10138	1359572	浙　江
142875	103205	31920	212275	5773609	239955	43673	5152260	57898	279823	安　徽
137063	109335	25000	8001	8234273	268519	37738	2071080	25365	5831571	福　建
48304	32008	5996	47269	3205263	641708	58691	1598245	69637	836982	江　西
215157	154221	42649	182139	7289225	392196	151354	6091937	62886	590852	山　东
115667	85122	15308	943676	2810399	136458	53468	2217246	16599	386628	河　南
275588	98984	67894	1233967	4726117	135258	65583	4147123	140702	237451	湖　北
132298	90089	31689	80073	2774070	136932	64530	1665247	58590	848771	湖　南
537234	362585	148359	640442	11884743	583508	1249459	5467242	30823	4553711	广　东
96297	62685	28925	1288307	5188188	44938	23136	2842015	5890	2272209	广　西
41540	35063	6312	30087	691782	33184	17035	220457	3358	417748	海　南
52375	26863	23412	72073	2919924	54206	4663	2170676	7421	682958	重　庆
129179	89604	24582	1224153	4155980	300984	208323	1453018	50459	2143196	四　川
32475	23893	8091	4486	399356	8422	16741	277533	881	95779	贵　州
47559	39456	8103	11438	2325506	36523	4151	430397	3250	1851185	云　南
110	40	70	20	26542	750	190	240	22473	2889	西　藏
288427	16081	10725	224083	6282997	66671	97695	5644887	38916	434828	陕　西
20729	10563	3633	16006	525632	15516	60003	254920	10465	184728	甘　肃
12501	4543	4109	242	468043	10496	81427	365775	9870	475	青　海
2987	1511	1031	86032	464486	2003	16836	368507		77140	宁　夏
27651	10779	16564	110802	2051994	54708	17576	1343670	13677	622363	新　疆

1-2-4 按行业分全国城市市政公用设施建设固定资产投资(2014年)

计量单位：万元

地区名称 Name of Regions	本年完成投资 Completed Investment of This Year	供水 Water Supply	燃气 Gas Supply	集中供热 Central Heating	轨道交通 Urban Rail Trainsit System	道路桥梁 Road and Bridge	排水 Sewerage
全　国 National Total	**162450334**	**4752595**	**4159612**	**5754469**	**32211964**	**76438824**	**8999973**
北　京 Beijing	13229081	705194	315683	802190	4413750	2409984	1136523
天　津 Tianjin	5966507	32948	544500	226879	958654	3169104	158021
河　北 Hebei	3844970	111562	105364	390400	424538	1891307	210697
山　西 Shanxi	3433505	58645	84187	730938		2008676	101535
内蒙古 Inner Mongolia	5130338	152729	162288	434475		2769441	410917
辽　宁 Liaoning	3948997	190012	119823	567133	1148750	1318382	98768
吉　林 Jilin	2002999	171941	51714	211055	288297	823002	105635
黑龙江 Heilongjiang	2127621	138901	95386	462518	111260	814600	112683
上　海 Shanghai	3727712	138864	127486		1830777	882620	96140
江　苏 Jiangsu	19253176	629560	300684		4838047	7599414	1232587
浙　江 Zhejiang	7934651	179937	196091	5299	1807237	3899845	678685
安　徽 Anhui	6615895	177918	204145	32218	320700	3953079	424378
福　建 Fujian	4818860	202240	78156		317829	3173713	251175
江　西 Jiangxi	4811227	135788	63297		482661	3336901	209785
山　东 Shandong	9652843	288408	284124	916530	504248	4049379	729347
河　南 Henan	3745970	94314	85197	224769	740554	1733683	218625
湖　北 Hubei	10706897	146815	101474	11430	2032737	6590951	681288
湖　南 Hunan	6731958	111905	101308		500507	3505905	393767
广　东 Guangdong	8067818	35565	326912		4751400	2040239	260058
广　西 Guangxi	4502643	246279	113600		553342	2503723	313031
海　南 Hainan	390954	9712	3968			323249	27237
重　庆 Chongqing	5305685	96978	159344		1793105	2615832	54298
四　川 Sichuan	6575770	186971	72932		1776913	2863040	301670
贵　州 Guizhou	5348947	20641	23414		680744	4167015	233887
云　南 Yunnan	2184917	61110	28246		810325	935128	114452
西　藏 Tibet	5265						5265
陕　西 Shaanxi	5106489	80981	92913	223367	765289	3030909	231638
甘　肃 Gansu	2993848	42115	25410	197407	210300	1991061	52457
青　海 Qinghai	471117	9201	2249			396163	20653
宁　夏 Ningxia	290577	11413	15585	33564		97901	13662
新　疆 Xinjiang	3523097	283948	274132	284297	150000	1544578	121109

National Fixed Assets Investment in Urban Service Facilities by Industry(2014)

Measurement Unit:10,000RMB

污水处理 Wastewater Treatment	污泥处置 Sludge Disposal	再生水利用 Wastewater Recycled and Reused	园林绿化 Landscaping	市容环境卫生 Environmental Sanitation	垃圾处理 Domestic Garbage Treatment	其他 Other	本年新增固定资产 Newly Added Fixed Assets of This Year	地区名称 Name of Regions
3049316	**227583**	**993150**	**18175758**	**4948436**	**1305897**	**7008703**	**106559938**	**全国**
100046	460	890699	1129674	1971974	104820	344109	5195542	北京
4000			561026	260931	1813	54444	1003481	天津
35701	163	2500	449240	65704	12723	196158	2217440	河北
71753		3200	388534	16135	8500	44855	2859811	山西
209660	3000	32165	1180479	20009	2843		3907182	内蒙古
22760		282	311088	55119	18614	139922	2124383	辽宁
80203		3277	165650	35405	1225	150300	3055356	吉林
60794	600		127730	115866	71525	148677	1554759	黑龙江
	4750		407600	188394	188394	55831	2057140	上海
251551	72703	13845	3463800	246456	143414	942628	18753781	江苏
245493	100595	10995	854625	136517	67011	176415	6473162	浙江
138620	11856		1242180	146797	79628	114480	4119952	安徽
162988	1185		405715	71805	40156	318227	3148191	福建
120180	1661		539854	18620	12805	24321	2172708	江西
196594	13620	3560	1689355	263057	133521	928395	7358899	山东
108035	7146	1666	607111	41717	5143		3564741	河南
149827	1800		977930	93904	23149	70368	10083538	湖北
262835			537744	295057	36038	1285765	3230240	湖南
145569			162429	178553	100544	312662	1487608	广东
86735			667525	96946	15947	8197	2119700	广西
15771			15951	7222	1496	3615	334942	海南
19355		1100	523062	28713	750	34353	4018972	重庆
144121	84		383110	97398	66841	893736	5331944	四川
168242			193211	30035	21494		1213452	贵州
34606		16301	109031	20456	9697	106169	1041027	云南
5265							5265	西藏
152272		5000	502165	179227	10768		2277392	陕西
14002	7960	2960	165391	20151	12219	289556	2058187	甘肃
4328			16086	26765	2579		462691	青海
			97882	3627	1610	16943	267915	宁夏
38010		5600	300580	215876	110630	348577	3060537	新疆

1-2-5 按资金来源分全国城市市政公用设施建设固定资产投资(2014年)

计量单位：万元

地区名称 Name of Regions	本年实际到位资金合计 The Total Funds Actually Available for The Reported Year	上年末结余资金 The Balance of The Previous Year	本年资金来源 小计 Subtotal	国家预算资金 State Budgetary Fund	中央预算资金 Central Budgetary Fund	国内贷款 Domestic Loan
全　国 National Total	**160540316**	**9540222**	**151000094**	**42374381**	**1022194**	**43831131**
北　京 Beijing	12375870	1370061	11005809	5310090	97264	3735069
天　津 Tianjin	5960051	184349	5775702	373814	17604	3097648
河　北 Hebei	3535608	5072	3530536	905586	13886	607109
山　西 Shanxi	3353137	24133	3329004	1058173	7406	55700
内蒙古 Inner Mongolia	5026630		5026630	1591212	3816	281063
辽　宁 Liaoning	3641480	207442	3434038	1285100	30047	776642
吉　林 Jilin	2485734	10170	2475564	418875	28237	1360395
黑龙江 Heilongjiang	2121449	18852	2102597	436921	54212	386496
上　海 Shanghai	3568547	201477	3367070	949476	33000	1163302
江　苏 Jiangsu	20778321	2038137	18740184	2612756	19939	8353020
浙　江 Zhejiang	7774566	630376	7144190	2155536	39496	2018722
安　徽 Anhui	6508654	257563	6251091	2199265	60645	904404
福　建 Fujian	4622302	150117	4472185	1948117	3255	343515
江　西 Jiangxi	5909996	1247611	4662385	2194980	40934	1001060
山　东 Shandong	8644920	147413	8497507	4915125	8628	927395
河　南 Henan	3642130	101617	3540513	2600066	22931	430712
湖　北 Hubei	6724374	6567	6717807	475816	21773	1310553
湖　南 Hunan	6463031	26314	6436717	778388	17210	1325653
广　东 Guangdong	9196061	500179	8695882	1559353	87620	879885
广　西 Guangxi	4573676	502806	4070870	1203946	32290	1421447
海　南 Hainan	466901	42999	423902	61728	32045	247000
重　庆 Chongqing	4752111	168311	4583800	2043766	4011	1350070
四　川 Sichuan	5944164	44788	5899376	970573	21700	1586020
贵　州 Guizhou	7522672	102065	7420607	259356	2180	4943650
云　南 Yunnan	1432896	150021	1282875	90194	1665	343293
西　藏 Tibet	16134		16134	12500	6000	
陕　西 Shaanxi	5168197	97808	5070389	2838468	60366	1252130
甘　肃 Gansu	3774335	704974	3069361	87480	11091	2161491
青　海 Qinghai	985358	521992	463366	177801	34501	265528
宁　夏 Ningxia	198647	15204	183443	78835	3495	16913
新　疆 Xinjiang	3372364	61804	3310560	781085	204947	1285246

National Fixed Assets Investment in Urban Service Facilities by Capital Source(2014)

Measurement Unit:10,000 RMB

Sources of Fund							
债券 Securities	利用外资 Foreign Investment	外商直接投资 Foreign Direct Investment	自筹资金 Self-Raised Funds	单位自有资金 Self-Owned Funds	其他资金 Other Funds	各项应付款 Sum Payable This Year	地区名称 Name of Regions
960257	**420267**	**122362**	**42946595**	**7258298**	**20467463**	**16499340**	**全　国**
1730			979769	647371	979151	3228154	北　京
			1867183	78644	437057	898945	天　津
42500			1324702	87663	650639	74550	河　北
			2194727	95154	20404	316604	山　西
			2897330	291587	257025	116164	内蒙古
5400	23269	5293	1011920	307828	331707	764111	辽　宁
2950			579611	96962	113733	422829	吉　林
	9476		1112810	266452	156894	156008	黑龙江
	4412		1236429	413479	13451	493051	上　海
	57664	51664	6903640	1607683	813104	1090105	江　苏
97602	10392	9639	2258255	383639	603683	555007	浙　江
8700	61703	18214	2078803	159502	998216	733488	安　徽
2364			604646	99870	1573543	176807	福　建
	50028	11332	571990	77241	844327	389139	江　西
7000	14855	3400	1949626	335912	683506	1061886	山　东
1000	10320	10320	459310	103733	39105	78273	河　南
5000	59993		1183755	25209	3682690	204076	湖　北
70614	44350	12100	2810567	194963	1407145	276753	湖　南
646854	400	400	2913703	290663	2695687	324729	广　东
12110	300		1279740	78117	153327	83778	广　西
15306			10028	197	89840	41774	海　南
	13406		487227	211283	689331	1166847	重　庆
17845	2767		1360301	179895	1961870	643971	四　川
5			2037597	173584	179999	925408	贵　州
	10702		553968	163502	284718	416216	云　南
			1833		1801		西　藏
			656074	125692	323717	325841	陕　西
8713	22866		584903	397604	203908	1173206	甘　肃
			20037	1915		66694	青　海
12966	898		46888	12455	26943	127073	宁　夏
1598	22466		969223	350499	250942	167853	新　疆

1-2-6 全国城市市政公用设施建设施工规模和新增生产能力(或效益)(2014年)

指标名称	Index	计量单位	Measurement Unit
1.供水综合生产能力	1.Integrated Water Production Capacity	万立方米/日	10,000 m^3/day
2.供水管道长度	2.Length of Water Pipelines	公里	Kilometer
3.人工煤气生产能力	3.Production Capacity of Man-made Coal Gas	万立方米/日	10,000 m^3/day
4.人工煤气储气能力	4.Storage Capacity of Man-made Coal Gas	万立方米	10,000 m^3
5.人工煤气供气管道长度	5.Length of Man-made Gas Pipelines	公里	Kilometer
6.天然气储气能力	6.Storage Capacity of Natural Gas	万立方米	10,000 m^3
7.天然气供气管道长度	7.Length of Natural Gas Pipelines	公里	Kilometer
8.液化石油气储气能力	8.LPG Storage Capacity	吨	Ton
9.液化石油气供气管道长度	9.Length of LPG Pipelines	公里	Kilometer
10.集中供热能力：蒸汽	10.Central Heating Capacity (Steam)	吨/小时	Ton/Hour
11.集中供热能力：热水	11.Central Heating Capacity (Hot Water)	兆瓦	Mega Watts
12.集中供热管道长度：蒸汽	12.Length of Central Heating Pipelines (Steam)	公里	Kilometer
13.集中供热管道长度：热水	13.Length of Central Heating Pipelines (Hot Water)	公里	Kilometer
14.轨道交通运营线路长度	14.Length of Operational Lines for Rail Transit	公里	Kilometer
15.桥梁座数	15.Number of Bridges	座	Unit
16.道路新建、扩建长度	16.Length of Extension of Roads and New Roads	公里	Kilometer
17.道路新建、扩建面积	17.Surface Area of Extension of Roads and New Roads	万平方米	10,000 m^2
18.排水管道长度	18.Length of Sewerage Piplines	公里	Kilometer
19.污水处理厂处理能力	19.Wastewater Treatment Capacity	万立方米/日	10,000 m^3/day
20.再生水管道长度	20.Length of Recycled Water Piplines	公里	Kilometer
21.再生水生产能力	21.Recycled Water Production Capacity	万立方米/日	10,000 m^3/day
22.绿地面积	22.Area of Green Space	公顷	Hectare
23.垃圾无害化处理能力	23.Garbage Treatment Capacity	吨/日	Ton/day

National Urban Service Facilities Construction Scale and Newly Added Production Capacity (or Benefits) (2014)

建设规模 Construction Scale	本年施工规模 Construction Scale This Year	本年新开工 Newly Started This Year	累计新增生产能力(或效益) Accumulative Newly Added Production Capicity (or Benefits)	本年新增 Newly Added This Year
1500	1020	603	633	530
30017	23710	22323	21573	19405
6	6	6	6	6
2	2	2	2	2
910	840	840	770	770
5699	4060	3093	1614	1342
47427	27238	25074	37841	24235
5064	3259	2459	3014	2414
610	347	246	367	194
2219	1732	1652	1759	1496
416256	410277	408933	411077	406235
578	511	478	506	459
10152	8887	8849	7555	6966
1522	1176	495	367	156
2491	2096	1649	1493	1407
24051	17190	13741	13323	10878
47218	35851	28176	26732	23361
36273	24930	21129	22568	18994
1209	809	601	481	443
666	258	216	258	230
137	97	58	85	77
73433	54935	52070	55559	50497
50503	37253	32827	23269	20749

1-2-7 城市供水(2014年)

地区名称 Name of Regions	综合生产能力(万立方米/日) Integrated Production Capacity (10,000m³/ day)	地下水 Underground Water	供水管道长度(公里) Length of Water Supply Pipelines (km)	供水总量(万立方米) 合计 Total	生产运营用水 The Quantity of Water for Production and Operation	公共服务用水 The Quantity of Water for Public Service	居民家庭用水 The Quantity of Water for Household Use
全　国 National Total	**28673.33**	**6833.90**	**676727.43**	**5466612.56**	**1623836.85**	**739287.72**	**2004656.93**
北　京 Beijing	2439.77	2139.41	27285.89	182418.79	27472.20	55994.89	71117.12
天　津 Tianjin	447.15	77.35	14369.10	81249.49	30036.28	10419.94	25271.15
河　北 Hebei	809.04	557.31	15527.72	151478.40	59073.75	20424.72	48319.56
山　西 Shanxi	453.65	229.84	9727.18	83155.44	29995.08	7594.50	37009.24
内蒙古 Inner Mongolia	425.47	295.36	10619.36	73863.63	27553.60	10935.03	21321.71
辽　宁 Liaoning	1338.06	521.52	36706.23	272641.32	93146.18	40340.11	67142.27
吉　林 Jilin	680.18	96.06	11764.12	106812.50	28097.05	16669.32	31651.21
黑龙江 Heilongjiang	811.14	327.55	14119.99	150272.38	59770.54	18067.28	38026.60
上　海 Shanghai	1137.00	2.56	35067.69	317259.71	53542.06	64868.83	100164.93
江　苏 Jiangsu	2961.61	95.64	78476.60	488061.59	184371.13	60544.33	164352.97
浙　江 Zhejiang	1720.46	3.42	53604.16	308411.36	115740.41	30791.27	114883.43
安　徽 Anhui	1074.84	99.64	22247.14	167780.79	49957.39	21627.10	64144.56
福　建 Fujian	717.24	16.80	16539.36	156464.00	41633.42	15327.10	59088.25
江　西 Jiangxi	457.66	9.46	13713.58	106052.90	16056.04	17869.63	44761.08
山　东 Shandong	1725.23	684.30	47372.90	347781.34	144396.31	45396.55	107761.91
河　南 Henan	1083.62	558.31	20590.38	191000.70	68253.87	18983.58	67896.67
湖　北 Hubei	1354.30	34.09	29644.18	269557.94	66115.33	33778.92	108506.95
湖　南 Hunan	1031.79	84.09	20498.48	192647.09	42043.99	12236.56	89750.56
广　东 Guangdong	3555.40	28.34	95463.08	840259.07	220197.62	129617.80	319028.94
广　西 Guangxi	644.58	56.86	15856.92	162236.33	61420.78	17240.54	61998.43
海　南 Hainan	153.40	17.60	3864.03	42579.73	8073.40	4528.02	18500.09
重　庆 Chongqing	506.89	2.71	11601.44	112858.59	29473.52	11342.93	52682.46
四　川 Sichuan	950.54	107.58	27460.78	221021.39	41277.65	29389.37	112000.53
贵　州 Guizhou	246.18	15.54	8684.58	55793.24	7598.41	6731.37	27856.01
云　南 Yunnan	356.95	18.20	9586.56	77708.02	18429.88	5131.75	32906.30
西　藏 Tibet	64.50	54.80	1059.10	12436.55	1932.71	3217.34	3964.49
陕　西 Shaanxi	379.42	168.46	6820.21	92910.74	30291.51	5229.80	42220.84
甘　肃 Gansu	380.79	117.63	5265.33	54565.01	19420.41	7415.75	21306.21
青　海 Qinghai	94.97	42.50	2230.71	25030.58	9824.04	1780.73	8395.83
宁　夏 Ningxia	146.80	122.90	2308.71	30343.36	11634.79	4254.71	9980.40
新　疆 Xinjiang	524.70	248.07	8651.92	91960.58	27007.50	11537.95	32646.23

Urban Water Supply(2014)

Total Quantity of Water Supply(10,000m³)							
其他用水 The Quantity of Other Purposes	免费供水量 The Quantitiy of Free Water Supply	生活用水 Domestic Water Use	漏损水量 The Lossed Water	用水户数（户） Number of Households with Access to Water Supply (unit)	家庭用户 Household User	用水人口（万人） Population with Access to Water Supply (10,000 persons)	地区名称 Name of Regions
258859.56	**124589.66**	**12966.72**	**715381.84**	**130039481**	**118007189**	**43476.32**	**全　国**
8190.65	1628.23	127.16	18015.70	5836701	5662014	1859.00	北　京
5357.39	545.07		9619.66	4203537	3987027	786.49	天　津
4757.56	1857.94	260.79	17044.87	4013069	3690139	1617.14	河　北
2660.11	352.90	91.14	5543.61	1541714	1444428	1068.59	山　西
3397.31	314.12	11.10	10341.86	3420835	2669952	854.20	内蒙古
7851.84	6917.40	543.00	57243.52	9512200	9002770	2245.64	辽　宁
3018.76	1283.52	225.85	26092.64	4205433	3836960	1083.22	吉　林
6390.54	1970.24	306.70	26047.18	5649115	5184961	1325.94	黑龙江
29654.55	23399.03		45630.31	8139967	7735894	2425.68	上　海
18183.80	8072.67	2395.23	52536.69	12176443	11193174	2970.72	江　苏
9764.42	4568.96	61.84	32662.87	6780496	6078671	2026.72	浙　江
5217.27	2787.49	200.97	24046.98	4874504	4526561	1412.77	安　徽
13816.54	1494.54	123.36	25104.15	3045729	2754700	1128.37	福　建
6507.54	1999.05	375.98	18859.56	2677158	2306473	965.92	江　西
11082.87	6672.78	644.02	32470.92	8811126	8186199	3036.28	山　东
8298.05	3181.63	665.39	24386.90	4865629	4459025	2232.45	河　南
9580.35	12285.27	415.06	39291.12	5572300	5037396	1856.40	湖　北
12284.33	9493.91	2830.32	26837.74	4039691	3689378	1414.88	湖　南
52801.43	10720.54	296.42	107892.74	11656559	9403037	4969.33	广　东
1168.79	2864.17	997.19	17543.62	1964567	1791873	935.54	广　西
3070.78	85.78	6.40	8321.66	255818	209600	259.13	海　南
4444.03	1636.46	164.38	13279.19	3310044	2997376	1203.44	重　庆
7366.61	3713.68	231.81	27273.55	4976660	4402310	1796.29	四　川
3326.34	3039.89	234.50	7241.22	1233956	1117112	597.56	贵　州
4065.12	6809.77	145.15	10365.20	2145379	1970884	810.55	云　南
730.01	156.00		2436.00	214104	206630	59.81	西　藏
3951.25	821.87	283.00	10395.47	1122569	1020033	848.95	陕　西
2086.13	677.98	292.81	3658.53	978541	911524	543.55	甘　肃
1646.58	721.84	461.10	2661.56	173892	149780	165.10	青　海
1731.48	255.18	190.13	2486.80	720939	609166	265.96	宁　夏
6457.13	4261.75	385.92	10050.02	1920806	1772142	710.70	新　疆

1-2-8 城市供水(公共供水)(2014年)

地区名称 Name of Regions	综合生产能力(万立方米/日) Integrated Production Capacity (10,000 m^3/day)	地下水 Underground Water	水厂个数(个) Number of Water Plants (unit)	地下水 Underground Water	供水管道长度(公里) Length of Water Supply Pipelines (km)	供水总量(万立方米) 合计 Total	售水量 小计 Subtotal	生产运营用水 The Quantity of Water for Production and Operation
全 国 National Total	**22100.51**	**2994.71**	**2801**	**972**	**624526.92**	**4697827.69**	**3857856.19**	**1076180.89**
北 京 Beijing	500.21	199.85	68	57	14994.43	123045.56	103401.63	12661.33
天 津 Tianjin	374.25	8.25	24	5	14230.83	72100.45	61935.72	25018.50
河 北 Hebei	579.84	366.22	114	98	13435.82	105319.72	86416.91	23393.76
山 西 Shanxi	303.44	170.04	76	63	7461.35	57239.63	51343.12	15169.36
内蒙古 Inner Mongolia	320.07	196.03	80	70	8656.86	55708.97	45052.99	13953.60
辽 宁 Liaoning	947.00	294.89	139	71	30457.52	204212.51	140051.59	40607.68
吉 林 Jilin	347.00	46.77	78	31	9464.03	86207.34	58831.18	13211.79
黑龙江 Heilongjiang	569.30	183.98	116	80	12962.53	112066.46	84049.04	29119.91
上 海 Shanghai	1137.00	2.56	67		35067.69	317259.71	248230.37	53542.06
江 苏 Jiangsu	2405.05	36.86	125	11	75779.94	404430.69	343821.33	110140.02
浙 江 Zhejiang	1569.07	0.80	123	3	52607.03	293507.92	256276.09	102674.27
安 徽 Anhui	654.46	43.44	67	10	20500.96	137425.65	110591.18	27109.34
福 建 Fujian	688.80	11.80	76	8	15086.95	151229.40	124630.71	38833.48
江 西 Jiangxi	441.60	5.40	61	8	13541.42	103938.47	83079.86	15068.53
山 东 Shandong	1290.86	387.91	264	127	42434.74	254730.15	215586.45	81543.52
河 南 Henan	787.42	323.55	120	76	19002.29	139729.27	112160.74	28561.13
湖 北 Hubei	1166.20	1.30	114	4	28060.16	236740.59	185164.20	45267.77
湖 南 Hunan	831.00	9.90	87	11	19740.16	169098.42	132766.77	24847.22
广 东 Guangdong	3512.08	23.10	326	12	95027.02	834633.18	716019.90	215719.96
广 西 Guangxi	481.45	43.20	70	10	14635.94	118201.75	97793.96	20231.71
海 南 Hainan	151.80	17.60	21	3	3861.03	42514.73	34107.29	8073.40
重 庆 Chongqing	425.49	0.96	83	9	10290.69	101338.86	86423.21	20353.09
四 川 Sichuan	787.19	75.46	173	46	25929.20	201171.40	170184.17	28129.01
贵 州 Guizhou	236.93	12.55	47	7	8385.48	53010.70	42729.59	5793.58
云 南 Yunnan	331.10	10.53	68	13	9169.56	71868.59	54693.62	14966.34
西 藏 Tibet	57.50	48.00	7	4	1041.40	12383.53	9791.53	1931.81
陕 西 Shaanxi	309.83	106.38	59	41	6292.15	75607.19	64389.85	17877.51
甘 肃 Gansu	292.47	82.95	45	30	4534.04	45243.21	40906.70	12849.23
青 海 Qinghai	61.50	21.10	12	4	1929.14	16335.67	12952.27	3114.12
宁 夏 Ningxia	83.30	71.60	21	17	1727.51	19312.80	16570.82	3679.65
新 疆 Xinjiang	457.30	191.73	70	43	8219.05	82215.17	67903.40	22738.21

Urban Water Supply(Public Water Suppliers)(2014)

Total Quantity of Water Supply(10,000m³)						用水户数(户) Number of Households with Access to Water Supply (unit)		用水人口(万人) Population with Access to Water Supply (10,000 persons)	地区名称 Name of Regions
Water Sold			免费供水量 The Quantitiy of Free Water Supply		漏损水量 The Lossed Water		家庭用户 Household User		
公共服务用水 The Quantity of Water for Public Service	居民家庭用水 The Quantity of Water for Household Use	其他用水 The Quantity of Other Purposes		生活用水 Domestic Water Use					
665805.98	**1889791.76**	**226077.56**	**124589.66**	**12966.72**	**715381.84**	**123372348**	**112050210**	**41105.63**	**全　国**
37865.19	51738.99	1136.12	1628.23	127.16	18015.70	4724031	4567626	1339.96	北　京
6650.87	24908.96	5357.39	545.07		9619.66	4203527	3987022	772.68	天　津
16558.85	42580.76	3883.54	1857.94	260.79	17044.87	3523407	3241185	1465.55	河　北
5261.47	30495.72	416.57	352.90	91.14	5543.61	1111970	1048302	903.20	山　西
8801.03	19499.55	2798.81	314.12	11.10	10341.86	3269781	2554892	823.16	内蒙古
31647.37	61136.40	6660.14	6917.40	543.00	57243.52	9125121	8626424	2100.67	辽　宁
15020.76	28728.48	1870.15	1283.52	225.85	26092.64	4016974	3677046	1016.93	吉　林
15357.55	33734.54	5837.04	1970.24	306.70	26047.18	4991625	4581060	1202.08	黑龙江
64868.83	100164.93	29654.55	23399.03		45630.31	8139967	7735894	2425.68	上　海
58787.67	159236.77	15656.87	8072.67	2395.23	52536.69	12051329	11089940	2943.44	江　苏
30673.38	113677.22	9251.22	4568.96	61.84	32662.87	6696598	5997847	1998.31	浙　江
17694.07	60746.16	5041.61	2787.49	200.97	24046.98	4644687	4321435	1336.69	安　徽
14844.15	57348.89	13604.19	1494.54	123.36	25104.15	3018827	2730582	1117.36	福　建
17781.06	43857.67	6372.60	1999.05	375.98	18859.56	2630479	2261533	950.01	江　西
35578.14	92313.87	6150.92	6672.78	644.02	32470.92	8065373	7554004	2765.87	山　东
14616.85	62046.66	6936.10	3181.63	665.39	24386.90	4465676	4104170	2082.56	河　南
33111.77	100748.17	6036.49	12285.27	415.06	39291.12	5209359	4740649	1762.13	湖　北
11413.67	84624.04	11881.84	9493.91	2830.32	26837.74	3811761	3481837	1344.22	湖　南
129518.02	318158.44	52623.48	10720.54	296.42	107892.74	11615276	9364321	4950.85	广　东
17033.45	59388.77	1140.03	2864.17	997.19	17543.62	1936240	1766673	880.79	广　西
4528.02	18435.09	3070.78	85.78	6.40	8321.66	249218	203000	257.87	海　南
10930.76	51230.10	3909.26	1636.46	164.38	13279.19	3214424	2909336	1151.44	重　庆
28282.11	107319.10	6453.95	3713.68	231.81	27273.55	4696352	4183392	1714.18	四　川
6427.08	27252.84	3256.09	3039.89	234.50	7241.22	1210857	1101230	587.63	贵　州
4976.23	30861.22	3889.83	6809.77	145.15	10365.20	2064060	1901303	777.01	云　南
3215.20	3919.52	725.00	156.00		2436.00	209451	203731	58.86	西　藏
3939.80	39404.29	3168.25	821.87	283.00	10395.47	980538	929492	772.06	陕　西
6005.75	20065.17	1986.55	677.98	292.81	3658.53	860619	806252	514.10	甘　肃
1634.00	6858.75	1345.40	721.84	461.10	2661.56	138077	115998	152.72	青　海
3322.29	9061.22	507.66	255.18	190.13	2486.80	675702	568249	248.14	宁　夏
9460.59	30249.47	5455.13	4261.75	385.92	10050.02	1821042	1695785	689.48	新　疆

1-2-9 城市供水(自建设施供水)(2014年)

地区名称 Name of Regions	综合生产能力(万立方米/日) Integrated Production Capacity (10,000m³/day)	地下水 Underground Water	供水管道长度(公里) Length of Water Supply Pipelines (km)	供水总量(万立方米) 合计 Total	生产运营用水 The Quantity of Water for Production and Operation
全　国 National Total	**6572.82**	**3839.19**	**52200.51**	**768784.87**	**547655.96**
北　京 Beijing	1939.56	1939.56	12291.46	59373.23	14810.87
天　津 Tianjin	72.90	69.10	138.27	9149.04	5017.78
河　北 Hebei	229.20	191.09	2091.90	46158.68	35679.99
山　西 Shanxi	150.21	59.80	2265.83	25915.81	14825.72
内蒙古 Inner Mongolia	105.40	99.33	1962.50	18154.66	13600.00
辽　宁 Liaoning	391.06	226.63	6248.71	68428.81	52538.50
吉　林 Jilin	333.18	49.29	2300.09	20605.16	14885.26
黑龙江 Heilongjiang	241.84	143.57	1157.46	38205.92	30650.63
江　苏 Jiangsu	556.56	58.78	2696.66	83630.90	74231.11
浙　江 Zhejiang	151.39	2.62	997.13	14903.44	13066.14
安　徽 Anhui	420.38	56.20	1746.18	30355.14	22848.05
福　建 Fujian	28.44	5.00	1452.41	5234.60	2799.94
江　西 Jiangxi	16.06	4.06	172.16	2114.43	987.51
山　东 Shandong	434.37	296.39	4938.16	93051.19	62852.79
河　南 Henan	296.20	234.76	1588.09	51271.43	39692.74
湖　北 Hubei	188.10	32.79	1584.02	32817.35	20847.56
湖　南 Hunan	200.79	74.19	758.32	23548.67	17196.77
广　东 Guangdong	43.32	5.24	436.06	5625.89	4477.66
广　西 Guangxi	163.13	13.66	1220.98	44034.58	41189.07
海　南 Hainan	1.60		3.00	65.00	
重　庆 Chongqing	81.40	1.75	1310.75	11519.73	9120.43
四　川 Sichuan	163.35	32.12	1531.58	19849.99	13148.64
贵　州 Guizhou	9.25	2.99	299.10	2782.54	1804.83
云　南 Yunnan	25.85	7.67	417.00	5839.43	3463.54
西　藏 Tibet	7.00	6.80	17.70	53.02	0.90
陕　西 Shaanxi	69.59	62.08	528.06	17303.55	12414.00
甘　肃 Gansu	88.32	34.68	731.29	9321.80	6571.18
青　海 Qinghai	33.47	21.40	301.57	8694.91	6709.92
宁　夏 Ningxia	63.50	51.30	581.20	11030.56	7955.14
新　疆 Xinjiang	67.40	56.34	432.87	9745.41	4269.29

Urban Water Supply (Suppliers with Self-Built Facilities) (2014)

Total Quantity of Water Supply(10,000 m^3)			用水户数(户) Number of Households with Access to Water Supply (unit)		用水人口(万人) Population with Access to Water Supply (10,000 persons)	地区名称 Name of Regions
公共服务用水 The Quantity of Water for Public Service	居民家庭用水 The Quantity of Water for Household Use	消防及其他用水 The Quantity of Water for Fire Control and Other Purposes		家庭用户 Household User		
73481.74	**114865.17**	**32782.00**	**6667133**	**5956979**	**2370.69**	**全　国**
18129.70	19378.13	7054.53	1112670	1094388	519.04	北　京
3769.07	362.19		10	5	13.81	天　津
3865.87	5738.80	874.02	489662	448954	151.59	河　北
2333.03	6513.52	2243.54	429744	396126	165.39	山　西
2134.00	1822.16	598.50	151054	115060	31.04	内蒙古
8692.74	6005.87	1191.70	387079	376346	144.97	辽　宁
1648.56	2922.73	1148.61	188459	159914	66.29	吉　林
2709.73	4292.06	553.50	657490	603901	123.86	黑龙江
1756.66	5116.20	2526.93	125114	103234	27.28	江　苏
117.89	1206.21	513.20	83898	80824	28.41	浙　江
3933.03	3398.40	175.66	229817	205126	76.08	安　徽
482.95	1739.36	212.35	26902	24118	11.01	福　建
88.57	903.41	134.94	46679	44940	15.91	江　西
9818.41	15448.04	4931.95	745753	632195	270.41	山　东
4366.73	5850.01	1361.95	399953	354855	149.89	河　南
667.15	7758.78	3543.86	362941	296747	94.27	湖　北
822.89	5126.52	402.49	227930	207541	70.66	湖　南
99.78	870.50	177.95	41283	38716	18.48	广　东
207.09	2609.66	28.76	28327	25200	54.75	广　西
	65.00		6600	6600	1.26	海　南
412.17	1452.36	534.77	95620	88040	52.00	重　庆
1107.26	4681.43	912.66	280308	218918	82.11	四　川
304.29	603.17	70.25	23099	15882	9.93	贵　州
155.52	2045.08	175.29	81319	69581	33.54	云　南
2.14	44.97	5.01	4653	2899	0.95	西　藏
1290.00	2816.55	783.00	142031	90541	76.89	陕　西
1410.00	1241.04	99.58	117922	105272	29.45	甘　肃
146.73	1537.08	301.18	35815	33782	12.38	青　海
932.42	919.18	1223.82	45237	40917	17.82	宁　夏
2077.36	2396.76	1002.00	99764	76357	21.22	新　疆

1-2-10 城市节约用水（2014年）

计量单位：万立方米

地区名称 Name of Regions	计划用水户数(户) Planned Water Consumers (unit)	自备水计划用水户数 Planned Self-produced Water Consumers	计划用水户实际用水量				
			合计 Total	工业 Industry	新水取水量 Fresh Water Used	工业 Industry	重复利用量 Water Reused
全　国 National Total	**2356707**	**300520**	**9435400**	**7804674**	**1950107**	**874086**	**7485293**
北　京 Beijing	27709	5284	311951	43600	251423	26841	60528
天　津 Tianjin	6523		504127	492115	41367	31439	462760
河　北 Hebei	104555	6830	552968	376886	41031	27696	511937
山　西 Shanxi	27357	358	154370	120610	28096	11006	126274
内蒙古 Inner Mongolia	49342	598	210351	189622	43402	27382	166949
辽　宁 Liaoning	143832	757	1363568	1300016	136974	83270	1226594
吉　林 Jilin	5796	842	168828	148098	53254	32921	115574
黑龙江 Heilongjiang	228072	208856	238688	201040	109986	80899	128702
上　海 Shanghai	34236		87710	37075	87710	37075	
江　苏 Jiangsu	25797	1267	1646643	1354854	288552	165821	1358091
浙　江 Zhejiang	27496	414	241527	211383	66128	41902	175399
安　徽 Anhui	3152	285	342121	323277	32631	16044	309490
福　建 Fujian	15975	320	127958	66088	68929	8365	59029
江　西 Jiangxi	51419	2659	28439	10823	16569	4790	11870
山　东 Shandong	318130	24161	1209448	1047985	198107	94818	1011341
河　南 Henan	44944	4277	459826	424915	52560	27028	407266
湖　北 Hubei	348603	15118	364601	312619	82487	39748	282114
湖　南 Hunan	21338	26	40569	28913	27319	16058	13250
广　东 Guangdong	248817	120	214835	150052	74500	12897	140335
广　西 Guangxi	5531	201	424617	365140	80332	23643	344285
海　南 Hainan	14203	3706	329	245	156	98	173
重　庆 Chongqing	200		740	130	550	90	190
四　川 Sichuan	180458	5676	81163	44663	42266	11817	38897
贵　州 Guizhou	3392	124	30700	23920	11955	5493	18745
云　南 Yunnan	121988	76	61525	54157	14715	7648	46810
西　藏 Tibet	1300	88	38		38		
陕　西 Shaanxi	144475	11704	150035	132603	28789	13208	121246
甘　肃 Gansu	2413	786	258458	239352	30494	12988	227964
青　海 Qinghai	5	5	3164	1004	1722	520	1442
宁　夏 Ningxia	41031	1957	136193	98080	19217	7760	116976
新　疆 Xinjiang	108618	4025	19910	5409	18848	4821	1062

Urban Water Conservation (2014)

Measurement Unit: 10,000 m^3

Actual Quantity of Water Used							
工业 Industry	超计划定额用水量 Water Quantity Consumed in Excess of Quota	重复利用率 (%) Reuse Rate (%)	工业 Industry	节约用水量 Water Saved	工业 Industry	节水措施投资总额(万元) Total Investment in Water-Saving Measures (10,000 RMB)	地区名称 Name of Regions
6930588	**25751**	**79.33**	**88.80**	**405234**	**292290**	**274321**	**全　国**
16759	2433	19.40	38.44	8023	8	47728	北　京
460676	140	91.79	93.61	339	235	716	天　津
349190	73	92.58	92.65	12613	11991	6964	河　北
109604	283	81.80	90.87	12691	8702	7486	山　西
162240		79.37	85.56	14350	10101	7	内蒙古
1216746	2335	89.95	93.59	36145	25406	18756	辽　宁
115177	462	68.46	77.77	16658	14500	2420	吉　林
120141		53.92	59.76	11989	10633	3151	黑龙江
				16290	13325	4184	上　海
1189033	2210	82.48	87.76	59726	47914	74088	江　苏
169481	637	72.62	80.18	13946	9062	6555	浙　江
307233	527	90.46	95.04	24025	19237	9925	安　徽
57723	442	46.13	87.34	6087	3461	420	福　建
6033	42	41.74	55.74	1701	924	625	江　西
953167	3861	83.62	90.95	78400	68010	47206	山　东
							河　南
397887	205	88.57	93.64	11064	6590	8730	
272871		77.38	87.29	11226	6792	3768	湖　北
12855	800	32.66	44.46	5894	4868	3490	湖　南
137155	906	65.32	91.40	13056	2359	2150	广　东
341497	4924	81.08	93.52	11998	8860	3591	广　西
147	166	52.58	60.00	253	139	1450	海　南
40		25.68	30.77	145	25		重　庆
32846	3785	47.92	73.54	7116	3512	1615	四　川
18427	594	61.06	77.04	2218	1748	1923	贵　州
46509	790	76.08	85.88	2944	77	60	云　南
				45			西　藏
119395		80.81	90.04	7704	6193	585	陕　西
226364	41	88.20	94.57	9071	4408	1986	甘　肃
484		45.58	48.21	209	209	45	青　海
90320		85.89	92.09	3616	2229	9575	宁　夏
588	95	5.33	10.87	5692	772	5122	新　疆

1-2-11 城市人工煤气(2014年)

地区名称 Name of Regions	生产能力 (万立方米/日) Production Capacity (10,000 m^3)	储气能力 (万立方米) Gas Storage Capacity (10,000 m^3)	供气管道长度 (公里) Length of Gas Supply Pipeline (km)	自制气量 (万立方米) Self-Produced Gas (10,000 m^3)	合计 Total
全 国 National Total	**2102.07**	**838.08**	**29042.94**	**382980.41**	**559512.69**
河 北 Hebei	88.10	67.30	3145.33	12202.90	56762.93
山 西 Shanxi	10.00	119.40	3951.99		46851.24
内蒙古 Inner Mongolia	164.00	15.00	507.00	3370.00	3500.00
辽 宁 Liaoning	338.00	126.80	5835.07	48690.34	63604.28
吉 林 Jilin	88.12	28.60	1881.22	9506.86	12827.40
黑龙江 Heilongjiang	122.80	34.30	783.18	17370.00	7783.00
上 海 Shanghai	146.60	140.00	2109.08	25012.70	31379.40
江 苏 Jiangsu	38.00	22.60	270.00	945.00	612.00
浙 江 Zhejiang	1.80	1.88	112.21	650.00	478.00
福 建 Fujian	8.00	5.00	321.00	1560.00	2977.00
江 西 Jiangxi	67.00	38.00	1058.51	15611.00	30991.06
山 东 Shandong	11.59	14.60	360.55		9438.00
河 南 Henan	327.66	39.20	573.10	61202.00	59436.00
湖 南 Hunan		5.00	439.56		2765.44
广 西 Guangxi	10.60	18.20	463.38	3695.60	4739.30
四 川 Sichuan	511.00	35.00	601.12	165003.10	165113.07
贵 州 Guizhou	102	56.50	2954.25		16034.30
云 南 Yunnan	10.00	46.70	3163.51		40721.95
甘 肃 Gansu	10.80	17.00	399.58	1735.91	1675.91
宁 夏 Ningxia		5.00	42.00		70.41
新 疆 Xinjiang	46.00	2.00	71.30	16425.00	1752.00

Urban Man-Made Coal Gas (2014)

供气总量(万立方米) Total Gas Supplied (10,000 m^3)			用气户数 (户) Number of Households with Access to Gas (unit)		用气人口 (万人) Population with Access to Gas (10,000 persons)	地区名称 Name of Regions
销售气量 Quantity Sold	居民家庭 Households	燃气损失量 Loss Amount		家庭用户 Household User		
534735.81	**145772.67**	**24776.88**	**6016209**	**5956990**	**1757.01**	**全　国**
51431.45	13671.05	5331.48	532099	529614	172.66	河　北
41753.38	6234.29	5097.86	236894	226954	85.24	山　西
2990.00	2944.00	510.00	138721	138685	41.20	内蒙古
58758.82	40841.45	4845.46	2149712	2131483	591.30	辽　宁
11939.00	9200.38	888.40	389445	380301	117.19	吉　林
7456.00	3710.70	327.00	304879	301254	94.19	黑龙江
30059.00	13502.20	1320.40	141245	138243	34.98	上　海
612.00	470.00		30751	30230	9.00	江　苏
478.00	454.00		14915	14765	4.30	浙　江
2967.00	2510.00	10.00	64000	63845	21.37	福　建
30006.95	4358.38	984.11	76388	75642	18.41	江　西
8890.00	3200.00	548.00	69317	67260	18.47	山　东
59254.00	2590.00	182.00	87741	87098	28.76	河　南
2568.88	2205.53	196.56	78780	78195	31.95	湖　南
4696.20	3951.51	43.10	135508	135095	47.36	广　西
164337.28	5898.83	775.79	158161	157355	50.31	四　川
16014.00	8461.00	20.30	469939	465678	127.50	贵　州
37102.92	18211.15	3619.03	830223	828175	239.09	云　南
1598.52	1538.52	77.39	74368	74018	15.49	甘　肃
70.41	67.68		8123	8100	3.24	宁　夏
1752.00	1752.00		25000	25000	5.00	新　疆

1-2-12 城市天然气（2014年）

地区名称 Name of Regions	储气能力（万立方米）Gas Storage Capacity (10,000 m^3)	供气管道长度（公里）Length of Gas Supply Pipeline (km)	供气总量(万立方米) 合计 Total	销售气量 Quantity Sold	居民家庭 Households	集中供热 Central Heating
全　国 National Total	**55396.67**	**434571.47**	**9643782.86**	**9365202.25**	**1968878.42**	**960836.15**
北　京 Beijing	72.00	20574.00	1136874.00	1088999.00	126503.00	344419.00
天　津 Tianjin	115.71	16107.90	300999.60	294472.90	38530.08	23329.09
河　北 Hebei	382.22	12759.75	257439.29	250009.15	60120.70	16175.60
山　西 Shanxi	215.97	6520.31	177638.29	165043.09	44543.47	1801.72
内蒙古 Inner Mongolia	196.85	6713.27	110922.09	109137.94	18819.70	15794.87
辽　宁 Liaoning	754.54	13468.39	126813.67	119118.83	42102.05	5091.80
吉　林 Jilin	192.13	6330.36	115403.63	112426.70	27779.31	1290.20
黑龙江 Heilongjiang	229.50	7261.32	116623.36	112659.82	27244.07	5544.51
上　海 Shanghai	36935.00	26057.35	696093.16	663870.99	124404.18	
江　苏 Jiangsu	2870.39	55593.82	842070.65	820793.46	147899.44	
浙　江 Zhejiang	415.31	25647.45	328120.99	287528.72	51935.34	3836.73
安　徽 Anhui	1852.41	17154.68	219683.72	211766.89	70415.02	1679.28
福　建 Fujian	391.57	7499.21	132311.64	131263.30	10209.12	13741.07
江　西 Jiangxi	508.11	8313.66	69115.00	66429.10	23074.45	
山　东 Shandong	1183.18	40616.38	627532.24	606696.87	148115.99	16418.68
河　南 Henan	479.59	17412.24	305240.17	296798.97	96765.82	6612.70
湖　北 Hubei	359.40	20892.70	309438.31	307951.40	68654.37	92.00
湖　南 Hunan	2017.73	11740.59	217161.81	211947.11	73713.96	1085.50
广　东 Guangdong	3736.23	25541.18	1291347.46	1284816.27	145694.82	11999.19
广　西 Guangxi	414.16	3377.42	28510.45	28199.29	12546.67	
海　南 Hainan	68.44	2201.14	27634.82	27308.22	11778.39	
重　庆 Chongqing	133.10	17972.90	321485.47	311748.54	114723.82	
四　川 Sichuan	207.00	31382.35	610049.60	593870.41	203655.85	2955.00
贵　州 Guizhou	234.57	964.82	29010.69	28852.97	11056.89	43.50
云　南 Yunnan	183.60	1173.39	4414.06	4346.55	1104.95	
西　藏 Tibet	67.48	1350.00	15.75	15.75	15.75	
陕　西 Shaanxi	455.84	10526.83	285839.13	279032.73	89682.70	79926.68
甘　肃 Gansu	272.73	2087.16	159230.29	159035.41	30764.96	57096.73
青　海 Qinghai	70.50	1061.30	129793.15	126971.58	18506.77	66141.97
宁　夏 Ningxia	13.30	4122.62	218699.53	218333.43	36968.29	60691.00
新　疆 Xinjiang	368.11	12146.98	448270.84	445756.86	91548.49	225069.33

Urban Natural Gas(2014)

Total Gas Supplied (10,000 m^3) 燃气汽车 Gas-Powered Automobiles	燃气损失量 Loss Amount	用气户数 (户) Number of Household with Access to Gas (unit)	家庭用户 Household User	用气人口 (万人) Population with Accessto Gas (10,000 persons)	天然气汽车加气站 (座) Gas Stations for CNG-Fueled Motor Vehicles (unit)	地区名称 Name of Regions
984060.50	**278580.61**	**95593311**	**92658036**	**25972.94**	**2604**	**全　国**
8901.00	47875.00	5732992	5678096	1424.55	23	北　京
13750.30	6526.70	3408677	3367442	771.55	35	天　津
34697.94	7430.14	3584144	2965557	1028.40	101	河　北
19368.28	12595.20	2478709	2393756	826.45	51	山　西
28995.45	1784.15	1406649	1375704	504.70	82	内蒙古
14305.26	7694.84	3795311	3766470	995.71	45	辽　宁
25226.19	2976.93	1995829	1905905	538.63	76	吉　林
30227.17	3963.54	2827143	2793382	725.67	80	黑龙江
6721.20	32222.17	6220526	6140027	1553.92	15	上　海
68585.52	21277.19	8269748	8141099	2124.96	207	江　苏
18637.42	40592.27	3126913	3025714	937.23	30	浙　江
38412.93	7916.83	3862900	3806349	1083.08	147	安　徽
19160.86	1048.34	1133889	1119517	375.19	41	福　建
4284.27	2685.90	1403114	1386519	473.65	22	江　西
124410.42	20835.37	8100038	7919115	2280.13	361	山　东
56406.83	8441.20	4503830	4379698	1448.85	118	河　南
52365.81	1486.91	3676128	3602062	1174.89	143	湖　北
31851.99	5214.70	2517619	2474453	761.23	61	湖　南
39055.31	6531.19	5342228	5091436	1618.67	103	广　东
3702.15	311.16	792807	787275	266.44	17	广　西
11139.80	326.60	417460	413573	127.86	31	海　南
46447.02	9736.93	4301196	4032021	1070.92	81	重　庆
73889.58	16179.19	7348651	7055337	1595.19	168	四　川
5069.48	157.72	473079	433122	138.00	17	贵　州
1239.78	67.51	147370	141599	110.29	11	云　南
		26500	26500	8.21		西　藏
33353.14	6806.40	3463400	3298419	766.94	112	陕　西
27398.55	194.88	1176169	1156911	297.95	65	甘　肃
29064.87	2821.57	404039	402644	126.68	21	青　海
28072.60	366.10	840838	821556	188.26	73	宁　夏
89319.38	2513.98	2815415	2756778	628.74	267	新　疆

1-2-13 城市液化石油气 (2014年)

地区名称 Name of Regions	储气能力 (吨) Gas Storage Capacity (ton)	供气管道长度 (公里) Length of Gas Supply Pipeline (km)	供气总量(吨) 合计 Total	销售气量 Quantity Sold	居民家庭 Households
全　国 National Total	**1611659.41**	**10985.85**	**10828490.26**	**10790250.23**	**5862124.86**
北　京 Beijing	36034.00	414.00	546293.00	531556.00	234779.00
天　津 Tianjin	6910.80	183.57	43153.81	43153.81	21736.60
河　北 Hebei	19198.10	271.49	161922.56	161603.11	97070.57
山　西 Shanxi	5870.00	275.00	69557.40	69257.00	50733.00
内 蒙 古 Inner Mongolia	10158.00	73.26	63069.43	62194.57	57504.89
辽　宁 Liaoning	50400.00	679.11	492406.10	491806.90	224603.90
吉　林 Jilin	20486.45	83.94	184552.75	183085.75	109049.25
黑 龙 江 Heilongjiang	16412.00	28.37	214429.20	213812.04	122766.57
上　海 Shanghai	21130.00	516.23	418013.03	418061.97	252164.99
江　苏 Jiangsu	106889.00	719.96	651778.92	649793.72	390403.41
浙　江 Zhejiang	318714.74	3329.55	701812.12	700728.42	478585.21
安　徽 Anhui	39097.00	270.22	752627.07	751184.04	123246.12
福　建 Fujian	24040.03	215.51	298251.91	297585.12	171537.31
江　西 Jiangxi	17722.50	111.62	237315.56	234631.75	194581.84
山　东 Shandong	54919.18	560.36	395520.63	394857.31	243953.70
河　南 Henan	11964.00	16.70	223532.08	222079.33	186580.45
湖　北 Hubei	35405.60	264.78	350091.92	349494.26	175407.34
湖　南 Hunan	23651.00	19.00	189229.70	188166.20	149766.00
广　东 Guangdong	553064.35	2338.14	3684389.83	3680753.85	1812505.64
广　西 Guangxi	65549.67	11.67	267631.72	266598.13	223605.45
海　南 Hainan	6388.05	17.96	89418.88	89398.01	78708.50
重　庆 Chongqing	8244.60		95672.40	95480.40	37173.40
四　川 Sichuan	18916.00	148.32	175130.89	173908.29	102940.40
贵　州 Guizhou	9357.58	125.39	76042.53	75665.62	71044.90
云　南 Yunnan	15008.36	230.39	210629.19	210542.92	80418.52
西　藏 Tibet	688.60	0.50	62481.48	62021.28	36321.28
陕　西 Shaanxi	7100.00		28634.86	28258.84	17058.00
甘　肃 Gansu	95937.80		59662.10	59438.00	52469.00
青　海 Qinghai	2155.00		6249.53	6236.98	6226.98
宁　夏 Ningxia	4377.00		19885.13	19868.43	9853.62
新　疆 Xinjiang	5870.00	80.81	59104.53	59028.18	49329.02

Urban LPG Supply (2014)

Total Gas Supplied (ton) 燃气汽车 Gas-Powered Automobiles	燃气损失量 Loss Amount	用气户数 (户) Number of Household with Access to Gas (unit)	家庭用户 Household User	用气人口 (万人) Population with Access to Gas (10,000 persons)	液化石油气汽车加气站 (座) Gas Stations for LPG- Fueled Motor Vehicles (unit)	地区名称 Name of Regions
633097.45	**38240.03**	**49969416**	**45142988**	**14378.41**	**359**	**全 国**
	14737.00	2817399	2781637	434.45	1	北 京
		68598	65271	14.94		天 津
100.00	319.45	875938	813790	334.19	2	河 北
	300.40	401551	362341	126.90		山 西
3257.84	874.86	813310	699511	260.14	13	内蒙古
36344.00	599.20	2314405	2043717	601.12	42	辽 宁
9338.60	1467.00	1250524	1139322	406.50	28	吉 林
21434.60	617.16	1206928	1110145	368.70	45	黑龙江
48862.44	-48.94	3346765	3306365	836.78	44	上 海
11787.00	1985.20	3287273	3027326	828.91	10	江 苏
6080.00	1083.70	4673703	4134028	1082.64	2	浙 江
	1443.03	1017824	948300	303.58		安 徽
3064.33	666.79	2134989	1841138	724.35	2	福 建
	2683.81	1231926	1128815	448.16		江 西
27863.59	663.32	2476085	2288407	724.62	24	山 东
7815.00	1452.75	1541708	1376639	533.21	12	河 南
27000.00	597.66	1765196	1382616	605.60	9	湖 北
6440.00	1063.50	1658715	1476432	536.99	9	湖 南
398875.97	3635.98	11119026	10067261	3319.12	73	广 东
	1033.59	1928397	1864150	607.79		广 西
9058.00	20.87	577731	316095	127.00	10	海 南
	192.00	287418	206569	101.34		重 庆
1510.00	1222.60	517205	439001	146.33	1	四 川
1.00	376.91	636446	521985	217.10	1	贵 州
2835.93	86.27	936383	822856	281.68	2	云 南
9237.65	460.2	64971	61206	30.15	23	西 藏
	376.02	163888	151904	71.15		陕 西
50.00	224.10	345700	324513	164.40	2	甘 肃
	12.55	60453	60152	20.37		青 海
	16.70	199375	191192	52.49		宁 夏
2141.50	76.35	249586	190304	67.71	4	新 疆

1-2-14 城市集中供热 （2014年）

地区名称 Name of Regions	蒸汽 Steam							
	供热能力（吨/小时）Heating Capacity (ton/hour)	热电厂供热 Heating by Co-Generation	锅炉房供热 Heating by Boilers	供热总量（万吉焦）Total Heat Supplied (10,000gcal)	热电厂供热 Heating by Co-Generation	锅炉房供热 Heating by Boilers	管道长度（公里）Length of Pipelines (km)	供热能力（兆瓦）Heating Capacity (mega watts)
全　国 National Total	**84664**	**70372**	**14086**	**55614**	**48584**	**6910**	**12476**	**447068**
北　京 Beijing	300	300		166	166		44	40445
天　津 Tianjin	3769	2873	896	1538	1027	511	362	22596
河　北 Hebei	7142	5807	1159	5684	5144	423	1094	29554
山　西 Shanxi	1225	660	565	834	440	394	49	26412
内蒙古 Inner Mongolia	342	116	226	182	83	99	28	38000
辽　宁 Liaoning	12776	10548	2228	7505	5900	1606	1373	69158
吉　林 Jilin	1598	1355	243	457	378	79	294	41998
黑龙江 Heilongjiang	4874	4030	844	2497	2098	400	423	44551
浙　江 Zhejiang	8914	8879	35	10857	10801	56	1196	20
安　徽 Anhui	4493	4473	20	2870	2864	6	606	20182
山　东 Shandong	23396	20607	2790	14020	12809	1211	3442	43427
河　南 Henan	6088	5039	1049	3150	2653	497	1484	9544
湖　北 Hubei	2080	1252	828	1279	864	415	237	278
贵　州 Guizhou								240
西　藏 Tibet	13		13	130		130	620	
陕　西 Shaanxi	3708	1010	2668	2150	1230	917	311	11428
甘　肃 Gansu	200	26	174	88	8	80	101	14146
青　海 Qinghai								348
宁　夏 Ningxia	1687	1359	328	985	900	85	713	7138
新　疆 Xinjiang	2060	2040	20	1221	1219	2	100	27604

Urban Central Heating (2014)

热水 Hot Water						供热面积（万平方米） Heated Area (10,000 m^2)		地区名称 Name of Regions
热电厂供热 Heating by Co-Generation	锅炉房供热 Heating By Boilers	供热总量（万吉焦） Total Heat Supplied (10,000gcal)	热电厂供热 Heating by Co-Generation	锅炉房供热 Heating by Boilers	管道长度（公里） Length of Pipelines (km)		住宅 Housing	
205043	**235070**	**276546**	**115190**	**157559**	**174708**	**611246**	**449989**	**全　国**
7509	32936	35300	5518	29782	12038	56786	38085	北　京
6767	15763	11254	2921	8263	17352	34240	25985	天　津
17397	12059	19144	11736	7326	10040	52296	39288	河　北
18699	7346	15067	9192	5718	8339	42916	32388	山　西
19186	13638	27585	13063	11228	9224	41967	28491	内蒙古
22257	46865	44083	13283	30773	32045	96587	74885	辽　宁
17033	24964	22465	10246	12199	17309	45006	33020	吉　林
20983	23518	35482	17945	17537	16797	57656	39337	黑龙江
20						8001	29	浙　江
20040	142	46	10	36	15	2304	988	安　徽
28677	14441	25005	16187	8795	30787	83003	67517	山　东
7224	2321	5572	4555	1017	3583	18993	15249	河　南
200	78	44	10	34	20	1765	1183	湖　北
	240	132		132	38	191	33	贵　州
						22		西　藏
2868	8540	5872	1226	4635	1630	19825	16790	陕　西
4375	9659	9175	3132	6012	4313	15270	11199	甘　肃
	348	290		290	179	456	343	青　海
1299	5119	4109	1068	2959	2428	8757	7072	宁　夏
10509	17094	15920	5097	10823	8572	25205	18107	新　疆

1-2-15 城市轨道交通(建成)(2014年)

地区名称 Name of Regions	线路长度(公里) Length of Lines (km)								
	合计 Total	地铁 Subway	轻轨 Light Rail	单轨 Monorail	有轨 Cable Car	磁浮 Maglev	按敷设方式 by Ways of Laying		
							地面线 Surface Lines	地下线 Underground Lines	高架线 Elevated Lines
全　国 National Total	**2714.79**	**2247.09**	**281.12**	**67.45**	**89.23**	**29.90**	**223.27**	**1712.06**	**779.46**
北　京 Beijing	527.00	527.00					50.00	361.00	116.00
天　津 Tianjin	147.14	93.93	45.41		7.80		16.56	70.04	60.54
辽　宁 Liaoning	136.77	50.00	23.48		63.29		54.51	50.00	32.26
吉　林 Jilin	47.17		47.17				19.63	4.60	22.94
黑龙江 Heilongjiang	17.53	17.53						17.53	
上　海 Shanghai	548.18	459.32	58.96			29.9	17.89	310.32	219.97
江　苏 Jiangsu	311.61	241.17	52.30		18.14		21.02	180.15	110.44
浙　江 Zhejiang	20.88	20.88						15.12	5.76
河　南 Henan	26.20	26.2						26.20	
湖　北 Hubei	95.64	61.26	34.38				0.3	58.06	37.28
湖　南 Hunan	22.26	22.26						22.26	
广　东 Guangdong	450.28	450.28					38.52	369.63	42.13
重　庆 Chongqing	198.87	112.00	19.42	67.45			4.01	89.04	105.82
四　川 Sichuan	71.60	71.60						57.00	14.6
云　南 Yunnan	42.00	42.00					0.83	29.45	11.72
陕　西 Shaanxi	51.66	51.66						51.66	

Urban Rail Transit System (Completed) (2014)

车站数(个) Number of Stations (unit)				换乘站数(个) Number of Transfer Stations (unit)	配置车辆数(辆) Number of Vehicles in Service (unit)						地区名称 Name of Regions
合计 Total	地面站 Surface Lines	地下站 Underground Lines	高架站 Elevated Lines		合计 Total	地铁 Subway	轻轨 Light Rail	单轨 Monorail	有轨 Cable Car	磁浮 Maglev	
1786	**176**	**1117**	**493**	**366**	**14654**	**13273**	**879**	**426**	**62**	**14**	**全　国**
318	21	248	49	47	4664	4664					北　京
101	19	53	29	14	576	416	152		8		天　津
107	45	41	21	2	368	258	74		36		辽　宁
49	19	6	24	2	58		58				吉　林
18		18		5	102	102					黑龙江
310	37	90	183	105	3661	3509	138			14	上　海
200	13	136	51	30	1238	1008	212		18		江　苏
20		15	5	5	132	132					浙　江
20		20		6	18	18					河　南
77		47	30	22	559	414	145				湖　北
19		19		5	138	138					湖　南
301	18	257	26	70	1416	1416					广　东
121	4	55	62	35	1084	558	100	426			重　庆
54		47	7	8	600	600					四　川
31		25	6								云　南
40		40		10	40	40					陕　西

1-2-16 城市轨道交通(在建)(2014年)

地区名称 Name of Regions	线路长度(公里) Length of Lines (km)								
	合计 Total	地铁 Subway	轻轨 Light Rail	单轨 Monorail	有轨 Cable Car	磁浮 Maglev	按敷设方式 by Ways of Laying		
							地面线 Surface Lines	地下线 Under-ground Lines	高架线 Elevated Lines
全 国 National Total	**3004.37**	**2507.78**	**358.06**	**59.52**	**79.01**		**181.11**	**2431.09**	**392.17**
北 京 Beijing	143.29	134.25			9.04		6.86	125.45	10.98
天 津 Tianjin	123.90	123.90					2.41	120.77	0.72
河 北 Hebei	43.19	43.19						43.19	
辽 宁 Liaoning	224.95	141.81	83.14				21.92	147.92	55.11
吉 林 Jilin	40.99	40.99						40.99	
黑龙江 Heilongjiang	14.30	14.30						14.30	
上 海 Shanghai	199.87	180.37	19.50				0.31	157.11	42.45
江 苏 Jiangsu	258.81	149.09	109.72				1.19	230.19	27.43
浙 江 Zhejiang	220.65	167.15			53.50		3.22	141.82	75.61
安 徽 Anhui	52.34	52.34						52.34	
福 建 Fujian	84.48	84.48					1.60	80.08	2.80
江 西 Jiangxi	60.43	60.43						60.43	
山 东 Shandong	58.73	49.96			8.77		8.77	49.96	
河 南 Henan	108.15	108.15						92.45	15.70
湖 北 Hubei	111.60	111.60						111.60	
湖 南 Hunan	98.00	98.00						97.00	1.00
广 东 Guangdong	620.60	470.75	92.60	49.55	7.70		101.60	433.42	85.58
广 西 Guangxi	53.10		53.10					53.10	
重 庆 Chongqing	150.46	140.49		9.97			0.50	112.96	37.00
四 川 Sichuan	114.63	114.63						114.63	
贵 州 Guizhou	34.30	34.30					29.00	5.30	
云 南 Yunan	59.72	59.72					3.28	30.22	26.22
陕 西 Shaanxi	74.35	74.35					0.45	62.33	11.57
甘 肃 Gansu	25.91	25.91						25.91	
新 疆 Xinjiang	27.62	27.62						27.62	

Urban Rail Transit System(Under Construction) (2014)

车站数(个) Number of Stations (unit)				换乘站数(个) Number of Transfer Stations (unit)	配置车辆数(辆) Number of Vehicles in Service (unit)						地区名称 Name of Regions
合计 Total	地面站 Surface Lines	地下站 Under-ground Lines	高架站 Elevated Lines		合计 Total	地铁 Subway	轻轨 Light Rail	单轨 Monorail	有轨 Cable Car	磁浮 Maglev	
2047	**127**	**1643**	**277**	**532**	**10400**	**9679**	**489**	**66**	**166**		**全　国**
95	7	72	16	27	863	832			31		北　京
100	1	98	1	13	416	416					天　津
37		37		11	50	50					河　北
130	42	74	14	36	68	48	20				辽　宁
34		34		13							吉　林
10		10			180	180					黑龙江
128		112	16	58	1620	1472	148				上　海
178	2	164	12	57	1081	810	271				江　苏
155	2	95	58	13	464	336			128		浙　江
47		47		11	324	324					安　徽
66	1	64	1	17	594	594					福　建
51		51		13	12	12					江　西
56	12	44		15	301	294			7		山　东
72		65	7	20							河　南
82		82		39	774	774					湖　北
73		72	1	11	588	588					湖　南
361	37	207	117	61	974	966	8				广　东
43		43		12	42		42				广　西
92	2	73	17	37	828	762		66			重　庆
83		83		34	834	834					四　川
24	19	5		5	204	204					贵　州
34	2	22	10								云　南
55		48	7	17							陕　西
20		20		5	156	156					甘　肃
21		21		7	27	27					新　疆

1-2-17 城市道路和桥梁（2014年）

地区名称 Name of Regions			道路长度 (公里) Length of Roads (km)	道路面积 (万平方米) Surface Area of Roads (10,000 m^2)	人行道面积 Surface Area of Sidewalks
全国		**National Total**	**352333**	**683028**	**149587**
北京		Beijing	8107	13834	2382
天津		Tianjin	7275	13144	3141
河北		Hebei	12859	30113	6779
山西		Shanxi	7107	14470	3491
内蒙古		Inner Mongolia	8612	18432	4554
辽宁		Liaoning	16692	28997	6458
吉林		Jilin	8922	16887	3226
黑龙江		Heilongjiang	12252	18359	3689
上海		Shanghai	4851	9964	2514
江苏		Jiangsu	39070	71151	11023
浙江		Zhejiang	19382	37323	7813
安徽		Anhui	12932	29124	6619
福建		Fujian	7987	15436	3473
江西		Jiangxi	7250	15578	3321
山东		Shandong	39404	78308	16359
河南		Henan	11627	28017	6890
湖北		Hubei	18209	31145	7659
湖南		Hunan	10947	20062	5164
广东		Guangdong	38213	67446	14410
广西		Guangxi	7638	15614	3121
海南		Hainan	2188	4747	1085
重庆		Chongqing	6893	14528	4114
四川		Sichuan	12488	26264	7216
贵州		Guizhou	3295	6531	1923
云南		Yunnan	7338	14182	2961
西藏		Tibet	585	970	181
陕西		Shaanxi	6170	13557	3968
甘肃		Gansu	4151	8758	2234
青海		Qinghai	925	1835	528
宁夏		Ningxia	2134	6332	1181
新疆		Xinjiang	6831	11917	2111

Urban Roads and Bridges(2014)

桥梁数 (座) Number of Bridges (unit)	大桥及特大桥 Great Bridge and Grand Bridge	立交桥 Inter-section	道路照明灯盏数 (盏) Number of Road Lamps (unit)	安装路灯道路长度 (公里) Length of The Road with Street Lamp (km)	地区名称 Name of Regions
61863	**5840**	**4568**	**23019144**	**268108**	**全　国**
2244	519	433	248695	6407	北　京
869	150	110	309857	5669	天　津
1378	111	259	624580	8407	河　北
640	52	132	436661	4286	山　西
374	38	111	746490	5389	内蒙古
1663	202	257	1562238	11425	辽　宁
750	94	149	500674	5695	吉　林
1032	163	200	622181	7295	黑龙江
2439	3	54	523776	4851	上　海
14013	388	379	3198359	31864	江　苏
9732	392	174	1392080	17315	浙　江
1441	130	182	809764	9955	安　徽
1799	211	80	689595	6052	福　建
659	103	64	602316	5269	江　西
5109	348	257	1789706	30460	山　东
1287	50	126	825471	9301	河　南
1917	180	122	641678	14628	湖　北
728	141	76	642846	9075	湖　南
6377	1561	499	2123950	29401	广　东
735	114	94	590652	6007	广　西
151	12	9	168967	2027	海　南
1379	243	268	449583	5332	重　庆
2027	306	202	929417	9997	四　川
573	64	36	401338	2185	贵　州
653	39	46	413222	4386	云　南
1	1		28762	262	西　藏
678	89	139	622187	4571	陕　西
445	68	34	265456	2772	甘　肃
127		4	115779	739	青　海
183	1	8	227011	1922	宁　夏
460	67	64	515853	5163	新　疆

1-2-18 城市排水和污水处理(2014年)

地区名称 Name of Regions	污水排放量(万立方米) Annual Quantity of Wastewater Discharged (10,000 m^3)	排水管道长度(公里) Length of Drainage Piplines (km)				污水处理厂				
			污水管道 Sewers	雨水管道 Rainwater Drainage Pipeline	雨污合流管道 Combined Drainage Pipeline	座数(座) Number of Wastewater Treatment Plant (unit)	二、三级处理 Secondary and Tertiary Treatment	处理能力(万立方米/日) Treatment Capacity (10,000 m^3/day)	二、三级处理 Secondary and Tertiary Treatment	处理量(万立方米) Quantity of Wastewater Treated (10,000 m^3)
全　国 National Total	**4453428**	**511179**	**211157**	**192115**	**107906**	**1807**	**1513**	**13086.8**	**11013.4**	**3827239**
北　京 Beijing	161548	14290	6536	5555	2198	51	44	429.5	405.5	136533
天　津 Tianjin	82316	18748	9124	8042	1582	40	40	260.0	260.0	74276
河　北 Hebei	157348	15924	6547	6174	3203	73	39	520.9	221.7	149281
山　西 Shanxi	67093	7428	2243	1513	3672	33	22	203.8	148.0	58490
内蒙古 Inner Mongolia	57212	12123	6702	4419	1002	40	33	189.5	172.5	51041
辽　宁 Liaoning	239889	16783	3707	4416	8659	90	76	767.7	646.2	210349
吉　林 Jilin	83347	9870	3595	3668	2607	38	18	258.3	174.0	74513
黑龙江 Heilongjiang	121559	9922	3330	2668	3924	53	26	317.3	121.2	77004
上　海 Shanghai	231685	20972	8009	11189	1774	51	51	788.0	788.0	207865
江　苏 Jiangsu	396336	66256	32144	24593	9519	189	157	1111.0	942.3	310725
浙　江 Zhejiang	250146	35960	17360	15767	2832	78	69	782.0	683.8	220057
安　徽 Anhui	144249	24580	9689	10795	4096	63	45	411.9	331.6	130097
福　建 Fujian	119013	12709	6686	4684	1339	49	49	324.3	324.3	99691
江　西 Jiangxi	81271	10814	4258	3931	2626	35	35	224.4	224.4	67090
山　东 Shandong	295243	49554	19255	23630	6670	151	151	927.8	927.8	280681
河　南 Henan	169502	19348	7428	7093	4826	66	52	550.3	410.2	154223
湖　北 Hubei	192893	21484	6402	6215	8868	74	60	540.6	420.9	170798
湖　南 Hunan	161784	12612	5514	2789	4310	59	58	408.6	398.6	129321
广　东 Guangdong	652251	50320	16230	18159	15931	226	210	1848.8	1554.3	596142
广　西 Guangxi	125341	8771	2470	1998	4303	34	26	286.6	249.0	75795
海　南 Hainan	28454	3522	1463	1577	482	23	15	87.6	57.8	20321
重　庆 Chongqing	93517	11081	5542	3476	2063	42	39	252.9	242.9	85981
四　川 Sichuan	172892	20606	9020	8882	2705	75	56	479.2	341.5	137587
贵　州 Guizhou	45013	5577	2565	2110	901	28	23	140.8	134.0	42669
云　南 Yunnan	78196	10136	4958	3593	1585	31	28	219.3	209.9	69399
西　藏 Tibet	10639	610	100	77	433	2	2	6.2	6.2	1710
陕　西 Shaanxi	86823	7237	3345	2847	1046	33	20	280.5	210.0	79492
甘　肃 Gansu	39211	5016	2032	1375	1609	22	20	137.2	125.2	29785
青　海 Qinghai	17700	1469	796	598	75	8	8	34.2	34.2	10476
宁　夏 Ningxia	27114	1460	317	141	1002	11	9	65.5	50.5	21462
新　疆 Xinjiang	63843	5997	3792	143	2062	39	32	232.1	196.9	54385

Urban Drainage and Wastewater Treatment (2014)

Wastewater Treatment Plant			其他污水处理设施 Other Wastewater Treatment Facilities		污水处理总量(万立方米) Total Quantity of Wastewater Treated (10,000 m^3)	再生水 Recycled Water			地区名称 Name of Regions
二、三级处理 Secondary and Tertiary Treated	干污泥产生量(吨) Quantity of Dry Sludge Produced (ton)	干污泥处置量(吨) Quantity of Dry Sludge Treated (ton)	处理能力(万立方米/日) Treatment Capacity (10,000 m^3/day)	处理量(万立方米) Quantity of Wastewater Treated (10,000 m^3)		生产能力(万立方米/日) Recycled Water Production Capacity (10,000 m^3/day)	利用量(万立方米) Annual Quantity of Wastewater Recycled and Reused (10,000 m^3)	管道长度(公里) Length of Piplines (km)	
3251020	**7115301**	**6812987**	**2036.7**	**188959**	**4016198**	**2065.3**	**363460**	**7498**	**全　国**
132713	1272933	1244337	12.5	2575	139108	425.5	68260	1361	北　京
74276	81202	81202	2.6	668	74944	27.5	2597	1072	天　津
62685	290814	285234	2.3	298	149579	167.4	31798	465	河　北
42507	88648	80418	4.7	802	59292	88.3	9338	354	山　西
47270	67689	61181			51041	67.7	6120	637	内蒙古
177758	337225	310114	16.1	3283	213632	120.7	22350	483	辽　宁
53935	99680	64732	4.5	579	75092	20.0	706	24	吉　林
27570	126698	125746	373.5	16861	93865	27.0	5266	37	黑龙江
207865	303299	303299			207865				上　海
264115	541835	540989	511.4	59704	370429	293.7	61233	474	江　苏
191538	349797	347816	56.5	6787	226844	26.0	3383	32	浙　江
104745	142650	121058	204.3	8682	138779	29.5	1060	50	安　徽
99691	177999	171260	110.1	5820	105511	13.0	96	73	福　建
67090	64042	64042	18.0	979	68069	2.6	796	125	江　西
280681	473333	470025	7.3	602	281283	289.2	51142	853	山　东
117731	272723	248383	12.5	2594	156817	57.3	7619	242	河　南
133530	215111	209139	69.8	6824	177622	45.7	15176	11	湖　北
125827	191269	190309	142.7	16458	145779	6.8	801	115	湖　南
497482	1006140	971857	8.7	976	597118	4.1	94	8	广　东
68777	52437	52397	385.6	33820	109615	0.2	29	0	广　西
12790	40933	40736			20321	16.3	998	31	海　南
84012	119952	118650	4.9	980	86961	10.9	726	70	重　庆
101480	297689	280832	48.4	9991	147578	17.7	2792	12	四　川
40489	51996	51996			42669	62.0	22122	16	贵　州
66772	94818	88162	14.2	1868	71267	86.8	29529	143	云　南
1710	9	9			1710				西　藏
63241	137871	124425			79492	53.6	6869	109	陕　西
28031	67275	52221	23.8	3545	33330	16.0	2161	148	甘　肃
10476	12868	12868			10476	2.6	649	57	青　海
17175	66828	66828		3587	25049	20.3	1535	281	宁　夏
47058	69538	32722	2.3	676	55061	66.9	8215	220	新　疆

1-2-19 城市园林绿化(2014年)

地区名称 Name of Regions		绿化覆盖面积 (公顷) Green Coverage Area (hectare)	建成区 Built District	绿地面积 (公顷) Area of Green Space (hectare)
全　国	**National Total**	**2937863**	**2017348**	**2539748**
北　京	Beijing	86945	86945	80223
天　津	Tianjin	27843	27843	25307
河　北	Hebei	90136	76870	79393
山　西	Shanxi	46692	43987	40448
内蒙古	Inner Mongolia	62720	47148	57372
辽　宁	Liaoning	196122	97148	121982
吉　林	Jilin	50909	48821	45263
黑龙江	Heilongjiang	85312	64224	76346
上　海	Shanghai	136427	38382	125741
江　苏	Jiangsu	297376	171265	265543
浙　江	Zhejiang	149641	101425	132619
安　徽	Anhui	107540	75569	89512
福　建	Fujian	67984	56767	60396
江　西	Jiangxi	55327	53586	50809
山　东	Shandong	232174	188277	205208
河　南	Henan	98862	90995	85661
湖　北	Hubei	96603	78675	75546
湖　南	Hunan	67118	59519	57273
广　东	Guangdong	486241	223676	421884
广　西	Guangxi	79421	46834	72414
海　南	Hainan	16623	12522	14672
重　庆	Chongqing	57805	50000	52515
四　川	Sichuan	92272	83145	82116
贵　州	Guizhou	41085	24587	35721
云　南	Yunnan	41284	37266	37309
西　藏	Tibet	5630	5530	4195
陕　西	Shaanxi	44104	39143	36354
甘　肃	Gansu	26404	24010	22342
青　海	Qinghai	5442	5235	5340
宁　夏	Ningxia	24944	16760	23195
新　疆	Xinjiang	60879	41194	57050

注：本表中北京市的各项绿化数据均为该市调查面积内数据。
Note:All the greening-related data for Beijing Municipality in the Table are those for the areas surveyed in the city.

Urban Landscaping(2014)

建成区 Built District	公园绿地面积(公顷) Area of Public Recreational Green Space (hectare)	公园个数(个) Number of Parks (unit)	公园面积(公顷) Park Area (hectare)	地区名称 Name of Regions
1819960	**582392**	**13074**	**367926**	**全　国**
80223	28798	282	28798	北　京
25307	7652	94	2124	天　津
69881	23541	479	16373	河　北
38719	12253	259	9417	山　西
43090	16423	260	12090	内蒙古
90410	26406	374	13829	辽　宁
43908	13912	183	6231	吉　林
58895	16681	331	9626	黑龙江
33878	17789	161	2301	上　海
157696	42901	883	21879	江　苏
91370	26155	1106	15949	浙　江
67868	18909	348	11303	安　徽
51719	14475	557	11402	福　建
49983	13955	310	8596	江　西
168473	51952	790	32621	山　东
79482	23834	306	12002	河　南
69068	20866	329	11206	湖　北
53576	14355	247	9555	湖　南
200717	83195	3408	70151	广　东
40245	11086	196	7767	广　西
11176	3437	58	2074	海　南
46030	21107	307	10751	重　庆
74435	22191	466	12369	四　川
22634	7906	63	5066	贵　州
33590	9113	646	6673	云　南
4144	725	59	723	西　藏
33005	10999	191	5417	陕　西
21510	7320	116	4079	甘　肃
5142	1786	29	949	青　海
16076	4897	73	2282	宁　夏
37711	7774	163	4325	新　疆

1-2-20 国家级风景名胜区(2014年)

风景名胜区名称 Name of Scenic Spots	风景名胜区面积(平方公里) Area of Scenic Spots (km^2)	供游览面积 Tourism-Only Area	游人量(万人次) Number of Visits (10,000 person-times)	境外游人 Visits by Foreign Tourists	景区资金收入合计(万元) Total Revenues of Scenic Spots (10,000 RMB)	国家拨款 Financial Allocation from Central Government
全国	**99057**	**41596**	**77594.60**	**2456.20**	**5641522**	**567921**
北京	263	46	1361.50	49.70	62352	6578
石花洞	85	40	67.60		8900	1500
十三陵	123	3	488.10	9.80	25868	4545
八达岭	55	3	805.80	39.90	27584	533
天津	106	10	148.90	0.50	10062	1512
盘山	106	10	148.90	0.50	10062	1512
河北	4043	2800	4317.70	51.40	167130	1330
西柏坡——天桂山	256	205	780.00	0.70	92000	
苍岩山	63	10	54.00	0.50	3000	80
嶂石岩	120	39	8.00		315	190
秦皇岛北戴河	366	160	1470.70	25.10	43353	
响堂山	35	2	10.00	1.00	100	
娲皇宫	132	56	400.00	3.00	2860	500
太行大峡谷	17	6	15.00	0.10	342	
崆山白云洞	161	23	65.00		1660	260
野三坡	499	499	315.00	5.00	13000	
承德避暑山庄外八庙	2394	1800	1200.00	16.00	10500	300
山西	1384	237	662.30	5.30	36055	2816
恒山	148	16	90.30		6300	
五老峰	300	30	14.00		1230	680
五台山	593	56	437.50	0.60	21989	
黄河壶口瀑布	110	25	32.00	2.10	3000	500
碛口	145	60	30.20	2.30	1636	1636
北武当山	88	50	58.30	0.30	1900	
内蒙古	489	103	33.00	0.20	263	
扎兰屯	489	103	33.00	0.20	263	
辽宁	1744	1212	2321.20	30.60	200360	2916
大连海滨——旅顺口	232	78	808.40	5.70	15717	
金石滩	39	13	500.00	9.20	150000	
鞍山千山	126	72	131.00	4.00	7023	866
本溪水洞	45	19	71.80		4227	
鸭绿江	824	824	240.00	11.00	6380	200
青山沟	150	82	16.00		1828	
凤凰山	217	60	32.00	0.10	2735	400
医巫闾山	64	59	402.00	0.40	10800	
兴城海滨	47	5	120.00	0.20	1650	1450
吉林	828	158	227.40	8.40	14212	200
“八大部”——净月潭	96	9	120.00	6.10	4000	200
松花湖	550	127	92.80	1.00	10000	
防川	139	7	10.60	1.30	162	
仙景台	43	15	4.00		50	
黑龙江	2874	1322	367.00	20.00	117949	34872
太阳岛	88	88	162.00		8797	160
镜泊湖	1726	514	82.00		22452	5212
五大连池	1060	720	123.00	20.00	86700	29500

State-Level Scenic Spots and Historic Sites across the Country(2014)

经营收入 Operational Income (10,000 RMB)	门票 Ticket Fees	景区资金支出合计(万元) Total Expenditure of Scenic Spots (10,000 RMB)	经营支出 Operational Expenditure	固定资产投资完成额 Completed Investment in Fixed Assets	维护支出 Maintenance Expenditure	风景名胜区名称 Name of Scenic Spots
4560812	**2161769**	**5310453**	**2711283**	**2077325**	**577087**	**全国**
48564	44422	61436	4634	38929	2783	北京
1100	1100	5000	3000	1000	1000	石花洞
20504	17891	25674	94	23453	1320	十三陵
26960	25431	30762	1540	14476	463	八达岭
8550	4436	9914	1181	8733	772	天津
8550	4436	9914	1181	8733	772	盘山
140775	82720	169827	131846	35181	20373	河北
67000	25000	108500	95000	13500	9500	西柏坡——天桂山
2920	920	3600	1000	2600	300	苍岩山
125	125	1300	800	300	200	嶂石岩
43353	30056	14901	6011	8890	6785	秦皇岛北戴河
75	75	651	500	51	20	响堂山
2360	1616	3839	2136	1703	700	娲皇宫
342	328	526	9	517	68	太行大峡谷
1400	1400	1420	800	620	300	崆山白云洞
13000	13000	25190	25190			野三坡
10200	10200	9900	400	7000	2500	承德避暑山庄外八庙
25241	17043	25760	3980	15469	10469	山西
6300	6300	6300	1320	4980	3927	恒山
550	480	1400	880	520	50	五老峰
14801	7188	15100		9289	5812	五台山
2390	2390	90	30	60	60	黄河壶口瀑布
		1520	1400	120	120	碛口
1200	685	1350	350	500	500	北武当山
263		263		263	85	内蒙古
263		263		263	85	扎兰屯
194792	69094	58055	23524	31413	11122	辽宁
15717	7308	15034	6128	7926	672	大连海滨——旅顺口
150000	45000	18241	14283	3953	3953	金石滩
6157	3601	6929	530	6399	1899	鞍山千山
4227	4227	4324	141	4183	435	本溪水洞
5528	3556	3971	1462	2506	1002	鸭绿江
1828	1102	1526	730	796	81	青山沟
2335	2300	1450	120	1200	130	凤凰山
8800	2000	5000		3000	1500	医巫闾山
200		1580	130	1450	1450	兴城海滨
13712	1339	6880	3966	2392	570	吉林
3500	300	3800	1300	2000	500	“八大部”——净月潭
10000	836	300		300		松花湖
162	162	2730	2656	52	50	防川
50	41	50	10	40	20	仙景台
73393	13966	128864	52928	66356	27065	黑龙江
8515	7319	8080	196	5295	2625	太阳岛
14938	3247	35784	16732	15612	3440	镜泊湖
49940	3400	85000	36000	45449	21000	五大连池

1-2-20 续表 1

风景名胜区名称 Name of Scenic Spots	风景名胜区面积(平方公里) Area of Scenic Spots (km^2)	供游览面积 Tourism-Only Area	游人量(万人次) Number of Visits (10,000 person-times)	境外游人 Visits by Foreign Tourists	景区资金收入合计(万元) Total Revenues of Scenic Spots (10,000 RMB)	国家拨款 Financial Allocation from Central Government
江苏	3323	297	6960.80	195.10	198696	15282
南京钟山	36	36	1270.00	15.00	24731	12000
太湖	3091	108	4485.40	153.00	137988	1900
云台山	167	145	301.00	12.00	8672	360
蜀岗瘦西湖	12	6	413.40	2.10	22983	
三山	17	2	491.00	13.00	4322	1022
浙江	4288	1613	11295.00	366.50	357635	118484
富春江——新安江	1423	413	3056.90	8.40	89145	9024
杭州西湖	59	38	2910.00	259.10	132480	86982
雪窦山风景名胜	380	140	408.00	23.80	11846	
楠溪江	671	328	440.00	0.70	9980	6974
雁荡山	448	111	779.70	3.90	11381	2630
百丈漈——飞云湖	137	23	72.90	16.50	7144	2500
莫干山	43	10	27.10	2.10	6730	1000
天姥山	143	48	264.20	5.60	7237	10
浣江——五泄	74	45	178.00	5.00	6000	120
双龙	80	60	87.20	6.10	4802	1683
大红岩	51	51	49.00	0.10	1071	130
方岩	152	88	50.10	1.80	3357	
江郎山	67	17	28.50	5.70	4973	774
普陀山	41	41	1107.60	4.50	40909	3312
嵊泗列岛	37	3	365.40	1.30	1895	
天台山	132	95	828.00	5.30	4766	566
仙居	158	32	260.00	5.20	6793	300
方山——长屿硐天	26	26	168.40	9.80	4759	2479
仙都	166	44	214.00	1.60	2367	
安徽	2229	1417	1718.90	67.50	443940	16252
巢湖	1196	800	130.00	0.90	4500	
采石	64	40	58.60		1963	919
天柱山	102	102	85.00	7.00	136845	2400
花亭湖	258	169	40.00	0.50	12000	1650
黄山	161	60	297.10	14.40	233143	3679
花山谜窟——渐江	81	7	18.30	1.10	1293	
齐云山	110	60	39.30	2.00	4660	2000
琅琊山	115	37	101.00	2.00	4953	1695
九华山	120	120	900.10	32.40	40083	3659
太极洞	22	22	49.50	7.20	4500	250
福建	1325	757	4456.40	145.60	360566	70468
鼓山	50	28	802.00	30.00	2121	1916
十八重溪	62	17	15.00		195	30
青云山	52	30	30.30	1.00	3030	
海坛	71	25	182.30		860	480

1-2-20 continued 1

经营收入 Operational Income (10,000 RMB)	门票 Ticket Fees	景区资金支出合计(万元) Total Expenditure of Scenic Spots (10,000 RMB)	经营支出 Operational Expenditure	固定资产投资完成额 Completed Investment in Fixed Assets	维护支出 Maintenance Expenditure	风景名胜区名称 Name of Scenic Spots
177377	56336	217339	104235	96339	19967	江苏
12731	9781	24752	6347	2596	1468	南京钟山
130051	17359	134554	76840	57714	8001	太湖
8312	8196	8006	1420	5630	5400	云台山
22983	19030	44927	19628	25299	1786	蜀岗瘦西湖
3300	1970	5100		5100	3312	三山
230928	161548	372694	164889	204650	53284	浙江
80121	47463	76620	42027	33054	7774	富春江——新安江
45498	30262	122779	33100	89679	33221	杭州西湖
11846	8444	45586	30956	14630	302	雪窦山风景名胜
3006	3006	3914	3914			楠溪江
8751	8619	11706	1912	9434	1625	雁荡山
2494	2494	8336	6790	986	560	百丈漈——飞云湖
5730	2167	5758	1028	4730	334	莫干山
7227	6755	6080	3080	2960	1989	天姥山
3000	2150	18600	15000	3000	600	浣江——五泄
3119	3033	6364	3252	3112	1753	双龙
498	443	453	119	334	17	大红岩
3357	2039	3612	345	3212	1123	方岩
1449	1288	1869	953	916	260	江郎山
37597	32447	45821	15724	30096	461	普陀山
1895	1895	1400	800	600	450	嵊泗列岛
4200	644	667	65	602	200	天台山
6493	3829	4230	869	3361	948	仙居
2280	2203	3099	755	2344	67	方山——长屿硐天
2367	2367	5800	4200	1600	1600	仙都
396424	106474	526465	188004	328600	13109	安徽
4500	4500	4500	1200	2000	1300	巢湖
1044	1000	2050	520	1530	366	采石
110000	5800	169872	48532	116845	1130	天柱山
6800	820	12000	6800	1534	714	花亭湖
229464	57226	260624	61823	198801	6240	黄山
1293	1059	1712	749	963	16	花山谜窟——渐江
1360	1300	1100	500	600	240	齐云山
1759	1742	31263	29186	2077	54	琅琊山
36424	29477	39894	37094	2800	1929	九华山
3780	3550	3450	1600	1450	1120	太极洞
290098	62815	222281	179445	38218	13520	福建
205	130	1912	1116	796	200	鼓山
165	150	97	12	85	10	十八重溪
3030	606	2900	500	2200	200	青云山
380	380	856	508	348	55	海坛

1-2-20 续表 2

风景名胜区名称 Name of Scenic Spots	风景名胜区面积(平方公里) Area of Scenic Spots (km^2)	供游览面积 Tourism-Only Area	游人量(万人次) Number of Visits (10,000 person-times)	境外游人 Visits by Foreign Tourists	景区资金收入合计(万元) Total Revenues of Scenic Spots (10,000 RMB)	国家拨款 Financial Allocation from Central Government
鼓浪屿——万石山	104	21	2206.70	58.50	48105	24029
湄洲岛	49	49	342.00		269176	39176
玉华洞	45	10	70.50	1.60	1808	110
泰宁	215	215	78.20	22.40	3307	
桃源洞——鳞隐石林	29	29	20.00	1.00	1325	
清源山	62	25	83.70	5.30	3416	1302
灵通山	20	15	19.50	0.20	739	100
宝山	85	43	1.90			
佛子山	52	11	5.50			
武夷山	79	75	307.00	17.40	7612	1502
冠豸山	123	65	26.70	0.40	1665	
鸳鸯溪	66	22	131.50	2.30	7900	50
福安白云山	69	22	23.00		1838	1507
太姥山	92	55	110.60	5.50	7469	266
江西	3038	1413	4998.00	155.50	492773	29304
梅岭——滕王阁	144	105	538.00	2.60	5577	1000
高岭——瑶里	95	46	307.80	1.60	15813	600
武功山	302	198	162.80	9.60	16896	1210
云居山——柘林湖	655	349	188.70	9.80	14763	1200
庐山	330	129	320.00	13.00	156000	3600
仙女湖	195	94	164.10	0.50	58000	
龙虎山	220	40	1020.60	20.00	40623	
三百山	138	94	30.90		1957	
井冈山	333	114	869.30	5.80	54013	
三清山	230	76	1079.20	61.60	103136	5936
龟峰	97	39	150.10	29.50	7595	1758
灵山	102	36	71.00		14600	13600
神农源	43	11	20.50	1.50	2000	400
大茅山	154	82	75.00		1800	
山东	884	458	3862.70	68.90	197431	10138
泰山	171	131	513.00	24.80	43586	3967
青岛崂山	489	173	1731.70	19.70	34684	673
博山	73	73	380.00	0.70	5000	700
胶东半岛海滨	92	26	1198.00	20.70	110194	2343
青州	59	55	40.00	3.00	3967	2455
河南	1395	1015	2451.30	60.30	131220	5227
郑州黄河	20	17	51.00	1.20	4315	1858
嵩山	152	38	277.00	5.00	21143	
洛阳龙门	9	3	316.00	10.00	34399	21
石人山	268	268	62.00	6.00	1516	
林虑山	310	100	257.40	10.50	7080	1500
云台山	55	45	522.00	22.40	39044	748
青天河	91	80	335.00	1.50	12210	
神农山	90	90	60.60	0.20	6000	1100

1-2-20 continued 2

经营收入 Operational Income (10,000 RMB)		景区资金支出合计(万元) Total Expenditure of Scenic Spots (10,000 RMB)				风景名胜区名称 Name of Scenic Spots
	门票 Ticket Fees		经营支出 Operational Expenditure	固定资产投资完成额 Completed Investment in Fixed Assets	维护支出 Maintenance Expenditure	
24076	23513	26669	6621	16375	2367	鼓浪屿——万石山
230000	9089	161100	161100			湄洲岛
1698	1623	2545	1668	877	44	玉华洞
3307	3307	1948	480	1468	87	泰宁
1325	1325	790	362	360	68	桃源洞——鳞隐石林
2114	2007	3079	935	2144	990	清源山
639	253	694	156	538	135	灵通山
						宝山
		100	100			佛子山
6110	6076	5047	391	4656	3251	武夷山
1665	1665	1458	750	580	128	冠豸山
7850	5200	4200	2000	2200	600	鸳鸯溪
331	288	1377	457	371	165	福安白云山
7203	7203	7509	2289	5220	5220	太姥山
382511	158499	922705	721587	193682	45598	江西
4577	4407	8048	26	1831	450	梅岭——滕王阁
15213	5500	4810	1360	3450	1785	高岭——瑶里
11786	6173	46405	39912	6493	998	武功山
5707	5707	306000	306000			云居山——柘林湖
143950	28620	140340		139920	28720	庐山
16400	16400					仙女湖
40623	40280	55890	41924	13966	680	龙虎山
1957	826	12750	9980	2310	460	三百山
54013	27945	18220	9219	8995	7592	井冈山
79798	14420	295109	285477	9632	1485	三清山
5837	5721	15500	11000	4500	3000	龟峰
		15263	12903	2360	368	灵山
1400	1300	500	240	200	36	神农源
1250	1200	3870	3546	25	24	大茅山
186591	149780	128849	19496	105040	45381	山东
39619	37410	42244	2800	39444	38557	泰山
34011	13298	20050	1146	18904	1325	青岛崂山
3900	1900	5200	1300	2900	1000	博山
107561	95784	57445	12200	41932	3739	胶东半岛海滨
1500	1388	3910	2050	1860	760	青州
121693	94368	178140	98365	75082	23461	河南
2457	2304	2309	33	2276	455	郑州黄河
21143	19395	18808	822	17986	10421	嵩山
34378	27650	84200	71004	13196	6556	洛阳龙门
1516	802	7350	6300	366	304	石人山
5080	4029	17182	12710	2366	1091	林虑山
38296	22370	37444	4155	33289	1767	云台山
12210	12210	1750	860	890		青天河
1100	1100	5162	2141	3000	2036	神农山

1-2-20 续表 3

风景名胜区名称 Name of Scenic Spots	风景名胜区面积(平方公里) Area of Scenic Spots (km^2)	供游览面积 Tourism-Only Area	游人量(万人次) Number of Visits (10,000 person-times)	境外游人 Visits by Foreign Tourists	景区资金收入合计(万元) Total Revenues of Scenic Spots (10,000 RMB)	国家拨款 Financial Allocation from Central Government
桐柏山——淮源	108	82	73.00	0.90	580	
鸡公山	27	27	355.00		2435	
王屋山	265	265	142.30	2.60	2498	
湖北	1595	748	1885.00	78.50	411606	95822
武汉东湖	62	62	494.90	5.50	25711	19354
武当山	312	170	569.30	18.90	310000	70000
长江三峡	180	155	145.00	36.90	16800	
隆中	209	14	66.00	0.50	4904	1889
九宫山	210	60	60.00	1.00	1200	600
陆水	118	80	53.80	2.00	1575	612
大洪山	504	207	496.00	13.70	51416	3367
湖南	3133	1258	6944.10	243.80	627476	67131
岳麓山	35	7	815.00	40.00	11878	8578
沩山	190	120	108.00	0.50	26000	
炎帝陵	112	5	70.00	3.00	2497	
韶山	70	25	1314.00	12.10	350360	
衡山	101	52	435.30	13.10	54300	23000
白水洞	150	20	5.10		417	347
虎形山——花瑶	118	50	87.00	0.10		
崀山	108	98	235.00	35.00	22630	4000
南山	187	19	5.80		1100	200
岳阳楼洞庭湖	333	265	205.00	25.00	6500	
福寿山——汨罗江	165	58	60.20	7.50	832	660
桃花源	158	29	51.20	0.90	5455	1704
武陵源	397	211	1539.80	69.80	68217	
苏仙岭——万华岩	46	2	100.00	0.10	5151	2387
东江湖	290	51	33.00	1.30	4018	300
万佛山——侗寨	166	91	220.00		11917	2317
紫鹊界梯田——梅山龙宫	81	53	80.00	1.80	2300	
凤凰	92	5	956.20	31.30	1232	605
猛洞河	226	82	331.30	2.30	26900	23000
德夯	108	15	292.20		25772	33
广东	713	303	5555.10	20.40	106304	23937
白云山	22	18	1920.10	8.10	19793	4152
丹霞山	292	60	284.00	2.70	7285	
梧桐山	32	11	1501.00		16304	12271
西樵山	13	13	105.00		3815	
湖光岩	5	2	101.00	0.80	6029	3698
肇庆星湖	20	13	293.00		8304	
惠州西湖	21	18	1086.00		4974	3816
罗浮山	308	168	265.00	8.80	39800	
广西	5560	1582	3858.70	208.20	69419	6066
桂林漓江	1159	1159	3695.60	200.40	61300	
桂平西山	1400	408	97.50	4.00	2626	666
花山	3001	15	65.60	3.80	5493	5400

1-2-20 continued 3

经营收入 Operational Income (10,000 RMB)	门票 Ticket Fees	景区资金支出合计(万元) Total Expenditure of Scenic Spots (10,000 RMB)	经营支出 Operational Expenditure	固定资产投资完成额 Completed Investment in Fixed Assets	维护支出 Maintenance Expenditure	风景名胜区名称 Name of Scenic Spots
580	560	430	340	90	71	桐柏山——淮源
2435	1450	2745		863		鸡公山
2498	2498	760		760	760	王屋山
136940	59662	201013	111054	72296	34264	湖北
6357	5781	19354	820	13695	4839	武汉东湖
64000	36100	98216	56361	35022	19500	武当山
16800	6800	7300	2000	4118	1282	长江三峡
3015	2491	17531	14583	2948	1629	隆中
600	600	1200	300	900	300	九宫山
963	963	1360		1012	320	陆水
45205	6927	56052	36990	14601	6394	大洪山
549952	156531	640471	334128	144875	113149	湖南
2901		11290	390	2901	2414	岳麓山
26000	9828	27700	27000	700	400	沩山
803	650	2682	1305	513	61	炎帝陵
350360	6494	165000	15000	15000	8000	韶山
30400	30400	86176	61614	24562	24562	衡山
30	30	347	280	67	52	白水洞
		1800	1500	300	300	虎形山——花瑶
13500	5130	8800	6000	2100	700	崀山
900	250	2140	1260	880	400	南山
6500	5500	1800	1000	800	550	岳阳楼洞庭湖
100	80	832	660	60	40	福寿山——汨罗江
3751	2613	4789	1286	3503	2830	桃花源
68217	68217	290400	210200	80200	70110	武陵源
1392	1340	3380	841	2538	132	苏仙岭——万华岩
2932	2828	4298	807	2899	40	东江湖
9600	9600	1842	1743	99	30	万佛山——侗寨
2300	2300	1200		1200	1000	紫鹊界梯田——梅山龙宫
627	627	1232	605	627	627	凤凰
3900	3900	22300	1800	4300	800	猛洞河
25739	6744	2463	837	1626	101	德夯
68898	30743	111421	36811	71862	30525	广东
15641	7225	19632	1882	17750	2300	白云山
6979	5041	7370	685	6602	84	丹霞山
4033	4033	16635	3502	13132	13132	梧桐山
3565	3565	4807	179	4628	2514	西樵山
2331	1767	6572	2145	4427	1800	湖光岩
6591	6591	7600	453	6088	6088	肇庆星湖
1158		4855	230	4622	3635	惠州西湖
28600	2521	43950	27735	14613	972	罗浮山
32003	15348	56410	15933	33577	21008	广西
29950	13936	43500	5000	31600	20600	桂林漓江
1960	1319	7428	5533	1895	403	桂平西山
93	93	5482	5400	82	5	花山

1-2-20 续表 4

风景名胜区 名　　称 Name of Scenic Spots	风景名胜区面积(平方公里) Area of Scenic Spots (km^2)		游人量(万人次) Number of Visits (10,000 person-times)		景区资金收入合计(万元) Total Revenues of Scenic Spots (10,000 RMB)	
		供游览面积 Tourism-Only Area		境外游人 Visits by Foreign Tourists		国家拨款 Financial Allocation from Central Government
海南	71	14	1148.00	35.70	152448	3240
三亚热带海滨	71	14	1148.00	35.70	152448	3240
重庆	2500	912	1078.20	64.40	277268	3290
潭獐峡	80	62	1.60		306	250
重庆缙云山	170	14	16.60	0.20	1566	1317
四面山	213	106	225.60	8.10	116130	1513
金佛山	441	220	91.00	1.00	29359	60
天坑地缝	400	21	140.30	1.00	22822	
芙蓉江	101	86	133.00		6493	
长江三峡	1095	403	470.10	54.10	100592	150
四川	16995	5116	3422.40	64.00	584686	23605
西岭雪山	375	7	81.20		21944	
青城山——都江堰	150	49	611.80	5.10	31307	747
龙门山	81	35	20.00		90	90
天台山	106	40	38.50	0.20	2213	
剑门蜀道	685	328	433.90	7.90	10987	
白龙湖	482	334	4.40		8	
峨眉山	172	96	1233.00	12.70	359407	
蜀南竹海	103	44	135.00	6.00	6661	
石海洞乡	94	69	35.00	0.80	3477	
光雾山——诺水河	456	310	46.20	0.20	9350	3050
黄龙	1340	700	241.10	2.70	57336	17036
九寨沟	720	55	456.10	17.00	75481	
四姑娘山	560	560	17.30	0.60	3972	2682
贡嘎山	11055	2354	50.20	10.80	1578	
邛海——螺髻山	616	135	18.70		875	
贵州	3503	1596	2360.90	70.20	80975	6846
红枫湖	200	180	10.70	0.30	391	
赤水	328	217	105.00	0.10	7132	44
龙宫	60	8	256.00	45.20	9424	
黄果树	163	47	970.00	5.70	34236	
紫云格凸河穿洞	57	12	62.60	1.50	395	55
九龙洞	56	16	9.40		589	162
石阡温泉群	54	28	63.00			
沿河乌江山峡	102	45	150.00	0.30	100	
马岭河峡谷	450	74	26.00	3.00	1648	348
织金洞	307	23	81.00	0.20	8707	2463
㵲阳河	625	425	18.60	0.10	481	
黎平侗乡	156	104	213.00	4.00	8685	1500
榕江苗山侗水	168	52	65.00	9.80	14	
荔波樟江	119	119	105.00		6530	
瓮安江界河	134	17	219.00		50	50
平塘	350	55	1.30		115	
都匀斗篷山——剑江	88	88	3.60		209	70
九洞天	86	86	1.70		2269	2154

1-2-20 continued 4

经营收入 Operational Income (10,000 RMB)	门票 Ticket Fees	景区资金支出合计(万元) Total Expenditure of Scenic Spots (10,000 RMB)	经营支出 Operational Expenditure	固定资产投资完成额 Completed Investment in Fixed Assets	维护支出 Maintenance Expenditure	风景名胜区名称 Name of Scenic Spots
120230	80113	117335	24534	92800	17399	海南
120230	80113	117335	24534	92800	17399	三亚热带海滨
269978	78338	310645	182285	126228	21518	重庆
56		695	245	450	410	潭獐峡
249	249	1563		276	215	重庆缙云山
112617	6258	195080	155810	39270	6147	四面山
27300	1999	31210	5510	25700	3084	金佛山
22822	16135	11913	4588	7325	1456	天坑地缝
6493	6493	3482	1108	2372	479	芙蓉江
100441	47204	66702	15024	50835	9727	长江三峡
560605	307631	473046	118530	150347	21946	四川
21944	6778	27779	8900	18879	746	西岭雪山
30560	30299	34839	6798	28041	891	青城山——都江堰
		90		90	50	龙门山
2213	1985	25175	23170	2005	980	天台山
10666	5800	14440	11005	3155	260	剑门蜀道
8	8	458	400	21	21	白龙湖
359252	131782	331477	60888	66737	15794	峨眉山
6661	6661	6581	9	6572	751	蜀南竹海
3477	3207	3101	156	2945	84	石海洞乡
6300	2200	7000	2200	4800	1200	光雾山——诺水河
40300	40300	17457	4300	13157	1125	黄龙
75481	75481					九寨沟
1290	1071	2749	624	2125	30	四姑娘山
1578	1220	1150		1150		贡嘎山
875	839	750	80	670	14	邛海——螺髻山
66835	49264	108402	71648	36496	2710	贵州
391	391	563	3	560	465	红枫湖
7088	6978	25428	21496	3929	130	赤水
5100	4326	34904	31500	3404	125	龙宫
34236	24610	28679	6000	22679	727	黄果树
150	103	230	145	79	23	紫云格凸河穿洞
427	427	744	341	391	12	九龙洞
						石阡温泉群
100	3	354	256	80		沿河乌江山峡
1300	1300	1222	650	572		马岭河峡谷
3644	3483	8514	5789	2725	533	织金洞
481	481	359	125	234	60	㵲阳河
7185	476	3944	3713	230	146	黎平侗乡
14	14	1118	1100	18	16	榕江苗山侗水
6350	6350	1850	426	1350	334	荔波樟江
		17		17	17	瓮安江界河
115	115	142				平塘
139	92	230	100	130	120	都匀斗篷山——剑江
115	115	104	4	98	2	九洞天

1-2-20 续表 5

风景名胜区名称 Name of Scenic Spots	风景名胜区面积(平方公里) Area of Scenic Spots (km^2)	供游览面积 Tourism-Only Area	游人量(万人次) Number of Visits (10,000 person-times)	境外游人 Visits by Foreign Tourists	景区资金收入合计(万元) Total Revenues of Scenic Spots (10,000 RMB)	国家拨款 Financial Allocation from Central Government
云南	3806	898	2489.70	229.60	276823	2195
昆明滇池	355	55	42.70	7.00	2604	
九乡	167	37	120.00	2.00	7958	
路南石林	350	12	380.00	13.80	66101	1300
腾冲热地火山	115	52	158.00	146.00	16734	
丽江玉龙雪山	360	180	336.00	48.00	132000	
建水	152	20	372.90	2.60	2729	
阿庐	13	2	33.10	0.30	2018	
普者黑	145	145	38.00		8711	651
西双版纳	1147	21	498.20	3.60	31467	
大理	201	138	295.20	3.10	6501	244
三江并流	467	53	0.60			
瑞丽江——大盈江	334	183	215.00	3.20		
西藏	14609	3121	169.90	0.70	200	
纳木措——念青唐古拉山	1920	55	55.00			
雅砻河	920	920	114.00	0.10		
唐古拉山——怒江源	7998	1328				
纳木措——念青唐古拉山	2953					
土林-古格	818	818	0.90	0.60	200	
陕西	760	359	2371.30	159.50	189695	2995
临潼骊山	120	91	1942.00	152.00	152400	
宝鸡天台山	134	40	5.00		350	250
合阳洽川	177	165	57.80		2780	1412
华山	148	50	200.00	1.50	22000	
黄河壶口瀑布	178	12	96.50	6.00	7893	1333
黄帝陵	3	1	70.00		4272	
甘肃	1099	250	513.40	50.20	22799	2394
麦积山	215	215	188.00	9.20	6150	650
崆峒山	84	20	240.40	38.50	8928	1694
鸣沙山	800	15	85.00	2.50	7721	50
青海	8978	8978	132.70	1.00	18577	
青海湖	8978	8978	132.70	1.00	18577	
宁夏	109	19	125.30	3.10	11188	5510
西夏王陵	86	13	102.60	0.60	10926	5400
须弥山石窟	23	6	22.70	2.50	262	110
新疆	7413	3584	357.80	1.40	21414	9511
库木塔格沙漠	1880	250	18.10	0.10	1626	1227
天山天池	548	236	176.50	0.10	5558	
赛里木湖	1301	1301	54.60	0.50	7639	7284
罗布人村寨	134	134	13.60	0.20	566	
博斯腾湖	3550	1663	95.00	0.50	6025	1000

1-2-20 continued 5

经营收入 Operational Income (10,000 RMB)	门票 Ticket Fees	景区资金支出合计(万元) Total Expenditure of Scenic Spots (10,000 RMB)	经营支出 Operational Expenditure	固定资产投资完成额 Completed Investment in Fixed Assets	维护支出 Maintenance Expenditure	风景名胜区名称 Name of Scenic Spots
228581	141663	140298	60237	64608	19544	云南
2586	2484	2407		804	102	昆明滇池
7958	7920	8491	117	8374		九乡
64801	61801	40000	20000	9600	9200	路南石林
16734	8178	27577	14212	12212	1177	腾冲热地火山
87500	32870	11400	8700	2300	400	丽江玉龙雪山
2729	2268	2712	99	2613	205	建水
1879	1731	4506	2632	1874	36	阿庐
8060	1140	8392	1431	6961	1580	普者黑
30085	20421	26965	10438	15908	6694	西双版纳
6249	2850	6278	1038	3962	150	大理
						三江并流
		1570	1570			瑞丽江——大盈江
200	6500					西藏
	6300					纳木措——念青唐古拉山
						雅砻河
						唐古拉山——怒江源
						纳木措——念青唐古拉山
200	200					土林-古格
180830	178594	23155	10532	11321	1677	陕西
152400	152400					临潼骊山
100	80	160	50	100	30	宝鸡天台山
1368	705	8521	7998	523	231	合阳洽川
16980	15500	9300	2200	6100	645	华山
6560	6560	1333	75	1257	400	黄河壶口瀑布
3422	3349	3841	209	3341	371	黄帝陵
20405	13654	19514	5305	14209	3542	甘肃
5500	3251	5830	3330	2500	750	麦积山
7234	3130	8995	1820	7175	1160	崆峒山
7671	7273	4689	155	4534	1632	鸣沙山
18577	9459	27237	14106	13131	256	青海
18577	9459	27237	14106	13131	256	青海湖
5678	4190	4895	2306	2479	976	宁夏
5526	4038	4633	2306	2327	866	西夏王陵
152	152	262		152	110	须弥山石窟
10188	7239	47139	25794	2749	1014	新疆
399	347	1545	1151	394	94	库木塔格沙漠
5558	5558	20559	4765			天山天池
		7706	6587			赛里木湖
566	384	2398	1371	230	30	罗布人村寨
3665	950	14931	11920	2125	890	博斯腾湖

1-2-21 城市市容环境卫生（2014年）

地区名称 Name of Regions	道路清扫保洁面积（万平方米）Surface Area of Roads Cleaned and Maintained (10,000 m^2)	机械化 Mechanization	生活垃圾 清运量（万吨）Collected and Transported (10,000 ton)	密闭车（箱）清运量 Quantity of Garbage Transported by Air-tight Vehicle	处理量（万吨）Volume of Treated (10,000 ton)	无害化处理厂（场）数（座）Number of Harmless Treatment Plants/ Grounds (unit)	卫生填埋 Sanitary Landfill	焚烧 Incineration	其他 other	无害化处理能力（吨／日）Harmless Treatment Capacity (ton/day)	卫生填埋 Sanitary Landfill
全　国 National Total	**676093**	**341091**	**17860.18**	**16682.82**	**17221.81**	**818**	**604**	**188**	**26**	**533455**	**335316**
北　京 Beijing	15104	9282	733.84	733.84	730.83	25	16	3	6	21371	12121
天　津 Tianjin	10879	7197	215.89	215.89	208.71	8	4	4		9400	5100
河　北 Hebei	24549	14394	614.10	539.24	566.60	40	32	7	1	17184	10524
山　西 Shanxi	15527	9499	445.01	417.46	409.71	23	17	5	1	10525	7115
内蒙古 Inner Mongolia	18207	5946	324.56	291.65	311.81	26	24	1	1	11190	9890
辽　宁 Liaoning	33721	11714	917.14	774.21	899.57	29	25	2	2	22657	20075
吉　林 Jilin	14504	5984	504.60	406.97	492.47	17	14	3		10893	7443
黑龙江 Heilongjiang	22716	10859	553.38	428.06	385.33	22	16	3	3	10995	8355
上　海 Shanghai	17490	11824	608.41	608.41	608.41	12	5	5	2	20530	11230
江　苏 Jiangsu	55132	33509	1352.44	1326.35	1347.30	58	29	28	1	50574	20257
浙　江 Zhejiang	36843	21498	1229.05	1215.94	1229.04	59	26	32	1	45981	16076
安　徽 Anhui	26370	17194	464.79	449.29	462.49	26	20	6		15153	10203
福　建 Fujian	16243	9243	598.89	597.35	586.45	27	13	13	1	18149	5349
江　西 Jiangxi	12893	4340	308.45	271.22	308.45	17	17			9273	9273
山　东 Shandong	65422	38650	958.47	935.65	958.47	59	41	16	2	35171	19211
河　南 Henan	27197	10742	832.75	721.06	773.12	43	39	4		23207	19257
湖　北 Hubei	30527	12634	739.34	672.42	725.08	39	28	11		24016	13066
湖　南 Hunan	18032	9244	600.79	575.32	598.97	34	32	2		21609	20009
广　东 Guangdong	84873	37308	2214.23	2094.96	2096.02	65	40	21	4	64901	39906
广　西 Guangxi	14065	5599	338.86	321.18	331.62	19	17	2		8091	7491
海　南 Hainan	6084	1624	144.21	138.40	143.96	9	6	3		3880	2230
重　庆 Chongqing	12304	6970	399.37	394.67	396.17	16	14	2		8710	5110
四　川 Sichuan	28574	15218	779.99	751.57	758.44	40	32	8		21677	14217
贵　州 Guizhou	5129	2799	273.77	232.60	255.31	14	14			5545	5545
云　南 Yunnan	15547	5632	349.54	333.15	340.36	23	16	7		9943	3583
西　藏 Tibet	2413	1415	30.78	2.60	28.49						
陕　西 Shaanxi	15338	9413	517.93	498.79	496.05	17	16		1	15047	14897
甘　肃 Gansu	7478	3069	252.97	239.84	249.00	16	16			4475	4475
青　海 Qinghai	2529	266	77.60	73.44	74.01	5	5			2110	2110
宁　夏 Ningxia	7482	2522	118.41	90.94	110.42	8	8			2980	2980
新　疆 Xinjiang	12921	5503	360.63	330.36	339.14	22	22			8218	8218

Urban Environmental Sanitation(2014)

Domestic Garbage						粪便 Excrement and Urine		公厕数 (座) Number of Latrines (unit)		市容环卫专用车辆设备总数(台) Number of Vehicles and Equipment Designated for Municipal Environmental Sanitation (unit)	地区名称 Name of Regions
焚烧 Incineration	其他 other	无害化处理量(万吨) Volume of Harmlessly Treated (10,000 ton)	卫生填埋 Sanitary Landfill	焚烧 Incineration	其他 other	清运量(万吨) Quantity of Excrement Transported (10,000 ton)	处理量(万吨) Quantity of Excrement Treated (10,000 ton)		三类以上 Grade Ⅲ and Above		
185957	**12182**	**16393.74**	**10744.25**	**5329.88**	**319.59**	**1551.97**	**691.97**	**124410**	**93086**	**141431**	**全　国**
5200	4050	730.83	488.57	156.11	86.15	216.06	197.39	5429	5429	10255	北　京
4300		208.71	102.12	106.58		32.72	14.00	1206	786	3036	天　津
6500	160	531.88	376.25	150.53	5.10	96.90	14.24	6391	3743	4820	河　北
3350	60	409.71	292.24	117.47		34.12	0.74	3234	1576	4895	山　西
1200	100	311.81	286.39	24.48	0.94	48.13	9.67	4075	1864	2717	内蒙古
1780	802	839.97	737.28	70.58	32.11	90.39	18.32	5353	1896	6097	辽　宁
3450		312.40	216.19	96.22		65.08	42.68	3729	1061	5973	吉　林
1000	1640	325.72	277.59	12.27	35.86	134.75	29.68	7064	2560	6887	黑龙江
8300	1000	608.41	328.77	238.48	41.17	199.87	59.27	6168	4967	5371	上　海
29817	500	1326.85	455.22	871.63		82.44	41.27	11178	9255	11227	江　苏
29705	200	1229.04	460.41	768.64		70.95	57.38	8026	6441	6483	浙　江
4950		462.49	333.00	129.49		18.50	4.37	3192	2684	3116	安　徽
12300	500	586.06	188.48	376.90	20.68	3.97	2.86	3113	3092	2578	福　建
		287.13	287.13			8.05	8.05	1982	1524	1630	江　西
14700	1260	958.47	533.94	386.93	37.59	127.15	57.45	6084	5266	10324	山　东
3950		773.12	635.81	137.31		44.44	12.69	7218	6545	4203	河　南
10950		666.60	322.37	344.23		19.48	4.59	5130	4171	8851	湖　北
1600		598.97	568.38	30.58		14.35	7.32	3373	2611	3642	湖　南
23235	1760	1912.70	1195.99	661.65	55.06	85.09	51.56	9666	9076	11729	广　东
600		323.29	311.24	12.04		9.75	3.18	2129	2035	3442	广　西
1650		143.96	82.31	61.64		5.33		484	474	1503	海　南
3600		396.17	260.95	135.22		66.96	17.27	2843	2234	2448	重　庆
7460		743.90	494.18	249.72		18.00	7.03	4280	3040	4436	四　川
		255.31	255.31			4.23	2.97	1375	1142	2352	贵　州
6360		323.21	132.03	191.18		16.11	6.96	2374	1995	2314	云　南
								303	172	251	西　藏
	150	496.05	491.13		4.92	15.97	6.62	3794	3707	2938	陕　西
		158.35	158.35			17.58	11.42	1430	1153	1717	甘　肃
		66.95	66.95			1.30		669	302	475	青　海
		110.42	110.42			3.88	2.71	687	576	1099	宁　夏
		295.25	295.25			0.42	0.28	2431	1709	4622	新　疆

二、县城部分

Statistics for County Seats

2014 年县城部分概述

概况 2014 年末，全国有县城 1596 个，据其中 1579 个县、14 个特殊区域及 149 个新疆生产建设兵团师团部驻地统计汇总，县城人口 1.40 亿人，暂住人口 0.16 亿人，建成区面积 2.01 万平方公里。

县城市政公用设施固定资产投资 2014 年，县城市政公用设施固定资产完成投资 3572.9 亿元。其中：道路桥梁、园林绿化、排水分别占县城市政公用设施固定资产投资的 53.4%、14.6%和 8.3%。

全国县城市政公用设施投资新增固定资产 2822.0 亿元，固定资产投资交付使用率 79.0%。主要新增生产能力（或效益）是：供水日综合生产能力 273 万立方米，天然气储气能力 1308 万立方米，集中供热蒸汽能力 397 吨/小时，热水能力 13149 兆瓦，道路长度 5687 公里，排水管道长度 1.04 万公里，污水处理厂日处理能力 206 万立方米，生活垃圾无害化日处理能力 0.77 万吨。

县城供水和节水 2014 年，县城全年供水总量 106.3 亿立方米，其中生产运营用水 27.6 亿立方米，公共服务用水 11.3 亿立方米，居民家庭用水 48.3 亿立方米。用水人口 1.39 亿人，用水普及率 88.89%。人均日生活用水量 118.23 升。2014 年，县城节约用水 3.0 亿立方米，节水措施总投资 3.6 亿元。

县城燃气和集中供热 2014 年，人工煤气供应总量 8.5 亿立方米，天然气供气总量 92.6 亿立方米，液化石油气供气总量 235.3 万吨。用气人口 1.15 亿人，燃气普及率 73.24%。2014 年末，蒸汽供热能力 1.3 万吨/小时，热水供热能力 12.9 万兆瓦，集中供热面积 11.4 亿平方米。

县城道路桥梁 2014 年末，县城道路长度 13.0 万公里，道路面积 24.1 亿平方米，其中人行道面积 6.0 亿平方米，人均城市道路面积 15.39 平方米。

县城排水与污水处理 2014 年末，全国县城共有污水处理厂 1555 座，污水厂日处理能力 2882 万立方米，排水管道长度 16.0 万公里。县城全年污水处理总量 74.3 亿立方米，污水处理率 82.12%，其中污水处理厂集中处理率 80.19%。

县城园林绿化 2014 年末，县城建成区绿化覆盖面积 59.9 万公顷，建成区绿化覆盖率 29.80%；建成区绿地面积 52.0 万公顷，建成区绿地率 25.88%；公园绿地面积 15.5 万公顷，人均公园绿地面积 9.91 平方米。

县城市容环境卫生 2014 年末，全国县城道路清扫保洁面积 22.9 亿平方米，其中机械清扫面积 7.9 亿平方米，机械清扫率 34.4%。全年清运生活垃圾、粪便 0.72 亿吨。全国县城共有生活垃圾无害化处理厂（场）1129 座，日处理能力 16.8 万吨，处理量 0.48 亿吨，县城生活垃圾无害化处理率 71.6%。

Overview

General situation There were 1596 counties across the country at the end of 2014. Based on 1579 counties statistics, 14 special regions and 149 Xinjiang Production and Construction Corps stations with a total population of 140 million and temporary residents of 16 million. Built-up areas in county seats accounted for 20.1 thousand square kilometers.

The fixed assets investment in municipal utilities In 2014, The fixed assets investment in the county seat municipal utilities reached 357.29 billion. Among this fixed assets investment in the municipal utilities, the investment in roads and bridges, greening and landscaping, drainage accounted for 53.4%,14.6%, 8.3% of the total fixed assets investment in municipal utilities respectively.

The newly increased fixed assets in the municipal utilities amounted to 282.2 billion. The fixed assets delivery rate reached 79.0%. The newly added production capacity or benefits of major utilities included: daily overall water production capacity was 2.73 million m^3, natural gas storage capacity was 13.08million m^3, the supply capacity of central heating from steam and hot water was 397 tons per hour and 13.149 thousand megawatts respectively, the length of County Seat roads totaled 5.687 thousand kilometers, the drainage pipelines reached 10.4 thousand kilometers, daily wastewater treatment capacity was 2.06 million m^3, and daily County Seat domestic garbage treatment capacity was 7.7 thousand tons.

County Seat water supply and water conservation In 2014, the total quantity of County Seat water supplied was 10.63 billion m^3. The total quantity of water used for industrial production and operation was 1.76 billion m^3. The quantity of water used for public service was 1.13 billion m^3. The quantity of domestic water use came to 4.83 billion m^3. County Seat water coverage rate was 88.89%, supplying a total population of 139 million. Daily per capita water consumption was 118.23 liter. 300 million cubic meters of county seat water was saved in the year with total investment in water saving measures reaching RMB 360 million yuan.

County Seat gas and centralized heating In 2014, the total quantity of man-made coal gas supply was 850 million m^3, natural gas supply was 9.26 billion m^3, and LPG supply was 2.353 million tons. County Seat population supplied with gas was 115 million with coverage rate registering 73.24%. By the end of 2014, the supply capacity of heating from steam and hot water reached 13 thousand tons per hour and 129 thousand megawatts respectively. The centrally heated area extended to reach 1140 million square meters.

County Seat roads and bridge At the end of 2014, the country claimed a total length of County Seat road of 130 thousand kilometers whose surface area was 2.41 billion square meters with sidewalks 0.60 billion square meters, and per capita road surface area is 15.39 square meters.

County Seat drainage and wastewater treatment At the end of 2014, there were a total of 1555 wastewater treatment plants in cities with daily treatment capacity of 28.82 million cubic meters. The length of drainage pipelines reached 160 thousand kilometers. The total quantity of county seat wastewater treated within the year was 7.43 billion cubic meters with treatment rate of 82.12% and central treatment rate of 80.19%.

County Seat greening and landscaping By the end of 2014, the area in built-up district covered by greenery totaled 599 thousand hectare. The coverage rate increased to 29.80%. The total green space in built-up areas amounted to 520 thousand hectares with coverage rate of 25.88%. The country claimed 155 thousand hectares of public green space with public green space per capita was 9.91 square meters

The County Seat environmental sanitation By the end of 2014, the total surface area of road cleaned and maintained was 2.29 billion square meters, of which mechanically cleaned area was 790 million square meters with a mechanical cleaning rate of 34.4%. The total amount of domestic garbage and night soil cleared and transported throughout the year was 72 million tons. There are 1129 non-hazardous treatment facilities for domestic solid waste in county seat across the country, handling a treatment volume of 48 million tons with daily treatment capacity of 168 thousand tons. The non-hazardous treatment rate for county seat domestic solid waste is 71.6%.

2-1-1 全国历年县城市政公用设施水平

Level of Service Facilities of National County Seat in Past Years

年份 Year	用水普及率 (%) Water Coverage Rate (%)	燃气普及率 (%) Gas Coverage Rate (%)	每万人拥有公共交通车辆 (标台) Motor Vehicle for Public Fransport Per 10,000 Persons (standardunit)	人均道路面积 (平方米) Road Surface Area Per Capita (m^2)	污水处理率 (%) Wastewater Treatment Rate (%)	园林绿化 人均公园绿地面积 (平方米) Public Recreational Green Space Per Capita (m^2)	建成区绿化覆盖率 (%) Green Coverage Rate of Built District (%)	建成区绿地率 (%) Green Space Rate of Built District (%)	每万人拥有公厕 (座) Number of Public Lavatories per 10,000 Persons (unit)
2000	84.83	54.41	2.64	11.20	7.55	5.71	10.86	6.51	2.21
2001	76.45	44.55	1.89	8.51	8.24	3.88	13.24	9.08	3.54
2002	80.53	49.69	2.51	9.37	11.02	4.32	14.12	9.78	3.53
2003	81.57	53.28	2.52	9.82	9.88	4.83	15.27	10.79	3.59
2004	82.26	56.87	2.77	10.30	11.23	5.29	16.42	11.65	3.54
2005	83.18	57.80	2.86	10.80	14.23	5.67	16.99	12.26	3.46
2006	76.43	52.45	2.59	10.30	13.63	4.98	18.70	14.01	2.91
2007	81.15	57.33	3.07	10.70	23.38	5.63	20.20	15.41	2.90
2008	81.59	59.11	3.04	11.21	31.58	6.12	21.52	16.90	2.90
2009	83.72	61.66		11.95	41.64	6.89	23.48	18.37	2.96
2010	85.14	64.89		12.68	60.12	7.70	24.89	19.92	2.94
2011	86.09	66.52		13.42	70.41	8.46	26.81	22.19	2.80
2012	86.94	68.50		14.09	75.24	8.99	27.74	23.32	2.09
2013	88.14	70.91		14.86	78.47	9.47	29.06	24.76	2.77
2014	88.89	73.24		15.39	82.12	9.91	29.80	25.88	2.76

注：1.自2006年起，人均和普及率指标按县城人口和县城暂住人口合计为分母计算，以公安部门的户籍统计和暂住人口统计为准。

2.“人均公园绿地面积”指标2005年及以前年份为“人均公共绿地面积”。

3.从2009年起，县城公共交通内容不再统计。

Note:1.Since 2006,figure in tems of per capita and coverage rate have been calculated based on denominater which combines both permanent and temporary residents in county seat areas. And the population should come from statistics of police.

2.Since 2006, Public Green Space Per Capita is changed to be Public Recreational Green Space Per Capita.

3.Since 2009,statistics on county seat public transport have been removed.

2-1-2 全国历年县城数量及人口、面积情况
National Changes in Number of Counties,Population and Area in Past Years

面积计量单位：平方公里　　Area Measurement Unit: Square Kilometer
人口计量单位：万人　　Population Measurement Unit:10,000 persons

年份 Year	县及其他个数 Number of Counties	县城人口 Couty Seat Population	县城暂住人口 Couty Seat Temporary Population	县城面积 Couty Seat Area		城市建设用地面积 Area of Urban Construction Land
					建成区面积 Area of Built District	
2000	1674	14157		53197	13135	8788
2001	1660	9012		57651	10427	9157
2002	1649	8874		56138	10496	9455
2003	1642	9235		53197	11115	10180
2004	1636	9641		53649	11774	11106
2005	1636	10030		63382	12383	12383
2006	1635	10963	934	76508	13229	13456
2007	1635	11581	1011	93887	14260	14680
2008	1635	11947	1079	130813	14776	15534
2009	1636	12259	1120	154603	15558	15671
2010	1633	12637	1236	175926	16585	16405
2011	1627	12946	1393	93567	17376	16151
2012	1624	13406	1514	94834	18740	17437
2013	1613	13701	1566	86225	19503	17935
2014	1596	14038	1615	79946	20111	18694

2-1-3 全国历年县城维护建设资金收入

National Revenue of County Seat Maintenance and Construction Fund in Past Years

计量单位：万元 Measurement Unit:10,000RMB

年份 Year	合计 Total	城市维护建设税 Urban Maintenance and Construction Tax	城市公用事业附加 Extra-Charges for Municipal Utilities	中央财政拨款 Financial Allocation From Central Government Budget	地方财政拨款 Financial Allocation From Local Government Budget	水资源费 Water Resource Fee	国内贷款 Domestic Loan	利用外资 Foreign Investment	企事业单位自筹资金 Self-Raised Funds by Enterprises and Institutions	其他收入 Other Revenues
2000	1475288	218874	45849	83404	209840	5421	177939	52215	243841	437904
2001	2339413	284380	47428	68460	378484	7807	261940	65162	535359	690393
2002	3165232	319198	49195	163717	552206	9087	374804	76792	775543	844690
2003	4703331	418992	52225	249529	829818	14283	603166	131672	1261785	1141861
2004	5178923	482254	58156	159856	1080049	13112	645288	134733	1203808	1401667
2005	6043627	562226	66971	173570	1405247	16618	698906	158159	1440598	1521332
2006	5280388	624690	87843	281139	121727	30201				4134788
2007	7218834	827944	115565	255958	2022760	55081				3941526
2008	9736493	1109612	217957	647527	2927932	59435				4774030
2009	13820241	1272267	165937	1125862	5319207	88990				5847978
2010	20582038	1520894	215283	1410514	5465372	116924				11853051
2011	26240827	1989632	393902	1878689	7259456	267072				14452076
2012	31833379	2529027	403033	2937679	9382874	283277				16297489
2013	36096026	2840257	523755	2811897						
2014	42036116	2984908	488213	2469729						

注：自2006年起，县城维护建设资金收入仅包含财政性资金，不含社会融资。地方财政拨款中包括省、市财政专项拨款和市级以下财政资金；其他收入中包括市政公用设施配套费、市政公用设施有偿使用费、土地出让转让金、资产置换收入及其他财政性资金。

Note: Since 2006, national revenue of county seats'maintenance and construction fund includes the fund fiscal budget, not including social funds. Local Financial Allocation include province and city special finacial allocation, and Other Revenues include fee for expansion of municipal utilites capacity, fee for use of municaipal utilities,land drainage facilities, water resource fee, property displace fee and so on.

2-1-4 全国历年县城维护建设资金支出

计量单位：万元

年份 Year	支出合计 Total	按用途分 By Purpose					
		固定资产投资支出 Expenditure from Investment in Fixed Assets	维护支出 Maintenance Expenditure	其他支出 Other Expenditures	供水 Water Supply	燃气 Gas Supply	集中供热 Central Heating
2000	1543701	1224032	280838	38831	159991	17394	44294
2001	2336929	1746365	333699	256865	203748	42053	81911
2002	3196841	2529827	389298	277716	237120	82809	100698
2003	4661734	3907547	459527	294660	350503	120290	176962
2004	5077874	4221092	559888	296894	418492	132216	226354
2005	5927238	4831130	659689	436419	486596	187305	270791
2006	4971017	3660147	858483	452387	335755	84706	138289
2007	6806308	4796581	1207586	802141	356545	91517	227936
2008	9192126	6722788	1434309	1020577	429065	161977	322488
2009	13182941	10266437	1773499	1322453	581938	195643	471494
2010	20451108	16006075	2348570	2096535	764970	347357	607139
2011	24246084	18101051	3240910	2904123			
2012	33299318	23820534	3899428	5579356			
2013	29418982						
2014	29798372						

注：从2009年起，县城公共交通内容不再统计。

Note: Since 2009,statistics on county seat public transport have been removed.

National Expenditure of County Seat Maintenance and Construction Fund in Past Years

Measurement Unit:10,000RMB

按行业分 By Indurstry							年份 Year
公共交通 Public Transportation	道路桥梁 Road and Bridge	排水 Sewerage	防洪 Flood Control	园林绿化 Landscaping	市容环境卫生 Environmental Sanitation	其他 Other	
21325		113500		81017	69388	226679	2000
56570	900589	170371	84847	167091	105395	524354	2001
69067	1267934	256982	107759	213189	129337	731946	2002
92844	2040028	401354	149805	293000	208242	828706	2003
110896	2068361	447482	164216	386914	206046	916897	2004
136966	2390132	545025	192193	419119	239892	1059219	2005
93385	2192650	533822	144505	434397	284086	729422	2006
164390	2897997	781286	191378	605518	398862	1090879	2007
232359	3904437	1098048	183828	964899	524292	1370733	2008
	5120827	2278356	299657	1375296	1009819	1849911	2009
	8356614	2383811	418408	2543138	1380225	7444422	2010
							2011
							2012
							2013
							2014

2-1-5 按行业分全国历年县城市政公用设施建设固定资产投资

National Fixed Assets Investment of County Seat Sevice Facilities by Industry in Past Years

计量单位：亿元 Measurement Unit：100 millionRMB

年份 Year	本年固定资产投资总额 Completed Investment of This Year	供水 Water Supply	燃气 Gas Supply	集中供热 Central Heating	公共交通 Public Transportation	道路桥梁 Road and Bridge	排水 Sewerage	污水处理及其再生利用 Wastewater Treatment and reused	防洪 Flood Control	园林绿化 Landscaping	市容环境卫生 Environmental Sanitation	垃圾处理 Garbage Treatment	其他 Other
2000													
2001	337.4	23.6	6.2	8.3	10.0	117.2	20.4	5.3	11.8	18.2	6.9	1.6	114.9
2002	412.2	28.1	10.5	13.2	10.6	152.9	33.0	12.9	13.7	22.0	10.6	3.9	117.7
2003	555.7	38.8	13.9	18.5	11.8	228.3	44.6	16.1	17.5	30.5	14.9	7.0	136.6
2004	656.8	44.4	15.1	24.3	12.3	246.7	52.5	17.2	19.1	41.0	14.7	4.5	186.7
2005	719.1	53.4	21.9	29.8	14.1	285.1	63.5	24.6	20.4	45.0	17.0	5.4	169.8
2006	730.5	44.3	24.1	28.9	10.3	319.1	72.1	37.0	11.6	46.2	42.2	7.6	132.4
2007	812.0	42.3	26.9	42.4	17.7	358.1	107.1	67.2	17.5	76.0	29.2	16.4	94.9
2008	1146.1	48.2	35.7	58.5	18.3	532.1	141.2	80.8	26.4	174.1	37.2	23.2	74.4
2009	1681.4	78.2	37.0	72.9		690.3	305.7	225.7	42.1	222.8	94.7	62.9	137.6
2010	2569.8	88.1	67.2	124.2		1132.1	271.1	165.7	45.8	373.6	121.9	83.4	345.9
2011	2859.6	127.6	112.7	155.7		1393.4	201.6	108.8	49.3	445.7	172.2	67.2	201.5
2012	3984.7	146.6	137.3	167.8		1934.7	229.6	105.0	69.8	581.4	274.6	136.0	442.8
2013	3833.6	164.9	182.3	223.4		1923.5	276.1	114.9		587.4	97.3	44.2	378.7
2014	3572.9	172.6	158.1	187.6		1908.4	296.1	139.2		521.0	97.4	36.0	231.9

注：从2009年起，县城公共交通内容不再统计。
Note:Since 2009,statistics on county seat public transport have been removed.

2-1-6 按资金来源分全国历年县城市政公用设施建设固定资产投资
National Fixed Assets Investment of County Seat Service Facilities by Capital Source in Past Years

计量单位：亿元 Measurement Unit: 100 million RMB

年份 Year	本年资金来源合计 Completed Investment of This Year	上年末结余资金 The Balance of The revious Year	本年资金来源 Sources of Fund							
			小计 Subtotal	中央财政拨款 Financial Allocation From Central Government Budget	地方财政拨款 Financial Allocation From Local Government Budget	国内贷款 Domestic Loan	债券 Securities	利用外资 Foreign Investment	自筹资金 Self-Raised Funds	其他资金 Other Funds
2000										
2001	306.4	7.6	298.8	13.7	47.4	33.2	1.5	23.4	116.1	63.5
2002	377.1	4.2	372.9	19.7	74.2	46.3	1.2	12.6	149.5	69.4
2003	518.1	6.8	511.3	30.2	101.6	69.0	1.6	25.1	202.2	81.7
2004	619.2	7.3	611.9	20.6	133.4	84.1	2.2	38.7	222.1	110.7
2005	682.8	9.5	673.3	25.1	170.1	76.9	2.2	39.9	247.3	111.9
2006	755.2	16.9	738.3	54.8	255.4	89.6	1.5	26.2	234.2	76.6
2007	833.0	13.1	819.8	34.5	346.7	88.1	2.2	26.3	240.3	81.8
2008	1126.7	16.3	1110.4	52.5	520.4	107.6	1.4	28.0	297.0	103.5
2009	1682.9	20.8	1662.1	107.0	662.0	298.6	11.7	32.9	385.5	164.4
2010	2559.8	34.3	2525.5	325.5	985.8	332.6	4.1	44.3	606.6	226.6
2011	2872.6	31.7	2840.9	152.4	1523.8	278.0	3.2	31.8	644.6	207.2
2012	3887.7	51.7	3835.9	205.0	2073.7	318.1	2.3	85.0	877.2	274.7
2013	3683.0	60.7	3622.2	135.8	1070.7	277.2	7.7	56.1	1610.4	464.3
2014	3690.4	63.2	3627.2	111.8	968.5	315.5	4.1	23.3	1767.7	436.3

注：自2013年起，"本年资金来源合计"为"本年实际到位资金合计"。
Note:Since 2013, Completed Investment of This Year is changed to be The Total Funds Actually Available for The Reported Year.

2-1-7 全国历年县城供水情况

National Couty Seat Water Supply in Past Years

年份 Year	综合生产能力 (万立方米/日) Integrated Production Capacity (10,000 m^3/day)	供水管道长度 (公里) Length of Water Supply Pipelines (km)	供水总量 (万立方米) Total Quantity of Water Supply (10,000 m^3)	生活用量 Residential Use	用水人口 (万人) Population with Access to Water Supply (10,000 persons)	人均日生活用水量 (升) Daily Water Consumption Per Capita (liter)	用水普及率 (%) Water Coverage Rate (%)
2000	3662	70046	593588	310331	6931.2	122.7	84.83
2001	3754	77316	577948	327081	6889.2	130.1	76.45
2002	3705	78315	567915	338689	7145.7	129.9	80.53
2003	3400	87359	606189	363311	7532.9	132.1	81.57
2004	3680	92867	653814	395181	7931.1	136.5	82.26
2005	3862	98980	676548	409045	8342.2	134.3	83.18
2006	4207	113553	746892	407389	9093.4	122.7	76.43
2007	5744	131541	794495	448943	10218.7	120.4	81.15
2008	5976	142507	826300	459866	10628.4	119.4	81.59
2009	4775	148578	856291	484644	11200.7	118.6	83.72
2010	4683	159905	925705	509266	11811.4	118.9	85.14
2011	5174	173452	977115	534918	12345.0	118.7	86.09
2012	5446	186500	1020298	565835	12971.0	119.5	86.94
2013	5239	194465	1038662	584759	13456.0	119.1	88.14
2014	5437	203514	1063270	600436	13913.4	118.2	88.89

2-1-8 全国历年县城节约用水情况

National County Seat Water Conservation in Past Years

年份 Year	计划用水量 (万立方米) Planned Quantity of Water Use (10,000 m^3)	新水取用量 (万立方米) Fresh Water Used (10,000 m^3)	工业用水 重复利用量 (万立方米) Quantity of Industrial Water Recycled (10,000 m^3)	节约用水量 (万立方米) Water Saved (10,000 m^3)
2000	115591	109069	95763	20322
2001	161795	133634	24206	28161
2002	110702	91610	26321	19092
2003	120551	94938	24815	25613
2004	123176	98004	25790	25163
2005	155933	118727	32852	37206
2006		122700	32523	21546
2007		127318	99648	22675
2008		122275	53278	20480
2009		139735	130864	23135
2010		157563	133337	35963
2011		119923	95932	26165
2012		180603	52051	30853
2013		136223	159152	22286
2014		140966	164833	30029

2-1-9 全国历年县城燃气情况
National County Seat Gas in Past Years

年份 Year	人工煤气 Man-Made Coal Gas				天然气 Natural Gas				液化石油气 LPG				燃气普及率 (%)
	供气总量(亿立方米) Total Gas Supplied (10,000 m³)	家庭用量 Domestic Consumption	用气人口(万人) Population with Access to Gas (10,000 persons)	管道长度(公里) Length of Gas Supply Pipeline (km)	供气总量(亿立方米) Total Gas Supplied (10,000 m³)	家庭用量 Domestic Consumption	用气人口(万人) Population with Access to Gas (10,000 persons)	管道长度(公里) Length of Gas Supply Pipeline (km)	供气总量(吨) Total Gas Supplied (ton)	家庭用量 Domestic Consumption	用气人口(万人) Population with Access to Gas (10,000 persons)	管道长度(公里) Length of Gas Supply Pipeline (km)	Gas Coverage Rate (%)
2000	1.72	1.63	73.10	615	3.31	2.25	237	5268	110.84	98.23	2723	96	54.41
2001	2.14	1.85	89.85	424	4.37	2.71	274	6400	127.55	109.90	3653	674	44.55
2002	1.19	1.13	68.30	493	6.36	3.30	316	7398	142.42	124.23	4025	760	49.69
2003	0.73	0.60	51.33	519	7.67	4.16	361	8397	174.45	140.17	4508	1033	53.28
2004	1.80	1.51	81.91	551	10.97	5.43	437	9881	188.94	156.37	4961	1172	56.87
2005	3.04	2.01	127.35	830	18.12	5.83	519	12602	185.90	147.10	5151	1203	57.80
2006	1.26	0.49	54.58	745	16.47	7.11	780	17487	195.04	147.07	5405	1728	52.45
2007	1.44	0.51	58.52	1158	24.45	7.01	943	21882	203.22	158.60	6217	2355	57.33
2008	2.68	1.84	72.22	1426	23.26	9.00	1123	27110	202.14	160.60	6504	2899	59.11
2009	1.78	0.97	69.12	1459	32.16	13.79	1404	34214	212.58	171.00	6776	3136	61.66
2010	4.06	1.03	69.97	1520	39.98	17.09	1835	42156	218.50	174.97	7098	3053	64.89
2011	9.51	1.14	66.53	1458	53.87	22.83	2414	52450	242.17	205.23	7058	2594	66.52
2012	8.57	1.08	53.58	1255	70.14	28.11	2926	66697	256.94	212.13	7241	2773	68.50
2013	7.65	2.24	63.15	1345	81.58	31.55	3555	77122	241.07	196.89	7208	2236	70.91
2014	8.49	2.12	56.05	1542	92.65	34.50	4165	88862	235.32	198.38	7242	2538	73.24

2-1-10 全国历年县城集中供热情况
National County Seat Centralized Heating in Past Years

年份 Year	供热能力 Heating Capacity		供热总量 Total Heat Supplied		管道长度 Length of Pipelines		集中供热面积(万平方米) Heated Area
	蒸汽(吨/小时) Steam (ton/hour)	热水(兆瓦) Hot Water (mega watts)	蒸汽(万吉焦) Steam (10,000 gigajoules)	热水(万吉焦) Hot Water (10,000 gigajoules)	蒸汽(公里) Steam (km)	热水(公里) Hot Water (km)	(10,000 m^2)
2000	4418	11548	1409	9076	1144	4187	0.67
2001	3647	11180	1872	20568	658	4478	0.92
2002	4848	14103	2627	27245	881	4778	1.45
2003	5283	19446	2871	22286	904	6136	1.73
2004	5524	20891	3194	21847	991	7094	1.72
2005	8837	20835	8781	18736	1176	8048	2.06
2006	9193	26917	8520	23535	1367	9450	2.37
2007	13461	35794	15780	39071	1564	12795	3.17
2008	12370	44082	14708	75161	1612	14799	3.74
2009	16675	62330	12519	56013	1874	18899	4.81
2010	15091	68858	16729	103005	1773	23737	6.09
2011	14738	81348	8475	63264	1665	28577	7.81
2012	13914	97281	8358	51943	1965	31901	9.05
2013	13285	107498	6413	68193	2929	37169	10.33
2014	13011	129447	5693	63928	2733	41209	11.42

注：2000年蒸汽供热总量计量单位为万吨。
Note:Heating capacity through steam in 2000 is measured with the unit of 10,000 tons.

2-1-11 全国历年县城道路和桥梁情况
National County Seat Road and Bridge in Past Years

年份 Year	道路长度 (万公里) Length of Roads (10,000 km)	道路面积 (亿平方米) Surface Area of Roads (100 million m²)	防洪堤长度 (公里) Length of Flood Control Dikes (10,000 km)	人均城市道路面积 (平方米) Urban Road Surface Area Per Capita (m²)
2000	5.04	6.24	0.93	11.20
2001	5.10	7.67	0.90	8.51
2002	5.32	8.31	0.96	9.37
2003	5.77	9.06	0.93	9.82
2004	6.24	9.92	1.00	10.30
2005	6.68	10.83	0.98	10.80
2006	7.36	12.26	1.32	10.30
2007	8.38	13.44	1.17	10.70
2008	8.88	14.60	1.33	11.21
2009	9.50	15.98	1.19	11.95
2010	10.59	17.60	1.25	12.68
2011	10.86	19.24	1.37	13.42
2012	11.80	21.02	1.38	14.09
2013	12.52	22.69		14.86
2014	13.04	24.08		15.39

2-1-12 全国历年县城排水和污水处理情况

National County Seat Drainage and Wastewater Treatment in Past Years

年份 Year	排水管道长度 (万公里) Length of Drainage Pipelines (10,000 km)	污水年排放量 (亿立方米) Annual Quantity of Wastewater Discharged (100 million m^3)	污水处理厂 Wastewater Treatment Plant		污水年处理总量 (亿立方米) Annual Treatment Capacity (100 million m^3)	污水处理率 (%) Wastewater Treatment Rate (%)
			座数 (座) Number (unit)	处理能力 (万立方米/日) Treatment Capacity (10,000 m^3/day)		
2000	4.00	43.20	54	55	3.26	7.55
2001	4.40	40.14	54	455	3.31	8.24
2002	4.44	43.58	97	310	3.18	11.02
2003	5.32	41.87	93	426	4.14	9.88
2004	6.01	46.33	117	273	5.20	11.23
2005	6.04	47.40	158	357	6.75	14.23
2006	6.86	54.63	204	496	6.00	13.63
2007	7.68	60.10	322	725	14.10	23.38
2008	8.39	62.29	427	961	19.70	31.58
2009	9.63	65.70	664	1412	27.36	41.64
2010	10.89	72.02	1052	2040	43.30	60.12
2011	12.18	79.52	1303	2409	55.99	70.41
2012	13.67	85.28	1416	2623	62.18	75.24
2013	14.88	88.09	1504	2691	69.13	78.47
2014	16.03	90.47	1555	2882	74.29	82.12

2-1-13 全国历年县城园林绿化情况

National County Seat Landscaping in Past Years

计量单位：公顷 Measurement Unit：Hectare

年份 Year	建成区绿化覆盖面积 Built District Green Coverage Area	建成区绿地面积 Built District Area of Green Space	公园绿地面积 Area of Public Recreational Green Space	公园面积 Park Area	人均公园绿地面积（平方米） Public Recreational Green Space Per Capita (m^2)	建成区绿化覆盖率（%） Green Coverage Rate of Built District (%)	建成区绿地率（%） Green Space Rate of Built District (%)
2000	142667	85452	31807	15736	5.71	10.86	6.51
2001	138338	94803	35082	69829	3.88	13.24	9.08
2002	148214	102684	38378	73612	4.32	14.12	9.78
2003	169737	119884	44628	28930	4.83	15.27	10.79
2004	193274	137170	50997	33678	5.29	16.42	11.65
2005	210393	151859	56869	32830	5.67	16.99	12.26
2006	247318	185389	59244	39422	4.98	18.70	14.01
2007	288085	219780	70849	54488	5.63	20.20	15.41
2008	317981	249748	79773	51510	6.12	21.52	16.90
2009	365354	285850	92236	56015	6.89	23.48	18.37
2010	412730	330318	106872	67325	7.70	24.89	19.92
2011	465885	385636	121300	80850	8.46	26.81	22.19
2012	519812	436926	134057	85272	8.99	27.74	23.32
2013	566706	482823	144644	96630	9.47	29.06	24.76
2014	599348	520483	155083	105680	9.91	29.80	25.88

注：1.自2006年起，“公共绿地”统计为“公园绿地”。
2.自2006年起，“人均公共绿地面积”统计为以城区人口和城区暂住人口合计为分母计算的“人均公园绿地面积”。

Note: 1.Since 2006, Public Green Space is changed to Public Recreatinal Green Space.
2.Since 2006, Public recreational green space per capita has been calculated based on denominator which combines both permanent and temporary resiclents in urban areas.

2-1-14 全国历年县城市容环境卫生情况
National County Seat Environmental Sanitation in Past Years

年份 Year	生活垃圾 Domestic Garbage 清运量 (万吨) Quantity of Collected and Transported (10,000 ton)	无害化处理场(厂)座数 (座) Number of Harmless Treatment Plants/Grounds (unit)	无害化处理能力 (吨/日) Harmless Treatment Capacity (ton/day)	无害化处理量 (万吨) Quantity of Harmlessly Treated (10,000 ton)	粪便清运量 (万吨) Volume of Soil Collected and Transported (10,000 ton)	公厕数量 (座) Number of Latrine (unit)	市容环卫专用车辆设备总数 (台) Number of Vehicles and Equipment Designated for Municipal Environmental Sanitation (unit)	每万人拥有公厕 (座) Number of Latrine per 10,000 Population (unit)
2000	5560	358	18493	782.52	1301	31309	13118	2.21
2001	7851	489	29300	1551.88	1709	31893	13472	3.54
2002	6503	460	31582	1056.61	1659	31282	13817	3.53
2003	7819	380	29546	1159.35	1699	33139	15114	3.59
2004	8182	295	26032	865.13	1256	34104	16144	3.54
2005	9535	203	23049	688.78	1312	34753	17697	3.46
2006	6266	124	15245	414.30	710	34563	17367	2.91
2007	7110	137	18785	496.56	2507	36542	19220	2.90
2008	6794	211	34983	838.69	1151	37718	20947	2.90
2009	8085	286	45430	1220.15	759	39618	22905	2.96
2010	6317	448	69310	1732.51	811	40818	25249	2.94
2011	6743	683	103583	2728.72	751	40096	28045	2.80
2012	6838	848	126747	3690.65	649	41588	31164	2.09
2013	6506	992	151615	4298.28	553	42217	35096	2.77
2014	6657	1129	168131	4766.44	532	43159	38913	2.76

2-2-1 全国县城市政公用设施水平(2014年)

地区名称 Name of Regions	人口密度 (人/平方公里) Population Density (person/km²)	人均日生活用水量 (升) Daily Water Consumption Per Capita (liter)	用水普及率 (%) Water Coverage Rate (%)	燃气普及率 (%) Gas Coverage Rate (%)	建成区供水管道密度 (公里/平方公里) Density of Water Supply Pipelines in Built District (km/km²)	人均道路面积 (平方米) Road Surface Area Per Capita (m2)
全　国 National Total	**1958**	**118.23**	**88.89**	**73.24**	**10.12**	**15.39**
天　津 Tianjin	1880	99.89	100.00	100.00	13.49	17.12
河　北 Hebei	2277	113.00	95.77	87.37	8.67	21.32
山　西 Shanxi	3468	83.90	96.02	70.77	11.36	13.97
内蒙古 Inner Mongolia	750	76.92	92.30	77.66	9.73	24.14
辽　宁 Liaoning	1532	96.82	85.19	71.60	12.65	10.92
吉　林 Jilin	2890	102.70	74.97	76.56	10.56	9.07
黑龙江 Heilongjiang	2856	80.84	79.01	48.48	9.34	11.95
江　苏 Jiangsu	1950	131.76	99.63	98.21	14.93	18.92
浙　江 Zhejiang	911	155.84	99.74	98.36	23.36	20.09
安　徽 Anhui	1836	120.94	91.57	80.98	10.90	18.90
福　建 Fujian	2325	164.05	97.17	95.45	11.38	13.11
江　西 Jiangxi	4760	114.97	93.61	82.33	9.88	16.80
山　东 Shandong	1183	125.73	97.57	91.03	7.56	23.14
河　南 Henan	2448	117.63	67.81	42.35	5.93	13.34
湖　北 Hubei	3122	126.82	91.47	79.65	9.01	14.46
湖　南 Hunan	3873	140.10	88.66	75.31	11.34	12.77
广　东 Guangdong	1247	142.61	89.25	81.03	14.95	9.83
广　西 Guangxi	1549	161.62	88.58	77.35	10.53	13.04
海　南 Hainan	3091	154.85	95.21	90.18	8.11	20.03
重　庆 Chongqing	1905	102.02	91.70	91.42	13.08	9.43
四　川 Sichuan	1214	132.84	84.16	74.88	10.88	10.26
贵　州 Guizhou	2339	101.38	85.10	41.19	7.61	9.01
云　南 Yunnan	3978	109.86	89.30	46.91	12.36	12.22
西　藏 Tibet	1275	164.98	46.79	23.38	3.90	9.46
陕　西 Shaanxi	3795	84.70	89.85	73.17	6.56	12.45
甘　肃 Gansu	4709	63.17	89.83	52.99	8.43	12.67
青　海 Qinghai	1840	102.29	94.24	45.92	8.84	15.29
宁　夏 Ningxia	2956	87.31	89.41	68.31	7.53	30.41
新　疆 Xinjiang	3097	115.19	92.79	81.51	10.02	19.10
新疆生产建设兵团 Xinjiang Production and Construction Corps	2305	145.18	84.93	52.89	11.78	26.54

Level of National County Seat Service Facilities(2014)

建成区排水管道密度 (公里/平方公里) Density of Sewers in Built District (km/km²)	污水处理率 (%) Wastewater Treatment Rate (%)	污水处理厂集中处理率 Centralized Treatment Rate of Wastewater Treatment Plants	人均公园绿地面积 (平方米) Public Recreational Green Space Per Capita (m²)	建成区绿化覆盖率 (%) Green Coverage Rate of Built District (%)	建成区绿地率 (%) Green Space Rate of Built District (%)	生活垃圾处理率 (%) Domestic Garbage Treatment Rate (%)	生活垃圾无害化处理率 Domestic Garbage Harmless Treatment Rate	地区名称 Name of Regions
7.97	**82.12**	**80.19**	**9.91**	**29.80**	**25.88**	**85.66**	**71.60**	**全　国**
9.62	88.00	88.00	12.36	40.10	34.65	75.81	75.81	天　津
7.53	92.95	92.91	10.69	36.55	32.17	87.54	79.82	河　北
8.85	84.30	84.30	11.00	37.37	32.01	59.54	54.86	山　西
6.88	88.29	88.29	18.15	29.16	25.50	88.42	85.53	内蒙古
5.81	91.46	91.46	8.71	18.01	16.05	78.58	48.75	辽　宁
6.37	73.98	73.98	7.88	25.19	20.81	81.25	39.74	吉　林
5.33	70.89	70.19	9.84	19.88	16.42	35.46	12.89	黑龙江
11.40	81.69	77.17	11.72	40.83	37.91	98.72	83.67	江　苏
14.30	85.56	82.35	12.60	39.51	35.85	99.86	99.74	浙　江
10.00	92.05	90.88	10.21	31.83	27.45	95.22	72.01	安　徽
10.00	84.20	83.14	13.25	42.20	38.81	96.36	87.18	福　建
9.19	72.35	72.35	13.54	40.40	36.48	99.69	60.51	江　西
9.58	94.80	94.73	15.03	39.36	33.63	99.18	99.18	山　东
7.29	83.74	83.74	6.01	18.03	14.78	79.61	79.61	河　南
6.76	74.92	70.38	8.39	25.34	22.67	70.50	52.17	湖　北
8.70	88.14	85.53	8.04	32.64	28.02	97.78	96.84	湖　南
6.38	81.01	73.30	11.59	32.96	29.71	95.28	60.18	广　东
8.38	83.29	78.95	7.79	28.97	24.65	93.96	86.69	广　西
4.72	66.40	66.40	8.84	31.82	27.21	99.28	99.28	海　南
12.79	94.66	94.66	13.10	36.47	32.84	99.40	99.40	重　庆
7.56	68.86	65.23	8.59	30.23	26.07	85.25	74.02	四　川
5.06	70.36	70.36	4.11	13.59	10.34	60.59	60.59	贵　州
9.97	74.82	74.38	7.94	28.25	24.48	91.96	74.66	云　南
2.54			2.17	11.17	9.23	15.61		西　藏
6.38	86.09	86.09	8.21	27.88	23.85	91.94	84.43	陕　西
5.94	61.39	61.39	6.92	16.63	13.49	90.31	60.87	甘　肃
5.01	33.86	33.86	4.16	13.81	9.63	92.43	53.65	青　海
5.44	62.39	50.49	11.80	27.97	21.22	74.38	15.85	宁　夏
5.78	71.45	59.57	10.73	30.71	27.74	90.53	32.52	新　疆
5.23	35.93	32.93	5.95	14.16	11.43	26.91	8.56	新疆生产建设兵团

2-2-2 全国县城人口和建设用地(2014年)

面积计量单位：平方公里
人口计量单位：万人

地区名称 Name of Regions		县面积 County Area	县人口 County Permanent Population	县暂住人口 County Temporary Population	县城面积 County Seat Area	县城人口 County Seat Permanent Population	县城暂住人口 County Seat Temparory Population	建成区面积 Area of Built District	小计 Subtotal
全国	**National Total**	**7758181.25**	**74251.70**	**3119.20**	**79946.39**	**14037.29**	**1614.86**	**20111.25**	**18693.95**
天津	Tianjin	4361.41	183.88	12.71	220.23	38.16	3.25	75.24	73.72
河北	Hebei	149357.21	8790.39	208.85	4682.76	965.20	101.17	1532.09	1508.76
山西	Shanxi	127559.20	2071.11	78.71	1806.86	579.65	46.90	678.45	619.44
内蒙古	Inner Mongolia	1050507.89	1548.60	121.16	7041.05	465.14	62.98	973.44	901.65
辽宁	Liaoning	81860.31	1223.64	42.83	1803.57	253.80	22.57	354.07	346.34
吉林	Jilin	85581.31	748.34	25.29	660.38	181.29	9.53	217.38	202.04
黑龙江	Heilongjiang	251150.08	1490.84	30.57	1340.65	363.21	19.70	578.37	503.32
江苏	Jiangsu	36862.03	2210.16	42.46	2798.17	521.31	24.43	685.85	667.26
浙江	Zhejiang	50345.00	1516.47	240.88	4701.72	350.47	78.01	541.24	557.71
安徽	Anhui	100938.40	4519.24	160.49	4685.25	767.13	93.27	1156.41	1079.32
福建	Fujian	80086.72	1813.24	132.01	1728.57	349.59	52.37	445.77	423.29
江西	Jiangxi	135979.75	3235.97	105.33	1833.75	804.82	67.96	994.46	929.22
山东	Shandong	73340.17	4124.63	87.25	8266.96	922.97	54.93	1456.54	1378.40
河南	Henan	123802.33	7067.37	243.15	5739.44	1278.09	127.12	1646.04	1534.96
湖北	Hubei	105414.16	2381.48	101.81	1692.38	477.56	50.88	590.93	532.84
湖南	Hunan	164347.99	4752.36	220.95	2534.39	848.25	133.27	1052.24	966.10
广东	Guangdong	79108.11	2217.10	108.12	3778.24	423.87	47.15	484.21	460.91
广西	Guangxi	179744.59	3490.97	88.89	3624.12	503.77	57.53	669.03	621.03
海南	Hainan	17299.46	309.26	21.63	243.66	68.03	7.29	130.76	124.61
重庆	Chongqing	50548.31	1443.46	80.49	1549.28	242.95	52.21	238.68	219.28
四川	Sichuan	431968.73	5535.37	215.59	9436.50	1020.71	124.66	1270.32	1188.54
贵州	Guizhou	151798.91	3267.67	126.04	2274.84	476.21	55.82	647.39	568.27
云南	Yunnan	329105.91	3405.00	174.44	1621.60	563.50	81.55	737.23	648.02
西藏	Tibet	1239536.26	273.45	45.53	603.93	53.60	23.38	227.54	215.90
陕西	Shaanxi	174950.60	2489.51	128.27	1674.99	550.07	85.65	759.23	692.88
甘肃	Gansu	371869.01	1854.75	88.27	777.24	321.57	44.42	451.36	407.39
青海	Qinghai	549907.02	407.59	28.62	608.53	97.79	14.16	190.94	142.80
宁夏	Ningxia	38472.05	340.00	24.92	313.52	77.18	15.51	181.15	158.10
新疆	Xinjiang	1461635.95	1336.17	103.14	1134.19	316.45	34.76	626.63	552.71
新疆生产建设兵团	Xinjiang Production and Construction	60742.38	203.68	30.80	769.62	154.95	22.43	518.26	469.14

County Seat Population and Construction Land(2014)

Area Measurement Unit: Square Kilometer
Population Measurement Unit:10,000persons

城市建设用地面积 Area of Urban Construction Land								本年征用土地面积 Area of Land Requisition This Year		地区名称 Name of Regions
居住用地 Residential	公共管理与公共服务用地 Administration and Public Services	商业服务业设施用地 Commercial and Business Facilities	工业用地 Industrial, Manufacturing	物流仓储用地 Logistics and Warehouse	道路交通设施用地 Road, Street and Transportation	公用设施用地 Municipal Utilities	绿地与广场用地 Green Space and Square		耕地 Arable Land	
6462.14	**1853.33**	**1423.50**	**2565.38**	**635.92**	**2240.95**	**997.49**	**2515.24**	**883.44**	**362.89**	**全　国**
31.81	4.27	2.84	16.29	2.44	11.02	1.84	3.21	13.91	8.03	天　津
478.25	139.65	116.20	230.68	65.44	203.91	59.74	214.89	40.68	16.48	河　北
242.05	68.25	36.39	50.99	15.84	64.96	36.81	104.15	19.58	4.24	山　西
314.60	93.27	65.70	88.59	29.07	151.10	47.26	112.06	24.03	5.80	内蒙古
142.29	24.79	21.66	56.30	9.81	31.06	19.80	40.63	11.98	4.16	辽　宁
88.11	16.22	16.26	28.95	8.66	17.64	8.31	17.89	1.50	0.44	吉　林
226.19	40.90	35.35	65.52	21.85	44.17	25.55	43.79	6.10	2.34	黑龙江
225.27	59.69	57.05	130.04	17.54	66.84	32.26	78.57	32.25	17.70	江　苏
174.62	46.90	35.50	128.89	16.16	56.22	26.82	72.60	51.42	17.98	浙　江
327.36	85.66	84.12	185.90	41.44	142.31	52.45	160.08	81.83	35.97	安　徽
151.94	38.60	31.42	66.21	13.34	45.99	19.05	56.74	33.77	9.52	福　建
292.98	89.24	73.80	158.29	31.20	113.50	45.46	124.75	77.29	20.12	江　西
413.75	125.15	104.42	287.36	37.27	131.75	62.44	216.26	35.75	13.19	山　东
498.55	151.91	117.51	197.25	54.29	242.93	82.99	189.53	27.45	12.80	河　南
171.40	64.79	46.88	78.29	17.73	48.38	33.18	72.19	24.64	3.68	湖　北
333.12	102.91	82.03	121.92	42.77	87.47	69.20	126.68	45.32	9.61	湖　南
176.08	54.89	41.24	45.60	14.53	44.39	30.58	53.60	10.48	3.47	广　东
218.93	57.60	38.54	95.63	19.30	94.45	26.78	69.80	28.03	12.02	广　西
29.77	10.02	6.07	28.41	5.78	21.02	5.01	18.53	2.28	0.33	海　南
71.87	17.56	12.93	29.64	3.83	32.78	11.50	39.17	23.37	16.09	重　庆
396.33	118.27	85.14	165.12	46.37	135.11	64.66	177.54	50.48	24.76	四　川
219.72	63.02	48.38	49.60	22.72	60.30	38.62	65.91	42.63	20.11	贵　州
243.80	78.31	51.36	49.98	15.53	81.20	35.49	92.35	63.16	41.33	云　南
81.92	30.88	27.41	13.28	4.10	31.83	16.85	9.63	6.68	2.58	西　藏
228.35	62.31	47.02	58.00	18.55	96.99	42.44	139.22	33.64	16.11	陕　西
152.03	59.20	31.83	31.50	13.29	41.57	29.48	48.49	17.57	6.87	甘　肃
52.76	20.44	11.17	12.93	5.92	10.65	10.91	18.02	6.88	1.65	青　海
58.87	19.50	13.18	9.35	1.95	22.70	12.18	20.37	11.33	9.15	宁　夏
236.28	56.95	41.23	49.05	22.48	56.46	26.87	63.39	33.01	16.05	新　疆
183.14	52.18	40.87	35.82	16.72	52.25	22.96	65.20	26.40	10.31	新疆生产建设兵团

2-2-3 全国县城维护建设资金(财政性资金)收支(2014年)

计量单位：万元

地区名称 Name of Regions	县城市政公用设施建设维护管理财政性资金收入 Revenue of county seat Construction, Maintenance and Management of Municipal Public Utilities Facilities Fund							
	合计 Completed of Revenue	中央预算资金 Central Budgetary Fund	省级预算资金 Provincial Budgetary Fund	县级预算资金				
				合计 Subtotal	城市维护建设税 Urban Maintenance and Construction Tax	城市公用事业附加 Extra-Charges for Municipal Utilities	城市基础设施配套费 Fees for Supporting Urban Infrastructure	国有土地使用权出让收入 Income Generated from The Transfer of State-owned Land-use Right
全国 National Total	**42036116**	**2469729**	**1649773**	**36611837**	**2984908**	**488213**	**2078299**	**19775318**
天津 Tianjin	59582		9487	50095	30014		11329	
河北 Hebei	2627535	19140	7983	2318309	293201	59446	90338	1345541
山西 Shanxi	798553	21946	19568	718442	132059	27346	57186	211742
内蒙古 Inner Mongolia	1755320	70910	36923	1639143	169970	11360	202791	674077
辽宁 Liaoning	593512	8726	12454	564217	43309	3344	43248	407187
吉林 Jilin	232533	8944	8850	203062	44407	4397	4819	104250
黑龙江 Heilongjiang	467061	47537	11180	383834	45589	3304	26104	167723
江苏 Jiangsu	1563092	22268	13812	1502765	220147	31625	68367	866186
浙江 Zhejiang	1626276	13083	16785	1488636	169919	11783	59539	855512
安徽 Anhui	5660922	59337	53605	5348586	153776	17881	146940	3029693
福建 Fujian	1380499	47925	30040	1259732	64832	20418	45287	770164
江西 Jiangxi	3970809	45914	110622	3687655	154350	26005	58147	2560742
山东 Shandong	2863799	40031	23632	2785472	292603	69617	249289	1868833
河南 Henan	1865221	60248	34544	1769999	107758	19675	107751	1139034
湖北 Hubei	675780	25447	27979	615208	64762	4815	38601	343673
湖南 Hunan	2021383	96224	111372	1756708	152341	30311	62788	1154507
广东 Guangdong	370837	1643	7748	357449	62887	15960	39315	206145
广西 Guangxi	717921	42378	28228	646108	68547	8275	38347	302715
海南 Hainan	804778	3840	56315	744573	42154	2118	45702	546185
重庆 Chongqing	469466	31251	19149	411586	42758	2754	150672	172809
四川 Sichuan	3479045	187083	394128	2831667	140187	21589	177331	1323985
贵州 Guizhou	1192449	44030	33535	1101674	82881	21308	28658	626608
云南 Yunnan	922573	106663	38948	725287	88956	14706	70080	369764
西藏 Tibet	618460	441374	109773	65664	17918	3996	2219	5681
陕西 Shaanxi	1673538	185610	141255	1292890	135862	30241	70854	206051
甘肃 Gansu	1545597	90700	49498	1351674	28860	5127	35419	140902
青海 Qinghai	243353	159734	31490	49083	13843	3419	2950	12604
宁夏 Ningxia	379595	61747	105625	209792	22338	6928	4959	134079
新疆 Xinjiang	1007956	343279	60580	544968	77894	5794	77848	184919
新疆生产建设兵团 Xinjiang Production and Construction Corps	448671	182717	44665	187559	20786	4671	61421	44007

National Revenue and Expenditure of County Seat Maintenance and Construction Fund (Fiscal Budget) (2014)

Measurement Unit: 10,000 RMB

County Seat-Level Budgetary Fund			其他财政资金	县城市政公用设施建设维护管理财政性资金支出 Expenditure of county seat Construction, Maintenance and Management of Municipal Public Utilities Facilities Fund						地区名称
市政公用设施有偿使用费 Fee for Use of Municipal Utilities	污水处理费 Wastewater Treatment Fee	垃圾处理费 Garbage Treatment Fee	Others	合计 Completed of Expenditure	城乡社区规划与管理 Planning and Management of Urban and Rural Communities	市政公用行业市场监管 Market Supervision of Municipal Public Utilities Industry	市政公用设施建设维护与管理 Construction, Maintenance and Management of Municipal Public Utilities Facilities	风景名胜区规划与保护 Planning and Protection of National Parks	其他 Others	Name of Regions
780042	**448877**	**191514**	**1304777**	**29798372**	**1922456**	**1327331**	**20854054**	**566619**	**5127912**	**全　国**
29	29			33858			33231		627	天　津
60968	34720	11956	282103	1995321	101247	18568	1344570	27163	503773	河　北
17791	8801	4349	38597	662211	43745	21602	485498	7067	104299	山　西
18329	14633	2559	8344	1264150	55182	52718	925612	5324	225314	内蒙古
7106	2846	339	8115	292396	11475	68101	168101	345	44374	辽　宁
2814	1571	725	11677	171720	24219	7853	118677	4524	16447	吉　林
4004	2818	892	24510	415809	20558	18059	351867	3607	21718	黑龙江
47664	24094	11983	24247	1298329	195306	77518	728782	103442	193281	江　苏
61816	42352	14852	107772	990953	74344	7421	804058	16936	88194	浙　江
43299	26564	9620	199394	2511471	139113	83295	1995344	23081	270638	安　徽
50390	23638	11265	42802	1016376	53133	18546	889783	14950	39964	福　建
38771	24398	6818	126618	2589721	279011	236393	1525600	87081	461636	江　西
64389	46930	14027	14664	2104162	76073	184507	1377332	13949	452301	山　东
44539	23272	12550	430	1181542	74333	42876	908075	40427	115831	河　南
26679	15897	8296	7146	647287	32293	10972	536408	5731	61883	湖　北
49724	28628	15291	57079	1411082	152213	45356	959356	47420	206737	湖　南
15851	9179	5887	3997	291791	19066	2838	113545	1004	155338	广　东
40123	27545	9339	1207	697436	42176	27603	566444	10979	50234	广　西
3329	1499	1338	50	220726	11497	4678	182684	2117	19750	海　南
11269	5760	5367	7480	451318	21078	1423	416433	2610	9774	重　庆
29788	17395	9752	66167	2500158	119430	156644	1416847	29146	778091	四　川
23470	12215	7184	13210	788810	76962	57354	546936	46566	60992	贵　州
30862	17724	8378	51675	529301	44128	11539	369856	8865	94913	云　南
1333	100	114	1649	82038	3898	7625	31748	3048	35719	西　藏
54644	26516	9349	53783	2470776	114970	102124	1914294	31499	307889	陕　西
8403	3470	3094	53725	1397182	10480	16927	1255955	11742	102078	甘　肃
2389	1013	1176	3046	232738	13091	27325	191842	395	85	青　海
1321	751	486	2431	596722	46451	195	138599		411477	宁　夏
13359	3533	3368	59129	638545	35308	8708	384892	10312	199325	新　疆
5589	986	1160	33730	314443	31676	8563	171685	7289	95230	新疆生产建设兵团

2-2-4 按行业分全国县城市政公用设施建设固定资产投资(2014年)

计量单位：万元

地区名称 Name of Regions	本年完成投资 Completed Investment of This Year	供水 Water Supply	燃气 Gas Supply	集中供热 Central Heating	道路桥梁 Road and Bridge	排水 Sewerage
全　国 National Total	**35729133**	**1725907**	**1580801**	**1876027**	**19083910**	**2960572**
天　津 Tianjin	24661			1128	2895	667
河　北 Hebei	2929266	112971	286959	331103	1225599	229316
山　西 Shanxi	1178949	55882	79355	193931	617940	61978
内蒙古 Inner Mongolia	1989622	76142	52883	343727	927744	191679
辽　宁 Liaoning	264801	30755	13171	71399	89695	25247
吉　林 Jilin	163678	9510	17845	28888	59814	35931
黑龙江 Heilongjiang	481671	47098	38072	185721	98079	49807
江　苏 Jiangsu	1037073	74594	39296		390001	67073
浙　江 Zhejiang	1115524	91047	34486		516277	153702
安　徽 Anhui	3506924	142013	142565		2368139	266723
福　建 Fujian	1932298	87848	87097	3940	1114867	181661
江　西 Jiangxi	2773431	119278	118006		1652152	164407
山　东 Shandong	1922185	98841	127656	208085	707049	223279
河　南 Henan	1277821	70641	68671	45246	656070	142318
湖　北 Hubei	961254	99766	33678		610623	68229
湖　南 Hunan	1826739	109883	56214		939169	122845
广　东 Guangdong	144418	1881	3448		68708	6596
广　西 Guangxi	1177580	61411	33747		828571	82745
海　南 Hainan	166891	62929	500		87034	5500
重　庆 Chongqing	475726	22185	30425		291211	40958
四　川 Sichuan	3730435	74063	40503	189	2238730	291189
贵　州 Guizhou	1727646	56849	53576		1301581	137855
云　南 Yunnan	1312382	43697	42754	10700	825707	73669
西　藏 Tibet	63885	1174			20382	13541
陕　西 Shaanxi	1626105	80947	87307	145738	739349	152934
甘　肃 Gansu	521780	23085	37483	45719	248813	58382
青　海 Qinghai	218382	7775	1244	24345	126327	40862
宁　夏 Ningxia	162692	7997	12068	27299	45016	13420
新　疆 Xinjiang	738724	39677	40109	148485	221688	44374
新疆生产建设兵团 Xinjiang Production and Construction Corps	276590	15968	1683	60384	64680	13685

National Investment in Fixed Assets of County Seat Service Facilities by Industry(2014)

asurement Unit: 10,000 RMB

污水处理 Wastewater Treatment	污泥处置 Sludge Disposal	再生水利用 Wastewater Recycled and Reused	园林绿化 Landscaping	市容环境卫生 Environmental Sanitation	垃圾处理 Domestic Garbage Treatment	其他 Other	本年新增固定资产 Newly Added Fixed Assets of This Year	地区名称 Name of Regions
1329065	**19599**	**63387**	**5209527**	**973584**	**359842**	**2318805**	**28219711**	**全 国**
			17783	830		1358	23303	天 津
73227	6885		476687	117993	14257	148638	2618522	河 北
31045		6470	90148	39763	37135	39952	974938	山 西
68075	2344	15173	354148	43299	15088		1567955	内 蒙 古
1423			29039	3891	1991	1604	244759	辽 宁
31068			10999	691			129847	吉 林
20473	1070	2258	27427	25498	17544	9969	469390	黑 龙 江
17176			371123	72073	66943	22913	1068688	江 苏
97047	1914	1070	197702	33359	4600	88951	836276	浙 江
109210	1389	1850	480099	91035	20533	16350	2781585	安 徽
80123			327937	16033	11034	112915	1525345	福 建
77349			526767	82532	28127	110289	2439656	江 西
58962	997	1634	405504	54522	8197	97249	1832698	山 东
58441	4480	14600	270458	24417	4240		1268766	河 南
10589			117449	31509	14243		895849	湖 北
45505	520		104318	66322	13330	427988	1255221	湖 南
126			3293	11540	6821	48952	80884	广 东
36986			157715	13391	9525		730230	广 西
1000			4869	6059	5451		135339	海 南
1960			71440	18157	3790	1350	388836	重 庆
239569			255864	38574	22876	791323	1252385	四 川
96355			147097	21414	13089	9274	1462067	贵 州
40029		397	121784	42524	19032	151547	1054015	云 南
800		12741	515	2654	2548	25619	15518	西 藏
47894		1522	339409	80421	5233		1442007	陕 西
44690		2650	75400	3653	1250	29245	466559	甘 肃
26904			10319	7510	1998		206371	青 海
2255		2800	24200	4227	950	28465	173434	宁 夏
10384		222	165417	17049	9464	61925	674280	新 疆
400			24617	2644	553	92929	204988	新疆生产建设兵团

2-2-5 按资金来源分全国县城市政公用设施建设固定资产投资(2014年)

计量单位：万元

地区名称 Name of Regions	本市实际到位资金合计 The Total Funds Actually Available for The Reported Year	上年末结余资金 The Balance of The Previous Year	本年资金来源 小计 Subtotal	国家预算资金 State Budgetary Fund	中央预算资金 Central Budgetary Fund	国内贷款 Domestic Loan
全　国 National Total	**36903858**	**631512**	**36272346**	**10803025**	**1117773**	**3154923**
天　津 Tianjin	24661	1100	23561	4392		258
河　北 Hebei	4932997	9319	4923678	457050	13390	87964
山　西 Shanxi	979696	3305	976391	406557	11009	
内蒙古 Inner Mongolia	1933305	13397	1919908	142313	33296	137
辽　宁 Liaoning	251900	694	251206	130739	4002	1900
吉　林 Jilin	163563	500	163063	20864	7350	540
黑龙江 Heilongjiang	490010	2100	487910	99163	22302	300
江　苏 Jiangsu	1049518	3010	1046508	194467	194	39160
浙　江 Zhejiang	1075286	21993	1053293	331251	4208	183215
安　徽 Anhui	3402355	76922	3325433	1555236	27294	468909
福　建 Fujian	1812025	32924	1779101	622837	9181	
江　西 Jiangxi	2888462	48110	2840352	768977	100352	37630
山　东 Shandong	1750211	5191	1745020	749204	40536	1181
河　南 Henan	1249237	3595	1245642	992358	28174	6470
湖　北 Hubei	934820	16974	917846	198698	65091	58133
湖　南 Hunan	1793558	29216	1764342	225792	18956	273326
广　东 Guangdong	100092	300	99792	17002	12123	22559
广　西 Guangxi	1171555	1631	1169924	434077	28093	19601
海　南 Hainan	230087	22555	207532	32094	14600	11254
重　庆 Chongqing	449650	7140	442510	297895	28178	85309
四　川 Sichuan	3652068	38157	3613911	724261	163752	1382460
贵　州 Guizhou	1900058	194462	1705596	233440	25012	285732
云　南 Yunnan	972008	58310	913698	119644	23648	37839
西　藏 Tibet	55398	4832	50566	40196	37939	
陕　西 Shaanxi	1599442	1560	1597882	1238916	38619	8150
甘　肃 Gansu	579430	2970	576460	96104	51588	99466
青　海 Qinghai	254306	17343	236963	187117	141420	22837
宁　夏 Ningxia	161537	4800	156737	90363	17459	3808
新　疆 Xinjiang	747347	3752	743595	244429	53571	16485
新疆生产建设兵团 Xinjiang Production and Construction Corps	299276	5350	293926	147589	96436	300

National Investment in Fixed Assets of County Seat Service Facilities by Capital Source (2014)

Measurement Unit：10,000RMB

Sources of Fund							
债券 Securities	利用外资 Foreign Investment	外商直接投资 Foreign Direct Investment	自筹资金 Self-Raised Funds	单位自有资金 Self-Owned Funds	其他资金 Other Funds	各项应付款 Sum Payable This Year	地区名称 Name of Regions
41329	**232976**	**25991**	**17677039**	**1768281**	**4363054**	**3538296**	**全　国**
			17467		1444		天　津
	71210		3776355	193290	531099	168657	河　北
	7120	5000	406234	118601	156480	283530	山　西
			1691379	37489	86079	45770	内蒙古
	1300		100319	9863	16948	12950	辽　宁
			118923	23985	22736	31483	吉　林
			318529	60719	69918	32108	黑龙江
			625445	48099	187436	62177	江　苏
25497			504503	41291	8827	140010	浙　江
			819684	81532	481604	256670	安　徽
	2900	2900	692988	92973	460376	106989	福　建
14410	81814	2180	1394034	127608	543487	479799	江　西
	1450	561	814602	127686	178583	163164	山　东
			201152	22743	45662	51240	河　南
			434917	94508	226098	81637	湖　北
	22790	10790	976295	34580	266139	121069	湖　南
			33694	20354	26537	38815	广　东
			694937	10844	21309	43433	广　西
			115314	11336	48870		海　南
			57241	36890	2065	33231	重　庆
	6859		1305457	52361	194874	255569	四　川
	3500	3500	982106	347642	200818	244607	贵　州
200	10350	760	509054	17033	236611	482900	云　南
	614		4418	1831	5338	5389	西　藏
			285814	54873	65002	31990	陕　西
	12258		324761	31053	43871	55100	甘　肃
			25009	460	2000	3539	青　海
1222			47363	10688	13981	117615	宁　夏
	7291		269473	12643	205917	156759	新　疆
	3520	300	129572	45306	12945	32096	新疆生产建设兵团

2-2-6 全国县城市政公用设施建设施工规模和新增生产能力(或效益)(2014年)

指标名称	Index	计量单位	Measurement Unit
1.供水综合生产能力	1.Integrated Water Production Capacity	万立方米/日	10,000 m^3/day
2.供水管道长度	2.Length of Water Pipelines	公里	Kilometer
3.人工煤气生产能力	3.Production Capacity of Man-made Coal Gas	万立方米/日	10,000 m^3/day
4.人工煤气储气能力	4.Storage Capacity of Man-made Coal Gas	万立方米	10,000 m^3
5.人工煤气供气管道长度	5.Length of Man-made Gas Pipelines	公里	Kilometer
6.天然气储气能力	6.Storage Capacity of Natural Gas	万立方米	10,000 m^3
7.天然气供气管道长度	7.Length of Natural Gas Pipelines	公里	Kilometer
8.液化石油气储气能力	8.LPG Storage Capacity	吨	Ton
9.液化石油气供气管道长度	9.Length of LPG Pipelines	公里	Kilometer
10.集中供热能力：蒸汽	10.Central Heating Capacity (Steam)	吨/小时	Ton/Hour
11.集中供热能力：热水	11.Central Heating Capacity (Hot Water)	兆瓦	Mega Watts
12.集中供热管道长度：蒸汽	12.Length of Central Heating Pipelines (Steam)	公里	Kilometer
13.集中供热管道长度：热水	13.Length of Central Heating Pipelines (Hot Water)	公里	Kilometer
14.桥梁座数	14.Number of Bridges	座	Unit
15.道路新建、扩建长度	15.Length of Extension of Roads and New Roads	公里	Kilometer
16.道路新建、扩建面积	16.Surface Area of Extension of Roads and New Roads	万平方米	10,000 m^2
17.排水管道长度	17.Length of Sewerage Piplines	公里	Kilometer
18.污水处理厂处理能力	18.Wastewater Treatment Capacity	万立方米/日	10,000 m^3/day
19.再生水管道长度	19.Length of Recycled Water Piplines	公里	Kilometer
20.再生水生产能力	20.Recycled Water Production Capacity	万立方米/日	10,000 m^3/day
21.绿地面积	21.Area of Green Space	公顷	Hectare
22.垃圾无害化处理能力	22.Garbage Treatment Capacity	吨/日	Ton/day

National County Seat Service Facilities Construction Scale and Newly Added Production Capacity (or Benefites)(2014)

建设规模 Construction Scale	本年施工规模 Construction Scale This Year	本年新开工 Newly Started This Year	累计新增生产能力（或效益） Accumulative Newly Added Production Capicity (or Benefits)	本年新增 Newly Added This Year
1953.53	870.62	314.10	286.09	273.21
11999.30	9846.50	9281.47	9374.57	8647.09
28.00	28.00	28.00		
5.00	5.00	3.00	3.00	3.00
205.12	150.12	105.12	144.92	114.92
42513.26	1447.27	1417.87	5230.01	1307.52
83904.24	13553.70	11033.86	11610.24	10165.29
10863.01	1403.01	1403.01	1403.01	1403.01
251.04	250.73	107.86	90.27	90.27
2955	438	438	397	397
18967	17346	16898	15062	13149
332	290	282	252	246
6277	5131	5033	4893	4797
705	621	553	488	475
94968.99	8655.45	7164.14	6089.23	5687.02
18161.65	15162.78	13447.09	12412.34	11961.06
15682.39	12741.30	11731.97	11219.38	10396.32
6435.3	2333.9	2292.3	222.7	206.3
256.88	218.48	217.98	217.98	217.98
26.6	25.8	25.8	22.9	22.9
38760	29920	27500	27224	25358
77214	42333	40441	8357	7721

2-2-7 县城供水(2014年)

地区名称 Name of Regions	综合生产能力(万立方米/日) Integrated Production Capacity (10,000 m^3/ day)	地下水 Underground Water	供水管道长度(公里) Length of Water Supply Pipelines (km)	供水总量(万立方米) 合计 Total	生产运营用水 The Quantity of Water for Production and Operation	公共服务用水 The Quantity of Water for Public Service	居民家庭用水 The Quantity of Water for Household Use
全 国 National Total	**5436.54**	**2068.26**	**203514.44**	**1063270.39**	**275690.83**	**113341.49**	**483380.60**
天 津 Tianjin	13.00	13.00	1015.01	3097.15	905.92	234.12	1275.61
河 北 Hebei	351.42	306.72	13283.53	76301.97	24170.26	8209.17	33764.58
山 西 Shanxi	153.81	135.82	7704.44	30527.31	8238.78	4804.95	13456.79
内蒙古 Inner Mongolia	141.85	137.75	9474.67	23623.07	6232.39	3284.17	10214.17
辽 宁 Liaoning	71.67	34.37	4477.61	14285.11	2635.81	2575.12	5651.85
吉 林 Jilin	50.54	16.58	2296.58	10564.93	2492.60	1107.53	4242.67
黑龙江 Heilongjiang	106.60	83.10	5400.78	15765.96	4033.18	2185.60	6710.23
江 苏 Jiangsu	217.19	52.20	10239.28	48742.63	14065.78	5382.95	20656.66
浙 江 Zhejiang	269.29	9.69	12643.20	52755.57	17635.54	3061.11	21207.01
安 徽 Anhui	282.60	93.42	12603.06	61902.07	16384.44	6928.76	27694.39
福 建 Fujian	199.31	12.84	5072.81	39973.09	7967.27	3430.60	19893.52
江 西 Jiangxi	311.49	13.25	9827.03	56723.38	11128.03	6987.13	27043.21
山 东 Shandong	460.42	297.00	11015.37	101703.41	45626.73	11353.08	32290.07
河 南 Henan	366.99	289.80	9766.42	75709.17	24248.78	9708.45	31076.60
湖 北 Hubei	224.18	4.20	5325.38	39117.14	9131.72	3798.25	18337.93
湖 南 Hunan	393.73	34.62	11930.83	75365.42	13693.14	6979.10	36861.94
广 东 Guangdong	203.87	2.98	7238.91	37724.47	6581.35	2889.16	18926.48
广 西 Guangxi	241.89	34.64	7047.08	47608.05	10949.62	3561.97	25720.33
海 南 Hainan	46.60	0.40	1060.44	15167.81	9249.40	612.94	3440.00
重 庆 Chongqing	78.87		3122.14	15238.89	1970.74	1415.87	8604.89
四 川 Sichuan	307.01	35.30	13826.93	72470.50	11900.45	7506.39	39061.79
贵 州 Guizhou	125.79	27.97	4923.56	23996.14	2781.49	1720.12	14991.46
云 南 Yunnan	165.01	25.25	9114.81	34150.26	4657.39	3501.45	19065.30
西 藏 Tibet	83.52	52.14	887.63	2644.34	321.99	245.48	1848.64
陕 西 Shaanxi	160.09	95.48	4979.42	27967.36	5762.84	3348.10	14220.74
甘 肃 Gansu	66.01	38.96	3803.03	11561.67	2223.32	1524.41	6043.85
青 海 Qinghai	54.96	20.64	1688.72	6356.47	1363.84	1063.97	2783.12
宁 夏 Ningxia	33.70	24.28	1364.15	6765.07	2955.54	484.86	2125.11
新 疆 Xinjiang	135.93	107.93	6277.41	23120.84	3383.17	3763.94	9919.42
新疆生产建设兵团 Xinjiang Production and Construction Corps	119.20	67.93	6104.21	12341.14	2999.32	1672.74	6252.24

County Seat Water Supply(2014)

Total Quantity of Water Supply(10,000m³)				用水户数(户) Number of Households with Access to Water Supply (unit)		用水人口(万人) Population with Access to Water Supply (10,000 persons)	地区名称 Name of Regions
其他用水 The Quantity of Other Purposes	免费供水量 The Quantitiy of Free Water Supply	生活用水 Domestic Water Use	漏损水量 The Lossed Water		家庭用户 Household User		
45030.97	**20307.53**	**3714.10**	**125518.97**	**37364532**	**33518705**	**13913.43**	**全　国**
	235.85		445.65	90671	86644	41.41	天　津
3228.51	792.80	148.73	6136.65	2877474	2597082	1021.28	河　北
1072.36	487.19	160.86	2467.24	1222759	1056503	601.59	山　西
834.06	641.53	186.88	2416.75	1622552	1447990	487.46	内蒙古
915.09	252.70	93.12	2254.54	786746	688649	235.43	辽　宁
416.71	174.10	12.40	2131.32	547889	493475	143.06	吉　林
509.55	321.60	30.56	2005.80	1018476	928149	302.54	黑龙江
1605.46	423.05	108.26	6608.73	1604470	1509966	543.72	江　苏
2637.33	1031.22	41.64	7183.36	1526016	1359380	427.38	浙　江
2533.50	597.19	155.55	7763.79	2359362	2159687	787.85	安　徽
1504.11	1294.61	63.77	5882.98	1214859	1055041	390.60	福　建
3112.01	1227.95	255.39	7225.05	2023536	1808126	817.04	江　西
4407.27	982.40	142.08	7043.86	2334590	2152405	954.10	山　东
3007.82	1405.60	126.90	6261.92	2398936	2229220	952.85	河　南
1254.33	952.88	239.40	5642.03	1120309	1024377	483.37	湖　北
3170.25	2645.73	655.40	12015.26	2158716	1946067	870.18	湖　南
2372.00	489.56	67.78	6465.92	1146467	975468	420.40	广　东
859.00	710.65	47.04	5806.48	1110525	1035996	497.19	广　西
318.47	15.00		1532.00	112615	100707	71.71	海　南
1006.30	207.18	58.00	2033.91	837326	736108	270.65	重　庆
2461.09	904.26	172.85	10636.52	3153939	2645195	963.98	四　川
1238.90	464.86	42.96	2799.31	916868	788616	452.77	贵　州
1362.20	1210.09	529.8	4353.83	1206374	1056913	576.00	云　南
97.22	99.74	74.92	31.27	125540	108294	36.02	西　藏
1636.16	368.05	88.20	2631.47	1381491	1268455	571.17	陕　西
334.47	226.57	12.72	1209.05	675121	621034	328.78	甘　肃
199.00	207.96	91.82	738.58	227924	215414	105.50	青　海
532.74	139.08	30.90	527.74	207806	184213	82.87	宁　夏
1665.54	1716.21	18.36	2672.56	773587	691299	325.89	新　疆
739.52	81.92	57.81	595.40	581588	548232	150.64	新疆生产建设兵团

2-2-8 县城供水(公共供水)(2014年)

地区名称 Name of Regions		综合生产能力(万立方米/日) Integrated Production Capacity (10,000 m³/day)	地下水 Underground Water	水厂个数(个) Number of Water Plants (unit)	地下水 Underground Water	供水管道长度(公里) Length of Water Supply Pipelines (km)	供水总量(万立方米) 合计 Total	售水量 小计 Subtotal	生产运营用水 The Quantity of Water for Production and Operation
全 国	**National Total**	**4566.39**	**1391.86**	**2805**	**1408**	**192052.84**	**905712.49**	**759885.99**	**184287.23**
天 津	Tianjin	13.00	13.00	9	9	1015.01	3097.15	2415.65	905.92
河 北	Hebei	261.22	222.75	179	156	11762.34	55823.55	48894.10	13322.55
山 西	Shanxi	97.28	82.33	136	120	6625.82	21628.60	18674.17	4021.04
内蒙古	Inner Mongolia	101.51	98.60	132	124	9221.80	19301.24	16242.96	3109.04
辽 宁	Liaoning	65.02	27.94	33	22	4338.53	12451.49	9944.25	1644.81
吉 林	Jilin	40.70	8.77	26	10	2080.64	8396.02	6090.60	1094.52
黑龙江	Heilongjiang	87.15	63.65	70	64	5370.38	13252.72	10925.32	2112.93
江 苏	Jiangsu	185.22	27.00	39	7	9871.17	42891.34	35859.56	10347.85
浙 江	Zhejiang	261.51	5.13	54	2	12593.42	52466.57	44251.99	17372.59
安 徽	Anhui	237.15	52.74	83	26	12187.40	51021.47	42660.49	9578.11
福 建	Fujian	190.39	10.70	73	11	4954.81	38322.90	31145.31	7116.74
江 西	Jiangxi	292.34	7.00	107	12	9547.15	55214.38	46761.38	10621.26
山 东	Shandong	294.39	149.78	150	108	9542.36	63373.27	55347.01	19477.75
河 南	Henan	257.73	188.23	134	106	8783.89	49404.76	41737.24	10133.51
湖 北	Hubei	203.94	1.21	75	8	5028.57	36110.26	29515.35	7613.32
湖 南	Hunan	368.37	22.65	158	18	11592.37	71565.20	56904.21	12224.07
广 东	Guangdong	186.80	1.80	56	2	6775.35	35485.57	28530.09	6038.59
广 西	Guangxi	203.45	19.45	85	16	6621.05	41663.97	35146.84	6441.35
海 南	Hainan	46.60	0.40	18	4	1060.44	15167.81	13620.81	9249.40
重 庆	Chongqing	78.05		33		3115.14	15213.84	12972.75	1952.49
四 川	Sichuan	290.06	27.45	183	36	13475.25	68945.49	57404.71	10337.74
贵 州	Guizhou	121.51	25.02	127	38	4828.23	23206.06	19941.89	2567.58
云 南	Yunnan	144.15	15.38	168	38	8461.71	33084.71	27520.79	4506.25
西 藏	Tibet	66.60	43.72	70	37	678.36	2221.07	2090.06	176.34
陕 西	Shaanxi	117.47	58.59	130	74	4443.26	22662.07	19662.55	3256.69
甘 肃	Gansu	59.10	34.84	82	53	3684.40	10560.73	9125.11	1570.69
青 海	Qinghai	54.26	19.94	54	33	1682.72	6170.17	5223.63	1238.54
宁 夏	Ningxia	23.31	16.19	25	15	1244.92	4205.47	3538.65	695.94
新 疆	Xinjiang	115.97	91.43	112	91	6016.71	21729.71	17340.94	2877.75
新疆生产建设兵团	Xinjiang Production and Construction Corps	102.14	56.17	204	168	5449.64	11074.90	10397.58	2681.87

County Seat Water Supply (Public Water Suppliers) (2014)

Total Quantity of Water Supply($10,000m^3$) Water Sold 公共服务用水 The Quantity of Water for Public Service	居民家庭用水 The Quantity of Water for Household Use	其他用水 The Quantity of Other Purposes	免费供水量 The Quantitiy of Free Water Supply	生活用水 Domestic Water Use	漏损水量 The Lossed Water	用水户数(户) Number of Households with Access to Water Supply (unit)	家庭用户 Household User	用水人口(万人) Population with Access to Water Supply (10,000 persons)	地区名称 Name of Regions
93483.75	**444611.93**	**37503.08**	**20307.53**	**3714.10**	**125518.97**	**34835591**	**31349496**	**13071.67**	**全　国**
234.12	1275.61		235.85		445.65	90671	86644	41.41	天　津
6001.88	27499.81	2069.86	792.80	148.73	6136.65	2454330	2242823	875.83	河　北
2787.81	11197.07	668.25	487.19	160.86	2467.24	1039466	889201	540.72	山　西
2685.30	9696.07	752.55	641.53	186.88	2416.75	1545652	1391518	467.89	内蒙古
2270.70	5169.65	859.09	252.70	93.12	2254.54	746191	649870	218.55	辽　宁
868.07	3828.31	299.70	174.10	12.40	2131.32	492585	445080	128.11	吉　林
1783.90	6586.04	442.45	321.60	30.56	2005.80	1008125	920009	299.87	黑龙江
4668.51	19360.14	1483.06	423.05	108.26	6608.73	1559579	1471445	528.53	江　苏
3035.06	21207.01	2637.33	1031.22	41.64	7183.36	1525959	1359380	427.38	浙　江
5644.69	25122.84	2314.85	597.19	155.55	7763.79	2149750	1967046	729.06	安　徽
3272.72	19284.06	1471.79	1294.61	63.77	5882.98	1192398	1035952	382.28	福　建
6785.98	26318.08	3036.06	1227.95	255.39	7225.05	1978129	1766779	797.71	江　西
7306.16	25980.74	2582.36	982.40	142.08	7043.86	1972534	1849459	820.16	山　东
5390.87	24366.58	1846.28	1405.60	126.90	6261.92	2007992	1895207	806.05	河　南
3531.58	17334.05	1036.40	952.88	239.40	5642.03	1085895	993531	470.80	湖　北
6529.78	35229.55	2920.81	2645.73	655.40	12015.26	2088405	1883635	841.85	湖　南
2777.99	17743.94	1969.57	489.56	67.78	6465.92	1080655	922308	402.49	广　东
3497.22	24491.57	716.70	710.65	47.04	5806.48	1058715	986514	477.94	广　西
612.94	3440.00	318.47	15.00		1532.00	112615	100707	71.71	海　南
1415.87	8598.09	1006.30	207.18	58.00	2033.91	836820	735606	270.35	重　庆
6967.41	37795.04	2304.52	904.26	172.85	10636.52	3091788	2585239	947.00	四　川
1594.34	14738.43	1041.54	464.86	42.96	2799.31	899739	773165	447.62	贵　州
3283.45	18418.40	1312.69	1210.09	529.8	4353.83	1160221	1017224	561.28	云　南
172.81	1687.62	53.29	99.74	74.92	31.27	88270	78997	31.22	西　藏
2621.18	12508.69	1275.99	368.05	88.20	2631.47	1279660	1177486	526.22	陕　西
1381.59	5853.14	319.69	226.57	12.72	1209.05	656190	607260	322.36	甘　肃
1022.67	2778.82	183.60	207.96	91.82	738.58	226538	214336	104.95	青　海
460.88	1978.61	403.22	139.08	30.90	527.74	200482	179804	79.84	宁　夏
3400.49	9507.42	1555.28	1716.21	18.36	2672.56	694198	634959	312.01	新　疆
1477.78	5616.55	621.38	81.92	57.81	595.40	512039	488312	140.48	新疆生产建设兵团

2-2-9 县城供水(自建设施供水)(2014年)

地区名称 Name of Regions		综合生产能力(万立方米/日) Integrated Production Capacity (10,000m³/day)	地下水 Underground Water	供水管道长度(公里) Length of Water Supply Pipelines (km)	供水总量(万立方米) 合计 Total	生产运营用水 The Quantity of Water for Production and Operation
全　国	**National Total**	**870.15**	**676.40**	**11461.60**	**157557.90**	**91403.60**
河　北	Hebei	90.20	83.97	1521.19	20478.42	10847.71
山　西	Shanxi	56.53	53.49	1078.62	8898.71	4217.74
内蒙古	Inner Mongolia	40.34	39.15	252.87	4321.83	3123.35
辽　宁	Liaoning	6.65	6.43	139.08	1833.62	991.00
吉　林	Jilin	9.84	7.81	215.94	2168.91	1398.08
黑龙江	Heilongjiang	19.45	19.45	30.40	2513.24	1920.25
江　苏	Jiangsu	31.97	25.20	368.11	5851.29	3717.93
浙　江	Zhejiang	7.78	4.56	49.78	289.00	262.95
安　徽	Anhui	45.45	40.68	415.66	10880.60	6806.33
福　建	Fujian	8.92	2.14	118.00	1650.19	850.53
江　西	Jiangxi	19.15	6.25	279.88	1509.00	506.77
山　东	Shandong	166.03	147.22	1473.01	38330.14	26148.98
河　南	Henan	109.26	101.57	982.53	26304.41	14115.27
湖　北	Hubei	20.24	2.99	296.81	3006.88	1518.40
湖　南	Hunan	25.36	11.97	338.46	3800.22	1469.07
广　东	Guangdong	17.07	1.18	463.56	2238.90	542.76
广　西	Guangxi	38.44	15.19	426.03	5944.08	4508.27
重　庆	Chongqing	0.82		7.00	25.05	18.25
四　川	Sichuan	16.95	7.85	351.68	3525.01	1562.71
贵　州	Guizhou	4.28	2.95	95.33	790.08	213.91
云　南	Yunnan	20.86	9.87	653.10	1065.55	151.14
西　藏	Tibet	16.92	8.42	209.27	423.27	145.65
陕　西	Shaanxi	42.62	36.89	536.16	5305.29	2506.15
甘　肃	Gansu	6.91	4.12	118.63	1000.94	652.63
青　海	Qinghai	0.70	0.70	6.00	186.30	125.30
宁　夏	Ningxia	10.39	8.09	119.23	2559.60	2259.60
新　疆	Xinjiang	19.96	16.50	260.70	1391.13	505.42
新疆生产建设兵团	Xinjiang Production and Construction Corps	17.06	11.76	654.57	1266.24	317.45

County Seat Water Supply (Suppliers with Self-Built Facilities)(2014)

Total Quantity of Water Supply(10,000m³)			用水户数(户) Number of Households with Access to Water Supply (unit)		用水人口(万人) Population with Access to Water Supply (10,000 persons)	地区名称 Name of Regions
公共服务用水 The Quantity of Water for Public Service	居民家庭用水 The Quantity of Water for Household Use	消防及其他用水 The Quantity of Water for Fire Control and Other Purposes		家庭用户 Household User		
19857.74	**38768.67**	**7527.89**	**2528941**	**2169209**	**841.76**	**全　国**
2207.29	6264.77	1158.65	423144	354259	145.45	河　北
2017.14	2259.72	404.11	183293	167302	60.87	山　西
598.87	518.10	81.51	76900	56472	19.57	内蒙古
304.42	482.20	56.00	40555	38779	16.88	辽　宁
239.46	414.36	117.01	55304	48395	14.95	吉　林
401.70	124.19	67.10	10351	8140	2.67	黑龙江
714.44	1296.52	122.40	44891	38521	15.19	江　苏
26.05			57			浙　江
1284.07	2571.55	218.65	209612	192641	58.79	安　徽
157.88	609.46	32.32	22461	19089	8.32	福　建
201.15	725.13	75.95	45407	41347	19.33	江　西
4046.92	6309.33	1824.91	362056	302946	133.94	山　东
4317.58	6710.02	1161.54	390944	334013	146.80	河　南
266.67	1003.88	217.93	34414	30846	12.57	湖　北
449.32	1632.39	249.44	70311	62432	28.33	湖　南
111.17	1182.54	402.43	65812	53160	17.91	广　东
64.75	1228.76	142.30	51810	49482	19.25	广　西
	6.80		506	502	0.30	重　庆
538.98	1266.75	156.57	62151	59956	16.98	四　川
125.78	253.03	197.36	17129	15451	5.15	贵　州
218.00	646.90	49.51	46153	39689	14.72	云　南
72.67	161.02	43.93	37270	29297	4.80	西　藏
726.92	1712.05	360.17	101831	90969	44.95	陕　西
142.82	190.71	14.78	18931	13774	6.42	甘　肃
41.30	4.30	15.40	1386	1078	0.55	青　海
23.98	146.50	129.52	7324	4409	3.03	宁　夏
363.45	412.00	110.26	79389	56340	13.88	新　疆
194.96	635.69	118.14	69549	59920	10.16	新疆生产建设兵团

2-2-10 县城节约用水(2014年)

计量单位：万立方米

地区名称 Name of Regions		计划用水户数(户) Planned Water Consumers (households)	自备水计划用水户数 Planned Self-produced Water Consumers	计划用水户实际用水量				
				合计 Total	工业 Industry	新水取水量 Fresh Water Used	工业 Industry	重复利用量 Water Reused
全　　国	**National Total**	**1737879**	**276320**	**321408**	**229216**	**140966**	**64383**	**180442**
河　　北	Hebei	148299	30832	6764	3422	5572	2456	1192
山　　西	Shanxi	162429	19198	13681	6679	8476	2824	5205
内 蒙 古	Inner Mongolia	59050	146	530	350	280	240	250
辽　　宁	Liaoning	35834	11	864	294	683	241	181
吉　　林	Jilin	814	225	3804	1692	2905	1024	899
黑 龙 江	Heilongjiang	43604	103	2416	1717	1991	1292	425
江　　苏	Jiangsu	134184	14901	25996	13996	15656	6108	10340
浙　　江	Zhejiang	1578		5136	4288	2291	1511	2845
安　　徽	Anhui	79770	36030	230	210	60	50	170
福　　建	Fujian	14500		819	94	793	91	26
江　　西	Jiangxi	4650	3765	852	194	491	112	361
山　　东	Shandong	92525	19546	166512	149938	33735	21636	132777
河　　南	Henan	185102	60633	23804	10273	18658	6350	5146
湖　　北	Hubei	22969	5575	1329	203	956	142	373
湖　　南	Hunan	118931	30020	8871	4578	8785	4498	86
广　　东	Guangdong	78886	670	3427	1206	3427	1206	
海　　南	Hainan	32200		12570	11653	9800	8883	2770
四　　川	Sichuan	222156	319	28979	14478	16779	2760	12200
贵　　州	Guizhou	8548	330	298	43	116	8	182
云　　南	Yunnan	19786	897	770	37	686	33	84
西　　藏	Tibet	20140	11041	3378	151	378	151	3000
陕　　西	Shaanxi	86922	15850	1846	583	1569	441	277
甘　　肃	Gansu	40810	3850	1118	571	818	322	300
新　　疆	Xinjiang	79112	1425	4561	1051	4079	906	482
新疆生产建设兵团	Xinjiang Production and Construction Corps	45080	20953	2853	1515	1982	1098	871

County Seat Water Conservation (2014)

Measurement Unit:10,000m^3

Actual Quantity of Water Used				节约用水量 Water Saved		节水措施投资总额(万元) Total Investment in Water-Saving Measures (10,000 RMB)	地区名称 Name of Regions
工业 Industry	超计划定额用水量 Water Quantity Consumed in Excess of Quota	重复利用率(%) Reuse Rate (%)	工业 Industry		工业 Industry		
164833	**4202**	**56.14**	**71.91**	**30029**	**24569**	**35667**	**全　国**
966	4	17.62	28.23	1281	829	686	河　北
3855	526	38.05	57.72	1438	867	1970	山　西
110		47.17	31.43	17	12	621	内蒙古
53		20.95	18.03	128	84	15	辽　宁
668		23.63	39.48	137	82		吉　林
425	40	17.59	24.75	483	475	192	黑龙江
7888	62	39.78	56.36	12258	11487	11629	江　苏
2777	8	55.39	64.76	247	159	4979	浙　江
160		73.91	76.19	50	36		安　徽
3		3.17	3.19	123	80	14	福　建
82		42.37	42.27	115			江　西
128302	217	79.74	85.57	2561	2002	5430	山　东
3923	790	21.62	38.19	4549	3390	1566	河　南
61	89	28.07	30.05	83	63	108	湖　北
80	14	0.97	1.75	307	276	1015	湖　南
				8	5	4	广　东
2770	2200	22.04	23.77	3110	2650		海　南
11718	154	42.10	80.94	2105	1519	713	四　川
35		61.07	81.40	14	4	14	贵　州
4	4	10.91	10.81	88	22	108	云　南
	1	88.81		45			西　藏
142	36	15.01	24.36	221	147	2726	陕　西
249	10	26.83	43.61	257	225	500	甘　肃
145	42	10.57	13.80	268	27	2928	新　疆
417	5	30.53	27.52	136	128	449	新疆生产建设兵团

2-2-11 县城人工煤气(2014年)

地区名称 Name of Regions		生产能力(万立方米／日) Production Capacity ($10,000\ m^3$)	储气能力(万立方米) Gas Storage Capacity ($10,000\ m^3$)	供气管道长度(公里) Length of Gas Supply Pipeline (km)	自制气量(万立方米) Self-Produced Gas ($10,000\ m^3$)	合计 Total
全　国	**National Total**	**537.11**	**91.30**	**1542.16**	**129433**	**84854.94**
河　北	Hebei		7.00	138.50		6123.24
山　西	Shanxi	49.40	64.80	857.39	1450	8532.72
黑龙江	Heilongjiang	1.00	10.00	38.60	1	468.47
江　西	Jiangxi			23.00		8.00
山　东	Shandong	410.00	4.00	36.75	120795	52492.00
四　川	Sichuan	37.60	4.50	397.50		3753.00
甘　肃	Gansu	38.4		29.10	6980	13270.00
新疆生产建设兵团	Xinjiang Production and Construction Corps	0.71	1.00	21.32	207	207.51

County Seat Man-Made Coal Gas(2014)

供气总量(万立方米) Total Gas Supplied (10,000 m3)			用气户数 (户) Number of Households with Access to Gas (unit)		用气人口 (万人) Population with Access to Gas (10,000 persons)	地区名称 Name of Regions
销售气量 Quantity Sold	居民家庭 Households	燃气损失量 Loss Amount		家庭用户 Household User		
83377.57	**21185.86**	**1477.37**	**200308**	**167612**	**56.05**	**全　国**
6067.44	2830.34	55.80	41570	41496	14.55	河　北
7980.22	3872.36	552.50	101200	94173	32.55	山　西
468.00	41.00	0.47	3345	3331	1.01	黑龙江
8.00	8.00		2230	2230	0.78	江　西
52340.00		152.00	48			山　东
3113.00	1233.00	640.00	41164	16137	5.40	四　川
13200.00	13200.00	70.00	7012	7012	0.89	甘　肃
200.91	1.16	6.60	3739	3233	0.87	新疆生产建设兵团

2-2-12 县城天然气(2014年)

地区名称 Name of Regions	储气能力(万立方米) Gas Storage Capacity (10,000 m³)	供气管道长度(公里) Length of Gas Supply Pipeline (km)	供气总量(万立方米) 合计 Total	销售气量 Quantity Sold	居民家庭 Households	集中供热 Central Heating
全国 National Total	**6495.35**	**88861.99**	**926493.48**	**907950.33**	**345006.38**	**46701.42**
天津 Tianjin		187.61	2396.00	2395.00	637.00	
河北 Hebei	748.87	5523.46	54388.48	53518.35	27339.92	1980.37
山西 Shanxi	170.30	4933.60	55006.42	53838.71	22211.35	4889.55
内蒙古 Inner Mongolia	227.79	1463.44	19894.35	19632.78	4893.32	1982.00
辽宁 Liaoning	75.08	1102.10	9754.99	9586.07	2033.81	40.03
吉林 Jilin	76.59	648.14	4190.21	4133.36	2117.60	
黑龙江 Heilongjiang	194.80	449.70	2446.48	2430.15	1381.40	
江苏 Jiangsu	215.36	5068.88	26866.66	26451.16	10140.28	32.00
浙江 Zhejiang	168.84	3147.88	19333.72	19222.35	2700.22	586.20
安徽 Anhui	328.86	6405.90	41441.83	40863.68	14366.32	57.19
福建 Fujian	359.43	796.48	14725.69	14622.83	814.28	
江西 Jiangxi	771.45	2478.58	12441.55	12207.10	5119.56	0.19
山东 Shandong	366.74	9050.15	132204.41	130543.68	28331.24	3629.72
河南 Henan	358.48	4451.06	42012.06	41272.58	14004.69	101.81
湖北 Hubei	83.94	3468.44	14151.20	13665.57	7428.65	243.74
湖南 Hunan	238.20	4249.31	30014.98	29590.47	9627.97	7812.94
广东 Guangdong	94.64	363.59	1806.13	1796.81	918.99	
广西 Guangxi	250.45	436.16	722.33	713.18	551.88	
海南 Hainan	80.00	240.00	11000.00	11000.00	55.00	
重庆 Chongqing	50.52	5365.03	37426.77	36325.67	21490.51	
四川 Sichuan	210.63	18290.46	177975.90	172006.36	99328.80	
贵州 Guizhou	165.54	435.52	2300.01	2293.63	1516.60	7.27
云南 Yunnan	127.39	837.04	2488.99	2178.63	1108.51	
陕西 Shaanxi	346.69	4096.71	67348.64	66275.38	26875.62	5841.84
甘肃 Gansu	166.09	365.54	11576.74	11519.71	1820.69	2171.02
青海 Qinghai	86.21	495.94	21715.33	21568.02	10522.48	8516.41
宁夏 Ningxia	93.81	666.71	22719.38	22332.15	5773.09	1059.00
新疆 Xinjiang	358.55	2995.26	78041.57	75900.68	17742.18	7537.54
新疆生产建设兵团 Xinjiang Production and Construction Corps	80.10	849.30	10102.66	10066.27	4154.42	212.60

County Seat Natural Gas(2014)

Total Gas Supplied (10,000 m³)		用气户数		用气人口	天然气汽车加气站	
燃气汽车 Gas-Powered Automobiles	燃气损失量 Loss Amount	(户) Number of Household with Access to Gas (unit)	家庭用户 Household User	(万人) Population with Accessto Gas (10,000 persons)	(座) Gas Stations for CNG-Fueled Motor Vehicles (unit)	地区名称 Name of Regions
190450.11	**18543.15**	**13763864**	**12853015**	**4164.52**	**899**	**全　国**
	1.00	14022	13983	3.20	1	天　津
7044.98	870.13	988260	958972	344.35	79	河　北
8094.97	1167.71	587903	553330	244.94	28	山　西
11523.38	261.57	338875	299203	102.05	45	内蒙古
1108.04	168.92	235487	233128	73.36	18	辽　宁
1321.83	56.85	338564	107867	35.59	10	吉　林
697.78	16.33	62297	62149	17.47	5	黑龙江
6017.29	415.50	610057	571251	220.17	35	江　苏
435.83	111.37	193573	187854	80.92	2	浙　江
10994.75	578.15	730808	717181	236.80	50	安　徽
7.12	102.86	75589	71610	28.97	3	福　建
360.00	234.45	320678	318071	88.13	1	江　西
24291.65	1660.73	1413574	1341584	499.72	133	山　东
9302.21	739.48	614267	577371	226.52	60	河　南
1698.87	485.63	385106	374800	172.41	16	湖　北
1739.23	424.51	507092	474843	158.87	16	湖　南
	9.32	40456	38829	19.60		广　东
	9.15	33938	33513	13.64		广　西
		5500	5200	2.72		海　南
4371.66	1101.10	719976	676875	205.70	13	重　庆
19391.19	5969.54	3216263	3084733	741.60	63	四　川
352.18	6.38	59019	56263	17.00	9	贵　州
89.10	310.36	59103	50487	29.58	6	云　南
17486.78	1073.26	743040	713917	264.68	75	陕　西
6915.46	57.03	73709	66055	25.98	25	甘　肃
2123.12	147.31	350714	340356	23.82	15	青　海
6034.56	387.23	167105	164601	27.78	17	宁　夏
43685.85	2140.89	641964	542108	193.88	119	新　疆
5362.28	36.39	236925	216881	65.07	55	新疆生产建设兵团

2-2-13 县城液化石油气(2014年)

地区名称 Name of Regions		储气能力(吨) Gas Storage Capacity (ton)	供气管道长度(公里) Length of Gas Supply Pipeline (km)	供气总量(吨) 合计 Total	销售气量 Quantity Sold	居民家庭 Households
全国	National Total	**333931.42**	**2538.01**	**2353243.04**	**2336372.20**	**1983751.53**
天津	Tianjin	1398.80		23902.50	23902.50	22175.50
河北	Hebei	16306.96	135.14	143293.43	142675.52	129156.01
山西	Shanxi	10414.00	69.59	37077.41	36664.95	33528.03
内蒙古	Inner Mongolia	7005.07	33.55	50250.26	49297.95	45192.45
辽宁	Liaoning	6851.00	30.05	37203.70	37102.90	31654.00
吉林	Jilin	2251.36	57.12	25386.00	25328.00	22259.00
黑龙江	Heilongjiang	6207.50	1.50	46221.96	46152.10	41722.20
江苏	Jiangsu	19633.50	23.77	120571.69	119632.39	98847.39
浙江	Zhejiang	17256.00	608.11	189988.60	189606.83	143681.17
安徽	Anhui	19184.00	59.94	153335.10	151614.80	139170.23
福建	Fujian	11491.60	316.45	121223.57	121017.38	104325.48
江西	Jiangxi	19348.72	60.63	188855.15	187336.26	157466.14
山东	Shandong	31818.80	101.86	140168.27	139692.44	94689.30
河南	Henan	12744.55	1.55	115832.02	114263.45	101648.57
湖北	Hubei	11715.48	40.15	61533.31	60803.55	56545.70
湖南	Hunan	32396.20		204324.89	203109.36	170666.00
广东	Guangdong	26560.03	132.80	173197.43	172726.43	158285.50
广西	Guangxi	9794.59	115.63	141365.12	139473.38	127236.14
海南	Hainan	1239.00	0.16	15184.53	15183.06	13409.06
重庆	Chongqing	3348.00		26591.06	26417.00	19973.00
四川	Sichuan	11617.49	214.35	39609.63	39134.78	32316.22
贵州	Guizhou	3193.95	4.00	37604.60	37502.99	35129.79
云南	Yunnan	17144.52	57.20	68391.86	67745.00	49348.47
西藏	Tibet	1386.92	249.10	63267.25	62851.94	42492.51
陕西	Shaanxi	13143.70	4.00	49504.92	48777.90	43808.98
甘肃	Gansu	3889.83	35.00	23481.65	23083.37	21220.76
青海	Qinghai	766.00		2446.10	2395.30	1854.51
宁夏	Ningxia	3157.36	5.59	11160.15	11119.80	9517.80
新疆	Xinjiang	9034.10	1.41	29022.75	28874.30	23886.50
新疆生产建设兵团	Xinjiang Production and Construction Corps	3632.39	179.36	13248.13	12886.57	12545.12

County Seat LPG Supply (2014)

Total Gas Supplied (ton)		用气户数 (户) Number of Household with Access to Gas (unit)		用气人口 (万人) Population with Access to Gas (10,000 persons)	液化石油气汽车加气站(座) Gas Stations for LPG- Fueled Motor Vehicles (unit)	地区名称 Name of Regions
燃气汽车 Gas-Powered Automobiles	燃气损失量 Loss Amount		家庭用户 Household User			
17034.92	**16870.84**	**18400201**	**16788436**	**7242.33**	**100**	**全　国**
		167800	167780	38.21		天　津
3707.00	617.91	1365744	1281626	572.83	5	河　北
	412.46	351987	324583	165.89		山　西
546.00	952.31	828768	778177	308.09	7	内蒙古
1702.10	100.80	382512	328299	124.53	5	辽　宁
1482.00	58.00	319007	239362	110.51	6	吉　林
1380.40	69.86	517480	428136	167.16	13	黑龙江
	939.30	837518	781371	315.79		江　苏
	381.77	1067793	928960	340.55		浙　江
	1720.30	1384902	1292336	459.95		安　徽
60.00	206.19	966577	929743	354.72	1	福　建
	1518.89	1386380	1255340	629.63		江　西
425.00	475.83	1022060	908330	390.48	5	山　东
1746.00	1568.57	991991	949061	368.54	6	河　南
	729.76	657593	567719	248.50		湖　北
640.00	1215.53	1518538	1458930	580.32	11	湖　南
	471.00	988396	941169	362.06		广　东
	1891.74	972075	937167	420.50		广　西
129.00	1.47	125410	118162	65.20	1	海　南
	174.06	217143	164749	64.14		重　庆
1727.10	474.85	248800	218358	110.68	3	四　川
	101.61	380390	319875	202.13		贵　州
	646.86	524643	459542	272.99		云　南
133.80	415.31	26221	20494	18.00	3	西　藏
145.00	727.02	479070	380963	200.49	2	陕　西
109.52	398.28	279820	250473	167.05	7	甘　肃
20.00	50.80	21271	18853	27.59	1	青　海
	40.35	84320	73372	35.54		宁　夏
2938.50	148.45	198788	179956	92.39	18	新　疆
143.50	361.56	87204	85550	27.87	6	新疆生产建设兵团

2-2-14 县城集中供热(2014年)

地区名称 Name of Regions	蒸汽 Steam							
	供热能力 (吨/小时) Heating Capacity (ton/hour)	热电厂供热 Heating by Co-Generation	锅炉房供热 Heating by Boilers	供热总量 (万吉焦) Total Heat Supplied (10,000gcal)	热电厂供热 Heating by Co-Generation	锅炉房供热 Heating by Boilers	管道长度 (公里) Length of Pipelines (km)	供热能力 (兆瓦) Heating Capacity (mega watts)
全　国 National Total	**13011.46**	**7811.03**	**4811.43**	**5693.07**	**4027.82**	**1325.46**	**2732.56**	**129446.68**
天　津 Tianjin	200.00		200.00	52.09		52.09	4.75	1147.50
河　北 Hebei	3532.04	690.41	2796.63	800.54	411.34	354.20	545.09	21799.70
山　西 Shanxi	997.00	468.00	522.00	572.50	253.00	268.50	462.52	16975.63
内蒙古 Inner Mongolia	218.50	218.50		209.80	209.80		43.30	19445.37
辽　宁 Liaoning	260.00	40.00	220.00	75.00	15.00	60.00	3.48	7208.00
吉　林 Jilin								5220.62
黑龙江 Heilongjiang	547.50	422.50	125.00	310.53	265.53	45.00	72.73	10155.48
浙　江 Zhejiang	515.00	490.00	25.00	263.00	251.00	12.00	59.50	4.00
山　东 Shandong	4623.00	4283.00	265.00	2146.68	2020.83	45.85	864.57	12908.99
河　南 Henan	240.00	160.00	80.00	80.50	75.00	5.50	46.50	924.40
四　川 Sichuan	21.00			16.69			12.00	
云　南 Yunnan	100.00	100.00		71.00	71.00		18.50	
西　藏 Tibet	0.12	0.12		1.76	1.76		6.73	0.26
陕　西 Shaanxi	445.00	230.00	47.00	220.78	37.56	49.12	208.80	10529.20
甘　肃 Gansu								4739.60
青　海 Qinghai								1240.50
宁　夏 Ningxia	36.50	36.50		27.10	27.10		0.30	2791.10
新　疆 Xinjiang	74.00		74.00	24.60		24.60	6.10	8569.68
新疆生产建设兵团 Xinjiang Production and Construction Corps	1201.80	672.00	456.80	820.50	388.90	408.60	377.69	5786.65

County Seat Central Heating (2014)

热 水 Hot Water						供热面积（万平方米）Heated Area (10,000 m^2)		地区名称 Name of Regions
		供热总量（万吉焦）Total Heat Supplied (10,000gcal)			管道长度（公里）Length of Pipelines (km)			
热电厂供热 Heating by Co-Generation	锅炉房供热 Heating By Boilers		热电厂供热 Heating by Co-Generation	锅炉房供热 Heating by Boilers			住宅 Housing	
41822.21	**81049.74**	**63928.04**	**14170.55**	**48404.06**	**41208.66**	**114204.08**	**86110.68**	**全　国**
518.00	629.50	665.81	207.61	458.20	1532.28	1863.43	1586.60	天　津
6324.10	13889.86	9380.47	1389.36	7044.15	5475.20	18437.58	15182.94	河　北
3957.85	8627.78	8571.85	2250.00	6224.85	4864.91	15653.61	11201.53	山　西
4034.51	15410.86	12129.85	1991.98	10137.87	6924.77	17128.08	12006.29	内蒙古
2409.70	4798.30	3614.48	1044.80	2569.68	3195.57	6704.20	5184.22	辽　宁
	5151.62	3395.23		3394.23	2378.73	5417.28	4213.76	吉　林
3200.85	6954.63	7033.80	2427.12	4606.68	3641.90	12201.14	9207.85	黑龙江
	4.00	13.00		13.00	6.00	270.00	50.00	浙　江
10853.11	1627.88	4242.20	3365.57	666.26	4070.16	11410.73	9853.14	山　东
671.00	253.40	262.71	171.00	91.71	242.62	710.90	506.45	河　南
					17.00	15.00	5.00	四　川
					17.30	142.00		云　南
0.12	0.14	4.56	1.76	2.80	9.33	5.06	3.18	西　藏
8034.00	2444.30	1854.57	572.83	1220.34	645.92	3456.77	2631.05	陕　西
	4727.60	2826.56		2814.56	1543.41	5026.48	3685.77	甘　肃
	1240.50	979.46		979.46	562.79	1421.00	584.02	青　海
	2791.10	1400.30		1400.30	869.78	2237.33	1618.50	宁　夏
1403.98	7165.00	4172.56	536.00	3634.56	2976.51	7328.33	4894.38	新　疆
414.99	5333.27	3380.63	212.52	3145.41	2234.48	4775.16	3696.00	新疆生产建设兵团

2-2-15 县城道路和桥梁(2014年)

地区名称 Name of Regions		道路长度 (公里) Length of Roads (km)	道路面积 (万平方米) Surface Area of Roads (10,000 m²)	人行道面积 Surface Area of Sidewalks
全　国	**National Total**	**130396**	**240837**	**59916**
天　津	Tianjin	348	709	185
河　北	Hebei	10873	22733	6083
山　西	Shanxi	4718	8751	2273
内蒙古	Inner Mongolia	5941	12748	3121
辽　宁	Liaoning	1771	3017	750
吉　林	Jilin	1097	1731	475
黑龙江	Heilongjiang	3937	4576	912
江　苏	Jiangsu	5325	10326	2289
浙　江	Zhejiang	5410	8610	1990
安　徽	Anhui	7328	16260	4075
福　建	Fujian	3222	5270	1150
江　西	Jiangxi	7740	14663	3574
山　东	Shandong	10884	22624	4754
河　南	Henan	8603	18746	4547
湖　北	Hubei	3800	7643	1861
湖　南	Hunan	7023	12534	3384
广　东	Guangdong	3849	4628	1162
广　西	Guangxi	4227	7321	1826
海　南	Hainan	637	1509	391
重　庆	Chongqing	1637	2784	875
四　川	Sichuan	6345	11754	3352
贵　州	Guizhou	3030	4793	1317
云　南	Yunnan	4373	7884	2031
西　藏	Tibet	623	728	193
陕　西	Shaanxi	4424	7913	2344
甘　肃	Gansu	2504	4638	1292
青　海	Qinghai	1101	1712	466
宁　夏	Ningxia	1204	2818	698
新　疆	Xinjiang	3706	6706	1509
新疆生产建设兵团	Xinjiang Production and Construction Corps	4714	4708	1035

County Seat Roads and Bridges(2014)

桥梁数 (座) Number of Bridges (unit)	大桥及特大桥 Great Bridge and Grand Bridge	立交桥 Intersection	道路照明灯盏数 (盏) Number of Road Lamps (unit)	安装路灯道路长度 (公里) Length of The Road with Street Lamp (km)	地区名称 Name of Regions
15902	**1295**	**438**	**7071298**	**89326.03**	**全　国**
40	3	1	23945	322.00	天　津
921	84	53	439433	7263.15	河　北
399	41	22	289335	3163.50	山　西
338	19	15	348193	3319.14	内蒙古
258	5	3	142759	1346.95	辽　宁
97	1	2	103253	694.37	吉　林
276	6	13	171627	2087.47	黑龙江
829	17	13	315558	4225.16	江　苏
1347	108	32	255983	4747.46	浙　江
1000	72	25	389381	5231.12	安　徽
525	31	10	212009	2606.93	福　建
714	116	35	455968	5807.67	江　西
1675	72	46	501542	7849.30	山　东
1575	29	25	422552	6031.92	河　南
444	32	10	128731	2802.69	湖　北
411	71	7	319825	4654.45	湖　南
362	58	5	225373	2716.10	广　东
732	20	9	370227	2940.15	广　西
40	5		47494	567.79	海　南
275	36	6	110302	1280.04	重　庆
905	126	15	527989	4834.95	四　川
358	34	5	189375	1790.58	贵　州
659	70	6	311942	3361.35	云　南
105	11	5	12907	288.15	西　藏
573	131	51	255498	3105.23	陕　西
348	61	13	101162	1702.15	甘　肃
121	1		45371	469.30	青　海
45	2	2	64204	873.52	宁　夏
351	30	3	244508	2238.00	新　疆
179	3	6	44852	1005.44	新疆生产建设兵团

2-2-16 县城排水和污水处理(2014年)

地区名称 Name of Regions	污水排放量(万立方米) Annual Quantity of Wastewater Discharged (10,000 m³)	排水管道长度(公里) Length of Drainage Piplines (km)				污水处理厂				
			污水管道 Sewers	雨水管道 Rainwater Drainage Pipeline	雨污合流管道 Combined Drainage Pipeline	座数(座) Number of Wastewater Treatment Plant (unit)	二、三级处理 Secondary and Tertiary Treatment	处理能力(万立方米/日) Treatment Capacity (10,000 m³/day)	二、三级处理 Secondary and Tertiary Treatment	处理量(万立方米) Quantity of Wastewater Treated (10,000 m³)
全　国 National Total	**904651**	**160267**	**64470**	**42769**	**53028**	**1555**	**1163**	**2881.6**	**2199.7**	**725421**
天　津 Tianjin	3166	724	282	301	141	7	7	9.9	9.9	2786
河　北 Hebei	71867	11534	3810	3294	4430	110	56	289.2	147.9	66770
山　西 Shanxi	26524	6004	2192	692	3120	84	38	107.4	55.1	22361
内蒙古 Inner Mongolia	21796	6697	3717	1837	1143	69	46	101.8	69.1	19244
辽　宁 Liaoning	12197	2056	649	383	1024	23	18	58.4	45.6	11155
吉　林 Jilin	9529	1385	372	204	809	18	11	31.1	20.6	7050
黑龙江 Heilongjiang	14403	3085	1061	518	1505	41	22	58.6	29.1	10110
江　苏 Jiangsu	40124	7817	2565	3638	1614	35	26	105.4	72.4	30964
浙　江 Zhejiang	42796	7739	4207	2695	837	37	30	100.5	82.2	35244
安　徽 Anhui	53012	11564	4936	3806	2822	58	43	153.0	114.3	48175
福　建 Fujian	31251	4458	2023	1103	1331	44	44	89.6	89.6	25981
江　西 Jiangxi	42066	9139	2983	2220	3936	71	71	103.3	103.3	30435
山　东 Shandong	86559	13954	5330	5843	2781	72	72	296.2	296.2	81995
河　南 Henan	66081	11993	4151	2682	5160	85	67	258.1	201.4	55333
湖　北 Hubei	35789	3994	1275	760	1959	41	28	97.0	64.6	25188
湖　南 Hunan	68993	9158	3242	1779	4137	76	75	171.4	167.4	59012
广　东 Guangdong	34337	3088	637	641	1810	42	29	94.4	65.2	25169
广　西 Guangxi	37216	5603	1797	977	2829	69	48	118.9	84.5	29382
海　南 Hainan	8538	617	346	231	41	13	10	27.3	22.1	5669
重　庆 Chongqing	12051	3054	1634	893	527	21	19	39.0	37.2	11408
四　川 Sichuan	61677	9607	3884	3271	2452	88	61	141.4	84.0	40232
贵　州 Guizhou	19851	3279	1872	709	698	72	57	50.6	40.6	13967
云　南 Yunnan	29141	7347	3219	2044	2083	103	85	107.7	92.4	21676
西　藏 Tibet	2143	577	116	104	357	82	46	103.3	57.0	21965
陕　西 Shaanxi	25514	4841	2093	978	1770	51	43	40.8	34.8	5787
甘　肃 Gansu	9427	2680	1213	566	901	10	9	8.0	7.4	1705
青　海 Qinghai	5036	957	246	275	436	11	9	15.0	13.0	3145
宁　夏 Ningxia	6229	986	307	230	449	47	39	52.8	45.4	10085
新　疆 Xinjiang	16929	3621	2139	17	1466	75	54	51.5	47.4	3428
新疆生产建设兵团 Xinjiang Production and Construction Corps	10409	2708	2173	77	459					

Wastewater Treatment Plant			其他污水处理设施 Other Wastewater Treatment Facilities		污水处理总量（万立方米） Total Quantity of Wastewater Treated (10,000 m^3)	再生水 Recycled Water			地区名称 Name of Regions
二、三级处理 Secondary and Tertiary Treated	干污泥产生量（吨） Quantity of Dry Sludge Produced (ton)	干污泥处置量（吨） Quantity of Dry Sludge Treated (ton)	处理能力（万立方米/日） Treatment Capacity (10,000 m^3/day)	处理量（万立方米） Quantity of Wastewater Treated (10,000 m^3)		生产能力（万立方米/日） Recycled Water Production Capacity (10,000 m^3/day)	利用量（万立方米） Annual Quantity of Wastewater Recycled and Reused (10,000 m^3)	管道长度（公里） Length of Piplines (km)	
572954	**1019150**	**920045**	**113.9**	**17445**	**742866**	**277.4**	**34310**	**1846**	**全　国**
2786	2139	2139			2786				天　津
37016	112813	104934	5.0	30	66800	51.6	5801	180	河　北
13094	36323	30722			22361	30.9	2415	336	山　西
12973	25027	18508			19244	24.4	2792	360	内蒙古
9088	13146	12278			11155	2.5	150	6	辽　宁
4847	13524	13194			7050				吉　林
4480	12808	12718	1.0	100	10210				黑龙江
20240	45157	44957	10.1	1814	32778	12.3	2859	32	江　苏
30404	42369	41565	9.9	1374	36618	8.9	320	73	浙　江
37993	56571	50011	4.2	621	48796	4.5	150	1	安　徽
25981	36037	30211	1.0	333	26314	0.9	180	22	福　建
30435	38169	38095			30435				江　西
81995	128560	125209	1.8	59	82054	82.1	15155	224	山　东
45797	77372	52925			55333	7.1	1230	106	河　南
16858	30435	26223	10.4	1626	26814	13.3	548	74	湖　北
58182	81236	79840	8.7	1795	60807	0.1	36	87	湖　南
18341	46279	34283	10.6	2648	27817	2.0	85	15	广　东
21087	12020	11964	20.9	1616	30998				广　西
5033	6232	6218			5669				海　南
11012	16713	16591			11408	4.8	271	17	重　庆
23748	75685	72629	13.9	2238	42470	2.2	120	14	四　川
11459	16062	14724			13967				贵　州
18679	31723	28773	2.1	127	21803	9.9	809	148	云　南
11601	31707	26687			21965				西　藏
4838	8986	7487			5787	9.5	740	25	陕　西
1624	2200	2177			1705	5.1	244	37	甘　肃
2854	3978	2091		741	3886	0.9	141	3	青　海
7779	12606	11022	9.8	2011	12096	4.3	263	84	宁　夏
2730	3273	1870	4.5	312	3740				新　疆
						0.1	1	3	新疆生产建设兵团

2-2-17 县城园林绿化(2014年)

地区名称 Name of Regions		绿化覆盖面积 (公顷) Green Coverage Area (hectare)	建成区 Built District	绿地面积 (公顷) Area of Green Space (hectare)
全　国	**National Total**	**791305**	**599348**	**634649**
天　津	Tianjin	3017	3017	2607
河　北	Hebei	65716	55999	53394
山　西	Shanxi	28231	25355	23169
内蒙古	Inner Mongolia	35272	28382	30254
辽　宁	Liaoning	6882	6375	6190
吉　林	Jilin	6174	5475	5152
黑龙江	Heilongjiang	13337	11498	10215
江　苏	Jiangsu	45118	28002	36688
浙　江	Zhejiang	38837	21386	35512
安　徽	Anhui	53419	36812	42783
福　建	Fujian	24293	18811	20472
江　西	Jiangxi	51090	40175	40057
山　东	Shandong	77468	57324	57594
河　南	Henan	33169	29685	26067
湖　北	Hubei	18596	14973	14748
湖　南	Hunan	38968	34349	32157
广　东	Guangdong	22684	15960	17354
广　西	Guangxi	23622	19381	18505
海　南	Hainan	7744	4161	3932
重　庆	Chongqing	9777	8703	8845
四　川	Sichuan	40971	38397	35107
贵　州	Guizhou	29963	8798	22781
云　南	Yunnan	26191	20828	21169
西　藏	Tibet	2925	2541	2491
陕　西	Shaanxi	29387	21164	21588
甘　肃	Gansu	10716	7507	7393
青　海	Qinghai	3126	2636	2150
宁　夏	Ningxia	6198	5066	5230
新　疆	Xinjiang	21236	19246	19040
新疆生产建设兵团	Xinjiang Production and Construction Corps	17178	7339	12009

County Seat Landscaping(2014)

建成区 Built District	公园绿地面积(公顷) Area of Public Recreational Green Space (hectare)	公园个数(个) Number of Parks (unit)	公园面积(公顷) Park Area (hectare)	地区名称 Name of Regions
520483	**155083**	**6286**	**105680**	**全国**
2607	512	8	229	天津
49290	11398	762	8364	河北
21720	6890	285	5334	山西
24823	9587	293	7068	内蒙古
5684	2408	74	1578	辽宁
4524	1503	37	1236	吉林
9500	3768	152	2404	黑龙江
26003	6394	166	3263	江苏
19402	5400	400	3687	浙江
31743	8787	313	6227	安徽
17300	5326	322	4148	福建
36274	11820	510	9376	江西
48984	14693	307	9249	山东
24333	8452	259	5693	河南
13396	4433	160	2919	湖北
29482	7896	224	5280	湖南
14388	5458	205	4389	广东
16493	4371	176	2442	广西
3558	666	28	406	海南
7838	3868	131	2409	重庆
33118	9843	307	5615	四川
6691	2184	97	1374	贵州
18045	5121	377	4543	云南
2100	167	25	68	西藏
18108	5221	203	2212	陕西
6089	2534	145	1493	甘肃
1840	465	31	208	青海
3844	1093	48	1136	宁夏
17384	3769	136	2464	新疆
5923	1055	105	865	新疆生产建设兵团

2-2-18 县城市容环境卫生(2014年)

地区名称 Name of Regions	道路清扫保洁面积(万平方米) Surface Area of Roads Cleaned and Maintained (10,000 m^2)		生活垃圾								
		机械化 Mechanization	清运量(万吨) Collected and Transported (10,000 ton)	密闭车(箱)清运量 Quantity of Garbage Transported by Airtight Vehicle	处理量(万吨) Volume of Treated (10,000 ton)	无害化处理厂(场)数(座) Number of Harmless Treatment Plants/Grounds (unit)	卫生填埋 Sanitary Landfill	焚烧 Incineration	其他 other	无害化处理能力(吨/日) Harmless Treatment Capacity (ton/day)	卫生填埋 Sanitary Landfill
全　国 National Total	**228999**	**78689**	**6657.47**	**4914.95**	**5702.75**	**1129**	**1055**	**34**	**40**	**168131**	**146880**
天　津 Tianjin	1172	458	16.69	16.69	12.65	2	1		1	500	200
河　北 Hebei	16819	7718	508.06	297.33	444.73	92	82		10	15067	13773
山　西 Shanxi	8606	3804	327.86	249.60	195.21	55	53	2		7897	7167
内蒙古 Inner Mongolia	9918	3861	220.07	141.56	194.58	65	62		3	7279	6984
辽　宁 Liaoning	3556	1236	142.73	59.84	112.15	12	12			2758	2758
吉　林 Jilin	2431	722	97.12	74.00	78.91	9	8		1	1496	1420
黑龙江 Heilongjiang	4410	1446	199.44	75.77	70.72	9	7		2	1306	996
江　苏 Jiangsu	9124	5128	202.60	184.51	200.00	18	12	4	2	9210	3910
浙　江 Zhejiang	8417	3782	261.93	256.63	261.55	34	25	8	1	10873	6069
安　徽 Anhui	12161	6098	307.57	246.27	292.86	34	33		1	6574	6274
福　建 Fujian	5125	1554	178.47	169.95	171.97	40	35	5		7072	4872
江　西 Jiangxi	11083	2461	332.91	247.34	331.87	28	28			3773	3773
山　东 Shandong	21578	11234	339.08	289.87	336.30	49	44	3	2	10021	9071
河　南 Henan	15029	3016	495.35	348.63	394.35	78	78			12742	12742
湖　北 Hubei	5594	2148	228.93	162.26	161.40	27	27			3923	3923
湖　南 Hunan	11021	3625	396.21	330.32	387.41	72	63	1	8	14441	12401
广　东 Guangdong	5114	1662	186.26	110.11	177.47	26	24		2	4695	4395
广　西 Guangxi	5776	1391	178.97	141.04	168.15	50	48	2		5140	4980
海　南 Hainan	1085	232	30.71	28.26	30.48	11	10		1	948	848
重　庆 Chongqing	2974	2055	136.31	130.75	135.49	18	18			3239	3239
四　川 Sichuan	12432	5179	457.90	377.09	390.35	76	70	4	2	9576	8877
贵　州 Guizhou	4417	1498	216.68	142.72	131.28	66	63	3		6043	5623
云　南 Yunnan	28573	1099	302.93	255.10	278.58	81	80		1	6512	6312
西　藏 Tibet	828	309	29.29	10.36	4.57						
陕　西 Shaanxi	6621	2870	306.97	263.31	282.22	77	76		1	9126	9047
甘　肃 Gansu	3274	391	157.83	93.14	142.53	45	43		2	3428	3344
青　海 Qinghai	1166	36	52.48	24.40	48.50	18	18			1200	1200
宁　夏 Ningxia	2102	787	43.70	33.90	32.50	3	3			192	192
新　疆 Xinjiang	5732	1996	239.79	130.96	217.07	23	23			2269	2269
新疆生产建设兵团 Xinjiang Production and Construction Corps	2861	893	62.66	23.24	16.86	11	9	2		831	221

County Seat Environmental Sanitation (2014)

Domestic Garbage						粪便 Excrement and Urine		公厕数（座） Number of Latrines (unit)		市容环卫专用车辆设备总数（台） Number of Vehicles and Equipment Designated for Municipal Environmental Sanitation (unit)	地区名称 Name of Regions
焚烧 Incineration	其他 other	无害化处理量（万吨） Volume of Harmlessly Treated (10,000 ton)	卫生填埋 Sanitary Landfill	焚烧 Incineration	其他 other	清运量（万吨） Quantity of Excrement Transported (10,000 ton)	处理量（万吨） Quantity of Excrement Treated (10,000 ton)		三类以上 Grade Ⅲ and Above		
14644	**6607**	**4766.44**	**4261.50**	**344.10**	**160.83**	**531.53**	**151.29**	**43159**	**20438**	**38913**	**全 国**
	300	12.65	7.06		5.59	1.48		152	109	195	天 津
	1294	405.55	379.56		25.98	69.05	11.24	4142	1243	3487	河 北
730		179.87	174.29	5.57		29.84	1.08	1437	924	2491	山 西
	295	188.23	179.99		8.23	61.71	15.30	5041	1029	2152	内蒙古
		69.57	69.57			25.42	5.05	1599	226	848	辽 宁
	76	38.59	35.80		2.79	10.36	4.28	615	114	466	吉 林
	310	25.72	20.17		5.55	64.02	15.14	2123	274	1882	黑龙江
4350	950	169.51	112.12	36.52	20.87	24.12	17.94	1708	1166	1094	江 苏
4554	250	261.24	149.73	100.65	10.85	19.82	16.55	1412	1206	1669	浙 江
	300	221.48	189.70	29.98	1.8	13.60	3.58	1751	904	1163	安 徽
2200		155.58	113.54	42.04		0.94	0.10	865	751	766	福 建
		201.44	201.44			10.53	10.25	1465	865	1138	江 西
600	350	336.30	270.51	50.48	15.31	25.86	12.77	1589	1245	2969	山 东
		394.35	394.35			64.52	6.74	3192	1872	2313	河 南
		119.44	112.68	6.75		10.13	4.17	931	404	899	湖 北
450	1590	383.67	339.05	2.15	42.47	0.93	0.01	1841	1111	1840	湖 南
	300	112.08	107.17		4.91	3.97	0.69	446	211	893	广 东
160		155.15	148.37	6.78		4.06	0.21	647	386	1288	广 西
	100	30.48	28.49		1.99	0.16	0.01	135	77	222	海 南
		135.49	135.49			7.05	0.10	831	612	662	重 庆
570	129	338.94	280.18	54.7	4.06	22.74	12.64	2059	1102	2597	四 川
420		131.28	126.63	4.64		2.51	0.12	936	547	1381	贵 州
	200	226.17	218.00	3.11	5.06	18.28	9.19	1566	780	1673	云 南
						0.18	0.01	345	11	160	西 藏
	79	259.17	257.16		2.01	18.78	1.86	2437	1680	1896	陕 西
	84	96.07	92.70		3.37	13.67	1.69	1149	562	801	甘 肃
		28.15	28.15					232	28	201	青 海
		6.92	6.92			0.77	0.17	395	264	250	宁 夏
		77.98	77.98			4.74	0.04	1166	567	1102	新 疆
610		5.36	4.64	0.72		2.29	0.36	952	168	415	新疆生产建设兵团

三、村镇部分

Statistics for Villages and Small Towns

2014 年村镇部分概述

概况 2014 年末，全国共有建制镇 20401 个，乡（苏木、民族乡、民族苏木）12282 个。据 17653 个建制镇、11871 个乡（苏木、民族乡、民族苏木）、679 个镇乡级特殊区域和 270.18 万个自然村（其中村民委员会所在地 54.67 万个）统计汇总，村镇户籍总人口 9.52 亿。其中，建制镇建成区 1.56 亿，占村镇总人口的 16.40%；乡建成区 0.30 亿，占村镇总人口的 3.13%；镇乡级特殊区域建成区 0.03 亿，占村镇总人口的 0.35%；村庄 7.63 亿，占村镇总人口的 80.12%。

2014 年末，全国建制镇建成区面积 379.5 万公顷，平均每个建制镇建成区占地 215 公顷，人口密度 4937 人/平方公里（含暂住人口）；乡建成区 72.2 万公顷，平均每个乡建成区占地 61 公顷，人口密度 4428 人/平方公里（含暂住人口）；镇乡级特殊区域建成区 10.5 万公顷，平均每个镇乡级特殊区域建成区占地 155 公顷，人口密度 3661 人/平方公里（含暂住人口）。

规划管理 2014 年末，全国已编制总体规划的建制镇 16417 个，占所统计建制镇总数的 93.0%，其中本年编制 1561 个；已编制总体规划的乡 9060 个，占所统计乡总数的 76.3%，其中本年编制 761 个；已编制总体规划的镇乡级特殊区域 491 个，占所统计镇乡级特殊区域总数的 72.3%，其中本年编制 35 个；已编制村庄规划的行政村 322403 个，占所统计行政村总数的 59.0%，其中本年编制 20674 个。2014 年全国村镇规划编制投入达 35.47 亿元。

建设投入 2014 年，全国村镇建设总投入 16101 亿元。按地域分，建制镇建成区 7172 亿元，乡建成区 671 亿元，镇乡级特殊区域建成区 171 亿元，村庄 8088 亿元，分别占总投入的 44.5%、4.2%、1.1%、50.2%。按用途分，房屋建设投入 12559 亿元，市政公用设施建设投入 3542 亿元，分别占总投入的 78%、22%。

在房屋建设投入中，住宅建设投入 8997 亿元，公共建筑投入 1351 亿元，生产性建筑投入 2212 亿元，分别占房屋建设投入的 71.6%、10.8%、17.6%。

在市政公用设施建设投入中，供水 406 亿元，道路桥梁 1545 亿元，分别占市政公用设施建设总投入的 11.5%和 43.6%。

房屋建设 2014 年，全国村镇房屋竣工建筑面积 11.56 亿平方米，其中住宅 8.53 亿平方米，公共建筑 1.08 亿平方米，生产性建筑 1.95 亿平方米。2014 年末，全国村镇实有房屋建筑面积 378.05 亿平方米，其中住宅 317.75 亿平方米，公共建筑 24.12 亿平方米，生产性建筑 36.18 亿平方米，分别占 84.0%、6.4%、9.6%。

2014 年末，全国村镇人均住宅建筑面积 33.37 平方米。其中，建制镇建成区人均住宅建筑面积 34.55 平方米，乡建成区人均住宅建筑面积 31.22 平方米，镇乡级特殊区域建成区人均住宅建筑面积 33.47 平方米，村庄人均住宅建筑面积 33.21 平方米。

公用设施建设 在建制镇、乡和镇乡级特殊区域建成区内，年末实有供水管道长度 54.99 万公里，排水管道长度 17.12 万公里，排水暗渠长度 8.76 万公里，铺装道路长度 40.66 万公里，铺装道路面积 28.30 亿平方米，公共厕所 15.06 万座。

2014 年末，建制镇建成区用水普及率 82.77%，人均日生活用水量 98.68 升，燃气普及率 47.8%，人均道路面积 12.6 平方米，排水管道暗渠密度 5.94 公里/平方公里，人均公园绿地面积 2.39 平方米。乡建成区用水普及率 69.26%，人均日生活用水量 83.08 升，燃气普及率 20.3%，人均道路面积 12.6 平方米，排水管道暗渠密度 3.83 公里/平方公里，人均公园绿地面积 1.07 平方米。镇乡级特殊区域建成区用水普及率 86.95%，人均日生活用水量 82.76 升，燃气普及率 50.3%，人均道路面积 15.95 平方米，排水管道暗渠密度 5.25 公里/平方公里，人均公园绿地面积 3.15 平方米。

2014 年末，全国 62.5%的行政村有集中供水，9.98%的行政村对生活污水进行了处理，63.98%的行政村有生活垃圾收集点，48.18%的行政村对生活垃圾进行处理。

Overview

General Situation

By the end of 2014, there were a total of 20401towns and 12282 townships. Based on the data collected from 17653 towns, 11871 townships, 679 special districts at township level, and 2.7018 million natural villages among which 546.7 thousand villages accommodate villagers' committees, rural population totaled 952 million. Among the total, 156 million people lived in the built area of towns, constituting 16.40%; 30 million in the built area of townships, making up 3.13%; 3.0 million in the built area of special districts at township level, taking a share of 0.35%; and 763 million were village inhabitants, accounting for 80.12%.

By the end of 2014, the total built area of towns covered 3.795 million hectares with 215 hectares of built area per town on average and population density of 4937 people per square kilometer; the total built area of townships covered 0.722 million hectares with 61 hectares per township on average and population density of 4428 people per square kilometer; and the total built area of special districts at township level covered 0.105 million hectares with 155 hectares per special district at township level on average and population density of 3661 people per square kilometer.

Planning and Administration

By the end of 2014, there were 16417 towns having master plans, accounting for 93.0% of the total number of towns surveyed, and among them, 1561 towns had their plans completed or revised this year; there were 9060 townships having master plans, accounting for 76.3% of the total number of townships surveyed, and among them, 761 townships had their plans completed or revised this year; there were 491 special districts at township level having master plans, accounting for 72.3% of the total number of special districts at township level surveyed, and among them, 35 special districts at township level had their plans completed or revised this year; there were 322403 administrative villages having development plans, accounting for 59.0% of the total number of administrative villages surveyed, and among them, 20674 villages had their plans completed or revised this year. The total investment in the development of village and town plans across the country in 2014 reached 3.547 billion yuan.

Construction Input

In 2014, the investment in the villages and towns development across the country totaled 1610.1 billion yuan. Divided by region, the investment in the built areas of towns, townships, special districts at township level, and villages was 717.2 billion yuan, 67.1 billion yuan, 17.1 billion yuan, and 808.8 billion yuan respectively, constituting 44.5%, 4.2%, 1.1%, and 50.2% of the total investment respectively. Broken down by purpose, the investment in the construction of buildings and public service facilities was 1255.9 billion yuan and 354.2 billion yuan respectively, accounting for 78% and 22% of the total investment respectively.

With respect to building construction, the investment in housing, public buildings, and industrial buildings was 899.7 billion yuan, 135.1 billion yuan, and 221.2 billion yuan respectively, making up 71.6%, 10.8%, and 17.6% of the total investment in building construction respectively.

Regarding the development of public service facilities, the investment in water supply, roads & bridges reached 40.6 billion yuan, 154.5 billion yuan respectively, accounting for 11.5% and 43.6% of the total investment in the development of public service facilities respectively.

Building Construction

In 2014, the new building completion in the country's villages and towns covered a total of floor space of

1156 million square meters, among which, the completed floor space of housing, public buildings, and industrial buildings amounted to 853 million, 108 million, and 195 million square meters respectively. By the end of 2014, the total floor space of the building stock in the country's villages and towns covered 37.81 billion square meters, among which, housing, public building, and industrial buildings covered 31.78 billion, 2.41 billion, and 3.62 billion square meters respectively, constituting 84.0%, 6.4%, and 9.6% of the total floor space respectively.

By the end of 2014, the per capita housing floor space in villages and towns nationwide was 33.37 square meter. This per capita figure in the built areas of towns, townships, special districts at township level, and villages was 34.55, 31.22, 33.47, and 33.21 square meters respectively.

The Development of Public Service Facilities

By the end of 2014, within the boundary of the built areas of towns, townships, and special districts at township level, there were water supply pipelines, drainage pipelines and drainage ducts of which the respective length was 549.9 thousand kilometers, 171.2 thousand kilometers, and 87.6 thousand kilometers; there were paved roads extending 406.6 thousand kilometers and covering an area of 2. 83 billion square meters; and there were 150.6 thousand public latrines.

By the end of 2014, in the built areas of towns, the water coverage rate was 82.77%, daily per capita domestic water consumption was 98.68 liters, gas coverage rate was 47.8%, per capita area of paved roads was 12.6 square meters, drainage pipelines & ducts density was 5.94 kilometers per square kilometers, and per capita area of public green space was 2.39 square meters. In the built areas of townships, the water coverage rate was 69.26%, daily per capita domestic water consumption was 82.76 liters, gas coverage rate was 20.3%, per capita area of paved roads was 12.6 square meters, drainage pipelines & ducts density was 3.83 kilometers per square kilometers, and per capita area of public green space was 1.07 square meters. In the built areas of special districts at township level, the water coverage rate was 86.95%, daily per capita domestic water consumption was 82.76 liters, gas coverage rate was 50.3%, per capita area of paved roads was 15.95 square meters, drainage pipelines & ducts density was 5.25 kilometers per square kilometers, and per capita area of public green space was 3.15 square meters.

By the end of 2014, 62.5% of the administrative villages nationwide had access to central water supply, domestic wastewater had been treated in 9.98% of the administrative villages, domestic garbage collection facilities had been set up in 63.98% of the administrative villages, and domestic garbage had been treated in 48.18% of the administrative villages.

3-1-1 全国历年建制镇及住宅基本情况

指标 Item 年份 Year	建制镇统计个数（万个）Number of Towns (10,000 units)	建成区面积（万公顷）Surface Area of Build Districts (10,000 hectare)	建成区户籍人口（亿人）Registered Permanent Population (100 million persons)	非农人口 Nonagriculture Population	建成区暂住人口（亿人）Temporary Population (100 million persons)	本年建设投入（亿元）Construction Input This Year (100 million RMB)
1990	1.01	82.5	0.61	0.28		156
1991	1.03	87.0	0.66	0.30		192
1992	1.20	97.5	0.72	0.32		284
1993	1.29	111.9	0.79	0.34		458
1994	1.43	118.8	0.87	0.38		616
1995	1.50	138.6	0.93	0.42		721
1996	1.58	143.7	0.99	0.42		915
1997	1.65	155.3	1.04	0.44		821
1998	1.70	163.0	1.09	0.46		872
1999	1.73	167.5	1.16	0.49		980
2000	1.79	182.0	1.23	0.53		1123
2001	1.81	197.2	1.30	0.56		1278
2002	1.84	203.2	1.37	0.60		1520
2003						
2004	1.78	223.6	1.43	0.64		2373
2005	1.77	236.9	1.48	0.66		2644
2006	1.77	312.0	1.40		0.24	3013
2007	1.67	284.3	1.31		0.24	2950
2008	1.70	301.6	1.38		0.25	3285
2009	1.69	313.1	1.38		0.26	3619
2010	1.68	317.9	1.39		0.27	4356
2011	1.71	338.6	1.44		0.26	5018
2012	1.72	371.4	1.48		0.28	5751
2013	1.74	369.0	1.52		0.30	7148
2014	1.77	379.5	1.56		0.31	7172

National Summary of Towns and Residential Building in Past Years

住宅 Residential Building	市政公用设施 Public Facilities	本年住宅竣工建筑面积（亿平方米） Floor Space Completed of Residential Building This Year (100 million m^2)	年末实有住宅建筑面积（亿平方米） Total Floor Space of Residential Buildings (year-end) (100 million m^2)	居住人口（亿人） Resident Population (100 million persons)	人均住宅建筑面积（平方米） Per Capita Floor Space (m^2)	指标 Item 年份 Year
76	15	0.49	12.3	0.61	19.9	1990
84	19	0.54	12.9	0.65	19.8	1991
115	28	0.62	14.8	0.72	20.5	1992
189	56	0.80	15.8	0.78	20.2	1993
265	79	0.90	17.6	0.85	20.6	1994
305	104	1.00	18.9	0.91	20.7	1995
373	116	1.10	20.5	0.97	21.1	1996
382	122	1.06	21.8	1.01	21.5	1997
402	141	1.09	23.3	1.07	21.8	1998
464	160	1.20	24.8	1.13	22.0	1999
530	185	1.41	27.0	1.19	22.6	2000
575	220	1.47	28.6	1.26	22.7	2001
655	265	1.69	30.7	1.32	23.2	2002
						2003
903	437	1.82	33.7	1.40	24.1	2004
1000	476	1.90	36.8	1.43	25.7	2005
1139	580	2.04	39.1	1.40	27.9	2006
1061	614	1.28	38.9		29.7	2007
1211	726	1.33	41.5		30.1	2008
1465	798	1.47	44.2		32.1	2009
1828	1028	1.67	45.1		32.5	2010
2106	1168	1.72	47.3		33.0	2011
2469	1348	1.97	49.6		33.6	2012
3561	1603	2.65	52.0		34.1	2013
3550	1663	2.66	54.0		34.6	2014

3-1-2 全国历年建制镇市政公用设施情况

指标 Item 年份 Year	年供水总量 (亿立方米) Annual Supply of Water (100 million m^3)	生活用水 Domestic Water Consumption	用水人口 (亿人) Population with Access to Water (100 million persons)	用水普及率 (%) Water Coverage Rate (%)	人均日生活用水量 (升) Per Capita Daily Water Consumption (liter)	道路长度 (万公里) Length of Roads (10,000 km)
1990	24.4	10.0	0.37	60.1	74.3	7.7
1991	29.5	11.6	0.42	63.9	76.1	8.4
1992	35.0	13.6	0.48	65.8	78.1	9.6
1993	39.5	15.8	0.54	68.5	80.7	10.9
1994	47.1	17.7	0.62	71.5	78.3	12.6
1995	53.7	21.5	0.69	74.2	85.5	13.4
1996	62.2	24.7	0.74	75.0	91.7	15.5
1997	68.4	27.0	0.80	76.6	92.6	17.8
1998	72.8	30.0	0.86	79.1	95.1	18.7
1999	81.4	34.3	0.93	80.2	100.8	19.4
2000	87.7	37.1	0.99	80.7	102.7	21.0
2001	91.4	39.6	1.04	80.3	104.0	22.8
2002	97.3	42.3	1.10	80.4	105.4	24.3
2003						
2004	110.7	49.0	1.20	83.6	112.1	27.5
2005	136.5	54.2	1.25	84.7	118.4	30.1
2006	131.0	44.7	1.17	83.8	104.2	26.0
2007	112.0	42.1	1.19	76.6	97.1	21.6
2008	129.0	45.0	1.27	77.8	97.1	23.4
2009	114.6	46.1	1.28	78.3	98.9	24.5
2010	113.5	47.8	1.32	79.6	99.3	25.8
2011	118.6	49.9	1.37	79.8	100.7	27.4
2012	122.2	51.2	1.42	80.8	99.1	29.1
2013	126.2	53.7	1.49	81.7	98.6	31.0
2014	131.6	55.8	1.55	82.8	98.7	32.7

注：1.自2006年起，“公共绿地”统计为“公园绿地”。
2.自2006年起，“人均公共绿地面积”统计为以建制镇建成区人口和暂住人口合计为分母计算的“人均公园绿地面积”

Note: 1.Since 2006, Public Green Space is changed to Public Recreatinal Green Space.
2.Since 2006, Public Recreational Green Space Per Capita has been calculated based on denominator which combines both permanent and temporary resiclents in built area of town.

National Municipal Public Facilities of Towns in Past Years

桥梁数 (万座) Number of Bridges (10,000 units)	排水管道长度 (万公里) Length of Drainage Piplines (10,000 km)	公园绿地面积 (万公顷) Public Green Space (10,000 hectare)	人均公园绿地面积 (平方米) Public Recreational Green Space Per Capita (m^2)	环卫专用车辆设备 (万台) Number of Special Vehicles for Environmental Sanitation (10,000 units)	公共厕所 (万座) Number of Latrines (10,000 units)	指标 Item 年份 Year
2.4	2.7	0.85	1.4	0.5	4.9	1990
2.7	3.2	1.06	1.6	0.7	5.4	1991
3.1	4.0	1.22	1.7	0.8	6.1	1992
3.5	4.8	1.37	1.7	1.1	6.8	1993
3.9	5.5	1.74	2.2	1.2	7.6	1994
4.2	6.2	2.00	2.2	1.6	8.3	1995
4.8	7.5	2.27	2.3	1.7	8.7	1996
5.1	8.1	2.61	2.5	2.0	9.2	1997
5.4	8.8	2.99	2.7	2.3	9.7	1998
5.6	10.0	3.32	2.9	2.5	10.1	1999
6.1	11.1	3.71	3.0	2.9	10.3	2000
6.4	11.9	4.39	3.4	3.2	10.7	2001
6.8	13.0	4.84	3.5	3.3	11.2	2002
						2003
7.2	15.7	6.01	4.2	3.9	11.8	2004
7.7	17.1	6.81	4.6	4.2	12.4	2005
7.2	11.9	3.3	2.4	4.8	9.4	2006
8.3	8.8	2.72	1.8	5.0	9.0	2007
9.1	9.9	3.09	1.9	6.0	12.1	2008
9.9	10.7	3.14	1.9	6.6	11.6	2009
10.0	11.5	3.36	2.0	6.9	9.8	2010
9.7	12.2	3.45	2.0	7.6	10.1	2011
10.4	13.2	3.73	2.1	8.7	10.5	2012
10.8	14.0	4.33	2.4	9.7	14.0	2013
11.0	15.1	4.48	2.4	10.6	11.4	2014

3-1-3 全国历年乡及住宅基本情况

指标 Item 年份 Year	乡统计个数 (万个) Number of Townships (10,000 units)	建成区面积 (万公顷) Surface Area of Build Districts (10,000 hectare)	建成区户籍人口 (亿人) Registered Permanent Population (100 million persons)	非农人口 Nonagriculture Population	建成区暂住人口 (亿人) Temporary Population (100 million persons)	本年建设投入 (亿元) Construction Input This Year (100 million RMB)
1990	4.02	110.1	0.72	0.17		121
1991	3.90	109.3	0.70	0.16		136
1992	3.72	98.1	0.66	0.15		168
1993	3.64	99.9	0.65	0.15		191
1994	3.39	101.2	0.62	0.14		234
1995	3.42	103.7	0.63	0.15		260
1996	3.15	95.2	0.60	0.14		296
1997	3.03	95.7	0.60	0.14		296
1998	2.91	93.7	0.59	0.15		316
1999	2.87	92.6	0.59	0.15		325
2000	2.76	90.7	0.58	0.14		300
2001	2.35	79.7	0.53	0.14		283
2002	2.26	79.1	0.52	0.14		325
2003						
2004	2.18	78.1	0.53	0.15		344
2005	2.07	77.8	0.52	0.14		377
2006	1.46	92.83	0.35		0.03	355
2007	1.42	75.89	0.34		0.03	352
2008	1.41	81.15	0.34		0.03	438
2009	1.39	75.76	0.33		0.03	471
2010	1.37	75.12	0.32		0.03	558
2011	1.29	74.19	0.31		0.02	535
2012	1.27	79.55	0.31		0.02	634
2013	1.23	73.69	0.31		0.02	706
2014	1.19	72.23	0.30		0.02	671

注：2006年以后，本表统计范围由原来的集镇变为乡。
Note:Since 2006, coverage of the statistics in the table is changed to be township.

National Summary of Townships and Residential Building in Past Years

住宅 Residential Building	市政公用设施 Public Facilities	本年住宅竣工建筑面积 (亿平方米) Floor Space Completed of Residential Building This Year (100 million m^2)	年末实有住宅建筑面积 (亿平方米) Total Floor Space of Residential Buildings (year-end) (100 million m^2)	居住人口 (亿人) Resident Population (100 million persons)	人均住宅建筑面积 (平方米) Per Capita Floor Space (m^2)	指标 Item 年份 Year
61	7	0.52	13.8	0.72	19.1	1990
67	8	0.53	13.8	0.70	19.8	1991
76	10	0.55	13.4	0.65	20.6	1992
85	13	0.49	13.3	0.64	20.6	1993
113	16	0.51	12.8	0.63	20.3	1994
133	22	0.57	12.7	0.62	20.5	1995
151	26	0.59	12.2	0.58	21.0	1996
155	33	0.56	12.3	0.59	21.0	1997
175	37	0.57	12.3	0.58	21.4	1998
193	36	0.66	12.8	0.58	22.1	1999
175	35	0.60	12.6	0.56	22.6	2000
167	33	0.55	12.0	0.52	23.0	2001
188	39	0.57	12.0	0.51	23.6	2002
						2003
188	48	0.56	12.5	0.50	24.9	2004
186	55	0.56	12.8	0.50	25.5	2005
145	66	0.40	9.1	0.35	25.9	2006
147	75	0.26	9.1		27.1	2007
187	99	0.28	9.2		27.2	2008
212	101	0.29	9.4		28.8	2009
262	129	0.35	9.7		29.9	2010
267	122	0.32	9.5		30.3	2011
306	152	0.36	9.6		30.5	2012
365	153	0.39	9.6		31.2	2013
332	132	0.36	9.3		31.2	2014

3-1-4 全国历年乡市政公用设施情况

指标 Item 年份 Year	年供水总量 (亿立方米) Annual Supply of Water (100 million m^3)	生活用水 Domestic Water Consumption	用水人口 (亿人) Population with Access to Water (100 million persons)	用水普及率 (%) Water Coverage Rate (%)	人均日生活用水量 (升) Per Capita Daily Water Consumption (liter)	道路长度 (万公里) Length of Roads (10,000 km)
1990	10.8	5.0	0.26	35.7	53.4	15.2
1991	12.3	5.1	0.27	39.3	51.1	14.9
1992	12.7	5.2	0.28	42.6	50.6	14.2
1993	12.3	5.6	0.27	40.6	58.2	14.2
1994	12.8	6.0	0.30	47.8	55.5	14.0
1995	13.7	6.4	0.32	49.9	55.4	14.4
1996	13.9	6.6	0.29	49.0	61.1	14.4
1997	16.2	7.3	0.31	52.3	63.7	14.5
1998	17.2	7.9	0.33	55.5	66.4	14.3
1999	17.3	8.8	0.35	58.2	69.7	14.4
2000	16.8	8.8	0.35	60.1	69.2	13.7
2001	15.7	8.2	0.32	61.0	69.3	12.1
2002	16.4	8.4	0.32	62.1	71.9	12.1
2003						
2004	17.4	9.5	0.35	65.8	74.8	12.6
2005	17.5	9.6	0.35	67.2	75.6	12.4
2006	25.8	6.3	0.22	63.4	78.0	7.0
2007	11.9	6.0	0.21	59.1	76.1	6.2
2008	11.9	6.3	0.23	62.6	75.5	6.4
2009	11.4	6.5	0.22	63.5	79.5	6.3
2010	11.8	6.8	0.23	65.6	81.4	6.6
2011	11.5	6.7	0.22	65.7	82.4	6.5
2012	12.0	6.9	0.22	66.7	83.9	6.7
2013	11.5	6.8	0.22	68.2	82.8	6.8
2014	11.3	6.7	0.22	69.3	83.1	7.0

注：1.自2006年起，“公共绿地”统计为“公园绿地”。

2.自2006年起，“人均公共绿地面积”统计为以乡建成区人口和暂住人口合计为分母计算的“人均公园绿地面积”。

Note: 1.Since 2006, Public Green Space is changed to Public Recreatinal Green Space.

2.Since 2006, Public recreational green space per capita has been calculated based on denominator which combines both permanent and temporary resiclents in build area of township.

National Municipal Public Facilities of Townships in Past Years

桥梁数 (万座) Number of Bridges (10,000 units)	排水管道长 度 (万公里) Length of Drainage Piplines (10,000 km)	公园绿地面积 (万公顷) Public Green Space (10,000 hectare)	人均公园绿地面积 (平方米) Public Recreational Green Space Per Capita (m^2)	环卫专用车辆设备 (万台) Number of Special Vehicles for Environmental Sanitation (10,000 units)	公共厕所 (万座) Number of Latrines (10,000 units)	指标 Item 年份 Year
3.3	2.3	0.64	0.88	0.16	5.33	1990
3.5	2.3	0.83	1.19	0.26	5.74	1991
3.7	2.5	0.87	1.32	0.31	5.89	1992
3.4	2.4	0.91	1.4	0.29	5.77	1993
3.3	2.6	1.11	1.76	0.42	6.18	1994
3.4	3.7	1.09	1.73	0.50	6.42	1995
3.4	3.2	1.08	1.79	0.50	6.12	1996
3.5	3.1	1.15	1.91	0.54	6.25	1997
3.5	3.2	1.31	2.22	0.62	6.21	1998
3.5	3.2	1.32	2.23	0.65	6.04	1999
3.4	3.3	1.35	2.33	0.68	5.86	2000
2.9	3.1	1.36	2.56	0.70	5.03	2001
2.9	3.6	1.31	2.54	0.75	5.05	2002
						2003
2.8	4.3	1.41	2.57	0.77	4.58	2004
2.9	4.3	1.37	2.65	0.80	4.57	2005
2.2	1.9	0.29	0.85	0.88	2.92	2006
2.7	1.1	0.24	0.66	1.04	2.76	2007
2.6	1.2	0.26	0.72	1.30	3.34	2008
2.8	1.4	0.30	0.84	1.34	2.96	2009
2.7	1.4	0.31	0.88	1.45	2.75	2010
2.6	1.4	0.30	0.90	1.53	2.58	2011
2.6	1.5	0.32	0.95	1.85	3.08	2012
2.6	1.6	0.35	1.08	2.56	3.94	2013
2.7	1.6	0.34	1.07	2.37	3.19	2014

3-1-5 全国历年村庄基本情况

指标 Item 年份 Year	村庄统计个数 (万个) Number of Villages (unit)	村庄现状用地面积 (万公顷) Area of Villages (10,000 hectare)	村庄户籍人口 (亿人) Registered Permanent Population (100 million persons)	非农人口 Non-agriculture Population	村庄暂住人口 (亿人) Temporary Population (100 million persons)	本年建设投入 (亿元) Construction Input This Year (100 million RMB)	住宅 Residential Building
1990	377.3	1140.1	7.92	0.16		662	545
1991	376.2	1127.2	8.00	0.16		744	618
1992	375.5	1187.7	8.06	0.16		793	624
1993	372.1	1202.7	8.13	0.17		906	659
1994	371.3	1243.8	8.15	0.18		1175	885
1995	369.5	1277.1	8.29	0.20		1433	1089
1996	367.6	1336.1	8.18	0.19		1516	1176
1997	365.9	1366.4	8.18	0.20		1538	1175
1998	355.8	1372.6	8.15	0.21		1585	1220
1999	359.0	1346.3	8.13	0.22		1607	1245
2000	353.7	1355.3	8.12	0.24		1572	1203
2001	345.9	1396.1	8.06	0.25		1558	1145
2002	339.6	1388.8	8.08	0.26		2002	1288
2003							
2004	320.7	1362.7	7.95	0.32		2064	1243
2005	313.7	1404.2	7.87	0.31		2304	1374
2006	270.9		7.14		0.23	2723	1524
2007	264.7	1389.9	7.63		0.28	3544	1923
2008	266.6	1311.7	7.72		0.31	4294	2558
2009	271.4	1362.8	7.70		0.28	5400	3456
2010	273.0	1399.2	7.69		0.29	5692	3412
2011	266.9	1373.8	7.64		0.28	6204	3773
2012	267.0	1409.0	7.63		0.28	7420	4312
2013	265.0	1394.3	7.62		0.28	8183	4898
2014	270.2	1394.1	7.63		0.28	8088	5020

National Summary of Villages in Past Years

市政公用设施 Public Facilities	本年住宅竣工建筑面积(亿平方米) Floor Space Completed of Residential Building This Year (100 million m²)	年末实有住宅建筑面积(亿平方米) Total Floor Space of Residential Buildings (year-end) (100 million m²)	居住人口(亿人) Resident Population (100 million persons)	人均住宅建筑面积(平方米) Per Capita Floor Space (m²)	道路长度(万公里) Length of Roads (10,000 km)	桥梁数(万座) Number of Bridges (10,000 units)	指标 Item 年份 Year
33	4.82	159.3	7.84	20.3	262.1		1990
26	5.54	163.3	7.95	20.5	240.0	37.7	1991
32	4.86	167.4	8.01	20.9	262.9	40.2	1992
57	4.38	170.0	8.12	20.9	268.7	43.0	1993
65	4.49	169.1	7.90	21.4	263.2	43.0	1994
104	4.95	177.7	8.06	22.0	275.0	44.7	1995
106	4.96	182.4	8.13	22.4	279.3	44.1	1996
136	4.66	185.9	8.12	22.9	283.2	44.7	1997
139	4.73	189.2	8.07	23.5	290.3	43.4	1998
152	4.62	192.8	8.04	24.0	287.3	45.7	1999
139	4.47	195.2	8.02	24.3	287.0	46.3	2000
160	4.28	199.1	7.97	25.0	283.6	46.7	2001
368	4.39	202.5	7.94	25.5	287.3	47.1	2002
							2003
342	4.22	205.0	7.75	26.5	285.1	57.8	2004
380	4.42	208.0	7.72	26.9	304.0	58.0	2005
501	4.75	202.9	7.14	28.4	221.9	50.7	2006
616	3.65	222.7		29.2			2007
793	4.10	227.2		29.4			2008
863	4.91	237.0		30.8			2009
1105	4.56	242.6		31.6			2010
1216	4.86	245.1		32.1			2011
1660	5.25	247.8		32.5			2012
1850	5.46	250.6		32.9	228.0		2013
1707	5.46	253.4		33.2	234.1		2014

3-2-1 建制镇市政公用设施水平(2014年)

地区名称 Name of Regions		人口密度 (人/平方公里) Population Density (person/km²)	人均日生活用水量 (升) Per Capita Daily Water Consumption (liter)	供 水 普及率 (%) Water Coverage Rate (%)	燃 气 普及率 (%) Gas Coverage Rate (%)
全 国	**National Total**	**4937**	**98.68**	**82.77**	**47.77**
北 京	Beijing	3973	106.00	87.59	56.28
天 津	Tianjin	4304	87.73	94.14	70.21
河 北	Hebei	4608	68.38	77.30	35.62
山 西	Shanxi	5088	75.39	87.39	15.97
内蒙古	Inner Mongolia	3124	57.35	65.39	15.76
辽 宁	Liaoning	3644	90.88	72.41	30.68
吉 林	Jilin	3797	79.91	73.67	20.82
黑龙江	Heilongjiang	3687	66.63	83.54	18.59
上 海	Shanghai	5083	143.19	93.86	87.08
江 苏	Jiangsu	5790	103.85	96.72	86.80
浙 江	Zhejiang	5076	127.74	78.85	51.96
安 徽	Anhui	4880	102.35	70.41	43.55
福 建	Fujian	5885	117.43	89.33	66.50
江 西	Jiangxi	4367	95.45	68.40	33.95
山 东	Shandong	4555	75.79	91.64	63.74
河 南	Henan	5544	82.34	75.71	8.42
湖 北	Hubei	4825	97.59	86.25	41.90
湖 南	Hunan	5056	103.13	72.34	35.08
广 东	Guangdong	5124	136.41	87.41	68.87
广 西	Guangxi	6959	106.61	86.02	70.55
海 南	Hainan	3792	101.66	85.50	76.09
重 庆	Chongqing	6901	93.94	90.28	57.03
四 川	Sichuan	5299	94.02	81.12	48.91
贵 州	Guizhou	4840	96.36	78.97	12.10
云 南	Yunnan	5865	90.26	85.29	13.53
陕 西	Shaanxi	4965	57.34	78.83	17.09
甘 肃	Gansu	4163	56.15	71.52	5.62
青 海	Qinghai	4175	62.26	72.24	18.16
宁 夏	Ningxia	3365	77.54	72.14	31.91
新 疆	Xinjiang	3109	80.79	82.39	13.70

Level of Municipal Public Facilities of Built-up Area of Towns (2014)

人均道路面积 (平方米) Road Surface Area Per Capita (m^2)	排水管道暗渠密度 (公里/平方公里) Density of Drains (km/km^2)	人均公园绿地面积 (平方米) Public Recreational Green Space Per Capita (m^2)	绿化覆盖率 (%) Green Coverage Rate (%)	绿地率 (%) Green Space Rate (%)	地区名称 Name of Regions
12.63	**5.94**	**2.39**	**15.90**	**8.96**	**全　国**
15.26	6.71	5.86	23.49	15.22	北　京
14.72	6.00	1.14	18.78	7.62	天　津
10.52	2.68	0.45	9.45	4.18	河　北
13.01	5.01	0.91	19.95	7.90	山　西
11.93	2.24	0.16	9.77	4.65	内蒙古
12.79	4.18	1.12	13.24	3.58	辽　宁
10.87	1.99	0.88	5.51	2.14	吉　林
15.61	2.31	1.16	5.40	2.44	黑龙江
9.89	4.59	2.11	16.34	10.93	上　海
17.89	10.50	6.10	26.98	20.17	江　苏
13.14	7.38	2.34	14.91	9.67	浙　江
11.66	7.23	2.94	19.44	11.21	安　徽
13.42	6.44	7.34	25.87	16.32	福　建
10.21	4.67	0.98	8.70	4.67	江　西
18.17	8.05	5.47	26.34	16.74	山　东
11.59	4.74	1.54	21.65	4.49	河　南
10.28	5.84	0.92	15.23	7.89	湖　北
9.28	4.62	1.11	14.68	8.17	湖　南
13.74	6.94	2.49	14.89	9.48	广　东
11.45	8.10	0.44	8.69	4.13	广　西
14.05	5.20	1.92	20.15	12.20	海　南
7.64	6.94	0.41	8.04	4.42	重　庆
10.39	6.16	0.70	8.16	4.02	四　川
10.61	4.13	0.27	10.25	3.86	贵　州
8.90	4.49	0.71	6.20	3.87	云　南
9.52	4.86	0.66	7.70	3.14	陕　西
12.23	2.97	0.63	6.58	3.13	甘　肃
10.47	2.38	2.09	10.80	6.55	青　海
12.87	6.38	0.59	7.76	4.44	宁　夏
19.29	2.35	1.26	15.63	11.54	新　疆

3-2-2 建制镇基本情况(2014年)

地区名称 Name of Regions		建制镇个数 (个) Number of Towns (unit)	建成区面积 (公顷) Surface Area of Built-up Districts (hectare)	建设用地面积 (公顷) Area of Construction Land (hectare)	建成区户籍人口 (万人) Registered Permanent Population (10,000 persons)	建成区暂住人口 (万人) Temporary Population (10,000 persons)
全　国	**National Total**	**17653**	**3794572**	**3296969**	**15617.13**	**3115.35**
北　京	Beijing	113	28556	31337	71.62	41.82
天　津	Tianjin	111	28484	67162	92.73	29.88
河　北	Hebei	837	150347	150834	589.38	103.49
山　西	Shanxi	474	54674	52309	247.20	30.98
内蒙古	Inner Mongolia	424	96117	50670	268.24	32.06
辽　宁	Liaoning	615	98760	67955	323.25	36.61
吉　林	Jilin	396	85221	47698	286.75	36.82
黑龙江	Heilongjiang	426	82384	66763	287.48	16.28
上　海	Shanghai	102	127227	113287	287.98	358.67
江　苏	Jiangsu	740	268817	202184	1263.70	292.77
浙　江	Zhejiang	615	235482	282993	791.30	404.04
安　徽	Anhui	843	221596	92932	967.55	113.91
福　建	Fujian	523	120257	79219	569.98	137.77
江　西	Jiangxi	694	142093	96471	562.47	57.99
山　东	Shandong	1094	379198	282116	1494.50	232.86
河　南	Henan	892	205287	284998	1030.45	107.63
湖　北	Hubei	751	223130	134343	968.68	108.02
湖　南	Hunan	1017	195869	299824	873.27	117.11
广　东	Guangdong	1021	304591	301525	1165.98	394.82
广　西	Guangxi	653	77415	57764	498.36	40.40
海　南	Hainan	159	30311	19032	100.16	14.79
重　庆	Chongqing	555	71216	43246	432.03	59.46
四　川	Sichuan	1602	176617	115873	788.11	147.79
贵　州	Guizhou	646	99572	144223	432.03	49.92
云　南	Yunnan	553	68103	40816	364.61	34.81
陕　西	Shaanxi	1027	113557	72190	505.11	58.72
甘　肃	Gansu	405	47563	32230	175.75	22.26
青　海	Qinghai	103	13904	27352	47.82	10.22
宁　夏	Ningxia	78	16331	13483	48.12	6.84
新　疆	Xinjiang	184	31893	26137	82.51	16.63

Summary of Towns(2014)

规划建设管理			Planning and Administer			
设有村镇建设管理机构的个数(个) Number of Towns with Construction Management Institution (unit)	村镇建设管理人员(人) Number of Construction Management Personnel (person)	专职人员 Full-time Staff	有总体规划的建制镇个数(个) Number of Towns with Master Plans (unit)	本年编制 Compiled This Year	本年规划编制投入(万元) Input in Planning this Year (10,000RMB)	地区名称 Name of Regions
16285	**82576**	**52069**	**16417**	**1561**	**282582**	**全　国**
107	1090	584	103	3	1631	北　京
111	740	441	98	4	2557	天　津
635	2081	1298	716	31	4923	河　北
374	768	338	393	17	2856	山　西
391	1462	908	372	19	4350	内蒙古
611	1779	1235	552	35	1942	辽　宁
392	1025	737	312	17	1277	吉　林
421	969	636	374	9	382	黑龙江
102	1203	784	85	5	5089	上　海
736	7440	5281	730	137	29109	江　苏
588	5393	3277	587	64	24979	浙　江
716	3194	2075	807	71	13503	安　徽
509	1870	1295	512	33	11009	福　建
691	3089	1686	684	94	6368	江　西
1087	8489	5574	1085	157	36115	山　东
888	6534	3828	855	57	9112	河　南
718	4690	2904	719	54	21793	湖　北
914	5425	3040	914	107	28050	湖　南
953	7735	4701	883	66	17366	广　东
651	2449	1874	640	65	8566	广　西
155	475	339	157	16	4696	海　南
542	2330	1664	539	59	3563	重　庆
1453	4224	2799	1477	183	21163	四　川
610	1788	1189	609	103	8787	贵　州
513	1836	1163	530	20	3257	云　南
817	2538	1342	934	73	5146	陕　西
313	1173	639	399	33	1979	甘　肃
53	63	13	96	15	1325	青　海
71	230	100	73	4	726	宁　夏
163	494	325	182	10	966	新　疆

3-2-3 建制镇供水(2014年)

地区名称 Name of Regions		集中供水的建制镇个数(个) Number of Towns with Access to Piped Water (unit)	占全部建制镇的比例(%) Percentage of Total Rate (%)	公共供水 Public Water Supply		
				设施个数(个) Number of Public Water Supply Facilities (unit)	其中：水厂个数 Waterwork	综合生产能力(万立方米/日) Integrated Production Capacity ($10,000m^3$/day)
全　国	**National Total**	**16533**	**93.7**	**29112**	**15249**	**6344.3**
北　京	Beijing	108	95.6	198	113	56.0
天　津	Tianjin	101	91.0	318	103	49.0
河　北	Hebei	693	82.8	1514	288	105.3
山　西	Shanxi	466	98.3	741	153	45.3
内蒙古	Inner Mongolia	388	91.5	717	269	57.6
辽　宁	Liaoning	502	81.6	871	196	83.6
吉　林	Jilin	351	88.6	732	316	69.7
黑龙江	Heilongjiang	397	93.2	644	223	39.1
上　海	Shanghai	101	99.0	124	60	339.3
江　苏	Jiangsu	739	99.9	1654	1168	690.3
浙　江	Zhejiang	601	97.7	1136	593	685.3
安　徽	Anhui	720	85.4	1305	1008	300.9
福　建	Fujian	521	99.6	885	549	355.4
江　西	Jiangxi	666	96.0	1042	704	161.6
山　东	Shandong	1084	99.1	3010	1161	587.9
河　南	Henan	860	96.4	1788	766	226.0
湖　北	Hubei	698	92.9	1062	815	386.2
湖　南	Hunan	852	83.8	1390	900	275.1
广　东	Guangdong	990	97.0	1478	1054	1000.4
广　西	Guangxi	646	98.9	884	645	121.8
海　南	Hainan	158	99.4	320	129	29.7
重　庆	Chongqing	548	98.7	940	771	91.6
四　川	Sichuan	1516	94.6	2068	1583	237.7
贵　州	Guizhou	609	94.3	1026	471	82.4
云　南	Yunnan	541	97.8	739	355	72.7
陕　西	Shaanxi	1004	97.8	1559	477	103.0
甘　肃	Gansu	341	84.2	448	160	32.7
青　海	Qinghai	83	80.6	87	20	17.8
宁　夏	Ningxia	68	87.2	146	52	16.2
新　疆	Xinjiang	181	98.4	286	147	24.8

Water Supply of Towns(2014)

自备水源单位 Self-built Water Supply Facilities		年供水总量			供水管道长度		用水人口	地区名称
个数(个) Number of Self-built Water Supply Facilities (unit)	综合生产能力(万立方米/日) Integrated Production Capacity (10,000m³/day)	(万立方米) Annual Supply of Water (10,000m³)	年生活用水量 Annual Domestic Water Consumption	年生产用水量 Annual Water Consumption for Production	(公里) Length of Water Supply Pipelines (km)	本年新增 Added This Year	(万人) Population with Access to Water (10,000 persons)	Name of Regions
47738	**1606.6**	**1316054**	**558444**	**673819**	**438847**	**29066**	**15504.7**	**全　国**
769	41.4	9769	3844	5111	4848	50	99.4	北　京
633	22.4	11273	3696	6331	5122	121	115.4	天　津
2922	102.3	35447	13368	17654	11358	691	535.6	河　北
1176	24.9	15557	6690	8108	7094	305	243.1	山　西
687	25.8	14410	4110	8932	9550	742	196.4	内蒙古
984	38.3	16101	8644	6483	11295	665	260.6	辽　宁
862	21.3	14745	6952	7388	6736	484	238.4	吉　林
367	13.2	9083	6171	2585	8060	173	253.8	黑龙江
19	39.7	107311	31722	71501	10739	105	606.9	上　海
1159	57.4	142573	57062	79588	54922	2587	1505.4	江　苏
3091	135.0	115293	43945	66702	31107	1815	942.5	浙　江
1439	50.8	51674	28445	19628	22173	2267	761.4	安　徽
1650	48.1	71590	27099	39619	14481	1091	632.2	福　建
2154	34.0	30364	14786	12577	9939	956	424.4	江　西
7185	269.2	136813	43788	86733	48609	4334	1583.0	山　东
5454	125.6	44008	25898	16345	16185	1721	861.7	河　南
1653	73.4	65670	33079	29850	20998	1604	928.7	湖　北
2944	72.8	49093	26969	19352	16991	1596	716.4	湖　南
1942	164.1	196809	67928	108137	39104	1569	1364.3	广　东
1395	39.0	27622	18034	7794	11219	505	463.4	广　西
1044	8.6	4842	3647	973	3900	244	98.3	海　南
380	12.1	25604	15214	8423	9063	543	443.7	重　庆
2433	78.3	49778	26055	19641	20402	1611	759.3	四　川
1028	27.8	23201	13387	7271	10357	948	380.6	贵　州
1453	31.1	17512	11223	5808	12886	731	340.7	云　南
2063	26.2	16344	9301	5595	9032	734	444.5	陕　西
415	7.7	4935	2902	1878	4944	186	141.6	甘　肃
43	5.5	2201	953	1203	939	143	41.9	青　海
129	4.0	1910	1122	670	2498	214	39.7	宁　夏
265	6.8	4517	2409	1939	4297	333	81.7	新　疆

3-2-4 建制镇燃气、供热、道路桥梁(2014年)

地区名称 Name of Regions	用气人口(万人) Population with Access to Gas (10,000 persons)	集中供热面积(万平方米) Area of Centrally Heated District (10,000 m²)	道路长度(公里) Length of Roads (km)	本年新增 Added This Year	本年更新改造 Renewal and Upgrading during the Reported Year	道路面积(万平方米) Surface Area of Roads (10,000 m²)
全　国 National Total	**8947.7**	**30840**	**327498**	**21477**	**14385**	**236514**
北　京 Beijing	63.9	2929	2485	94	45	1731
天　津 Tianjin	86.1	3156	2722	109	85	1805
河　北 Hebei	246.8	1689	11815	509	407	7288
山　西 Shanxi	44.4	753	5517	229	61	3618
内蒙古 Inner Mongolia	47.3	2365	5164	723	212	3582
辽　宁 Liaoning	110.4	3490	7669	440	582	4603
吉　林 Jilin	67.4	2248	5610	392	221	3518
黑龙江 Heilongjiang	56.5	1172	7826	129	167	4741
上　海 Shanghai	563.1	98	5770	179	91	6396
江　苏 Jiangsu	1351.0	83	36620	1521	1307	27843
浙　江 Zhejiang	621.1		20581	921	519	15706
安　徽 Anhui	471.0	60	17920	1491	856	12607
福　建 Fujian	470.7		12854	789	430	9501
江　西 Jiangxi	210.6		9283	612	422	6335
山　东 Shandong	1101.0	10033	42032	4532	3014	31389
河　南 Henan	95.9	493	18170	1375	647	13191
湖　北 Hubei	451.1		15312	1059	792	11067
湖　南 Hunan	347.4		13967	1150	640	9193
广　东 Guangdong	1075.0		27646	1079	808	21450
广　西 Guangxi	380.1		8595	392	285	6169
海　南 Hainan	87.5		2685	132	57	1615
重　庆 Chongqing	280.3		4586	334	328	3755
四　川 Sichuan	457.7	98	13376	913	508	9728
贵　州 Guizhou	58.3	323	6652	839	928	5111
云　南 Yunnan	54.0		5039	325	320	3556
陕　西 Shaanxi	96.4	283	8863	691	360	5367
甘　肃 Gansu	11.1	523	3778	157	117	2421
青　海 Qinghai	10.5	75	817	40	6	608
宁　夏 Ningxia	17.5	571	1229	155	86	708
新　疆 Xinjiang	13.6	396	2915	165	83	1913

Gas ,Central Heating, Road and Bridges of Towns(2014)

本年新增 Added This year	本年更新改造 Renewal and Upgrading during the Reported Year	桥梁座数(座) Number of Bridges (unit)	本年新增 Added This year	本年更新改造 Renewal and Upgrading during the Reported Year	道路照明灯盏数(盏) Number of Road Lamps (unit)	本年新增 Added This year	地区名称 Name of Regions
15812	**9087**	**109751**	**5299**	**2827**	**5302937**	**628727**	**全 国**
113	42	809	20	29	132307	10962	北 京
122	44	1089	53	20	66696	4496	天 津
283	202	2053	97	48	182078	18131	河 北
167	74	970	27	5	83181	8892	山 西
421	79	1287	100	10	86110	10633	内蒙古
226	294	2184	101	71	128040	43627	辽 宁
251	131	1706	88	46	56406	8962	吉 林
88	96	784	17	9	42002	3178	黑龙江
168	94	5791	64	78	146933	8201	上 海
1155	867	20460	814	439	661777	54340	江 苏
761	445	11694	280	194	435930	30756	浙 江
926	451	5997	360	156	196217	25934	安 徽
643	220	3491	92	120	244623	31303	福 建
470	281	2475	218	51	96098	16337	江 西
3669	1964	17072	1139	647	763182	112439	山 东
1021	472	3827	380	102	250228	33707	河 南
689	627	3394	148	119	156358	17446	湖 北
738	375	3282	199	151	162021	31833	湖 南
906	599	6598	160	154	649544	44699	广 东
247	180	1402	44	28	89953	9188	广 西
67	32	362	14	16	34211	4480	海 南
191	195	1618	101	39	98855	10356	重 庆
689	357	4210	308	133	212697	27751	四 川
985	436	1131	110	83	88432	19906	贵 州
218	181	1535	75	25	62079	11882	云 南
332	180	2197	170	38	91713	16378	陕 西
80	63	750	25	2	32859	5373	甘 肃
20	1	199	10		7758	563	青 海
70	47	166	14	11	19182	4016	宁 夏
95	59	1218	71	3	25467	2958	新 疆

3-2-5 建制镇排水和污水处理(2014年)
Drainage and Wastewater Treatment of Towns(2014)

地区名称 Name of Regions	对生活污水进行处理的建制镇 Town with Domestic Wastewater Treated		污水处理厂 Wastewater Treatment Plant		污水处理装置 Wastewater Treatment Facilities		排水管道长度(公里) Length of Drainage Pipelines		排水暗渠长度(公里) Length of Drains	
	个数(个) Number (unit)	比例(%) Rate (%)	个数(个) Number of Wastewater Treatment Plants (unit)	处理能力(万立方米/日) Treatment Capacity (10,000 m^3/day)	个数(个) Number of Wastewater Treatment Facilities (unit)	处理能力(万立方米/日) Treatment Capacity (10,000 m^3/day)	(km)	本年新增 Added This Year	(km)	本年新增 Added This Year
全 国 National Total	**3821**	**21.7**	**2961**	**1338.71**	**8667**	**1006.34**	**150595**	**13652**	**74936**	**6760**
北 京 Beijing	42	37.2	28	9.25	124	22.62	1565	45	351	4
天 津 Tianjin	22	19.8	25	15.35	40	10.27	1227	80	483	8
河 北 Hebei	57	6.8	38	58.20	149	23.30	2845	214	1183	54
山 西 Shanxi	19	4.0	13	6.84	18	4.14	1693	84	1048	63
内蒙古 Inner Mongolia	12	2.8	2	6.00	16	9.83	1594	125	559	94
辽 宁 Liaoning	90	14.6	78	18.28	370	17.20	2681	204	1449	104
吉 林 Jilin	7	1.8	6	6.62	70	1.08	1302	107	393	39
黑龙江 Heilongjiang							1286	125	617	21
上 海 Shanghai	94	92.2	15	30.24	68	9.59	5143	218	699	15
江 苏 Jiangsu	613	82.8	611	294.58	1014	203.55	20821	1533	7413	622
浙 江 Zhejiang	597	97.1	144	128.85	1402	110.02	13633	1314	3754	252
安 徽 Anhui	81	9.6	58	16.36	241	23.03	8628	1000	7392	561
福 建 Fujian	202	38.6	154	36.15	370	67.19	5546	434	2194	212
江 西 Jiangxi	35	5.0	25	4.41	141	7.11	4121	414	2510	267
山 东 Shandong	623	57.0	500	315.95	1325	114.06	18946	2636	11592	1491
河 南 Henan	44	4.9	22	7.89	74	13.80	6494	642	3234	315
湖 北 Hubei	89	11.9	54	19.63	323	43.49	9025	772	4003	380
湖 南 Hunan	61	6.0	45	21.08	148	13.32	6182	620	2870	311
广 东 Guangdong	159	15.6	148	217.60	663	181.79	13195	722	7957	396
广 西 Guangxi	8	1.2	7	0.36	35	1.60	3975	231	2296	159
海 南 Hainan	9	5.7	3	1.67	60	0.84	1046	69	530	30
重 庆 Chongqing	288	51.9	376	41.57	642	54.97	3171	256	1775	169
四 川 Sichuan	410	25.6	415	51.12	850	44.49	6837	630	4044	476
贵 州 Guizhou	115	17.8	47	9.01	278	16.52	1751	371	2365	257
云 南 Yunnan	34	6.2	10	1.51	77	1.31	1832	125	1224	91
陕 西 Shaanxi	51	5.0	88	9.52	86	6.87	3234	429	2287	276
甘 肃 Gansu	19	4.7	7	1.73	31	0.41	1073	76	341	48
青 海 Qinghai	3	2.9	1	2.25	9	0.02	278	12	53	0
宁 夏 Ningxia	24	30.8	34	5.47	34	3.25	820	102	221	39
新 疆 Xinjiang	13	7.1	7	1.22	9	0.67	648	62	100	5

3-2-6 建制镇园林绿化及环境卫生(2014年)
Landscaping and Environmental Sanitation of Towns(2014)

地区名称 Name of Regions		园林绿化(公顷) Landscaping(hectare)				环境卫生 Environmental Sanitation		
		绿化覆盖面积 Green Coverage Area	绿地面积 Area of Parks and Green Space	本年新增 Added This Year	公园绿地面积 Public Green Space	生活垃圾中转站(座) Number of Garbage Transfer Station (unit)	环卫专用车辆设备(台) Number of Special Vehicles for Environmental Sanitation (unit)	公共厕所(座) Number of Latrines (unit)
全　国	**National Total**	**603203**	**340124**	**21495**	**44768**	**35527**	**105982**	**113880**
北　京	Beijing	6708	4347	379	665	567	1918	2511
天　津	Tianjin	5349	2172	170	140	546	2981	1863
河　北	Hebei	14201	6279	178	312	1834	4554	3513
山　西	Shanxi	10909	4320	217	254	1208	2598	3217
内蒙古	Inner Mongolia	9395	4468	173	49	486	920	3534
辽　宁	Liaoning	13075	3534	416	404	734	2194	2581
吉　林	Jilin	4697	1828	94	285	686	1357	2161
黑龙江	Heilongjiang	4445	2011	104	353	219	1026	2649
上　海	Shanghai	20791	13900	155	1365	798	2470	3382
江　苏	Jiangsu	72520	54213	3866	9489	1463	12608	13149
浙　江	Zhejiang	35121	22780	1383	2802	1721	9716	14416
安　徽	Anhui	43071	24845	1794	3178	1036	7433	5334
福　建	Fujian	31116	19624	1126	5196	974	5060	5320
江　西	Jiangxi	12360	6629	321	609	1554	1820	3342
山　东	Shandong	99892	63474	6128	9441	1306	10775	8136
河　南	Henan	44449	9224	619	1757	1557	5656	4476
湖　北	Hubei	33991	17614	734	987	1660	3472	3928
湖　南	Hunan	28753	16011	1272	1101	1921	3205	3043
广　东	Guangdong	45347	28861	698	3887	2496	8759	6959
广　西	Guangxi	6729	3193	128	236	574	3308	2159
海　南	Hainan	6109	3697	174	221	169	1088	683
重　庆	Chongqing	5724	3150	92	199	1247	1598	2218
四　川	Sichuan	14404	7095	365	655	5945	5132	4628
贵　州	Guizhou	10202	3842	185	129	1020	1284	2014
云　南	Yunnan	4226	2637	163	282	363	853	3178
陕　西	Shaanxi	8739	3570	269	369	2314	2044	3100
甘　肃	Gansu	3128	1490	64	125	749	842	957
青　海	Qinghai	1502	910	68	121	64	197	301
宁　夏	Ningxia	1267	726	59	32	139	845	485
新　疆	Xinjiang	4986	3679	102	125	177	269	643

3-2-7 建制镇房屋(2014年)

地区名称 Name of Regions	住宅 Residential Building							
	本年建房户数(户) Number of Households of Building Housing This Year (unit)	在新址上新建 New Construction on New Site	年末实有建筑面积(万平方米) Total Floor Space of Buildings (year-end) ($10,000m^2$)	混合结构以上 Mixed Strucure and Above	本年竣工建筑面积(万平方米) Floor Space Completed This Year ($10,000m^2$)	混合结构以上 Mixed Strucure and above	房地产开发 Real Estate Development	人均住宅建筑面积(平方米) Per Capita Floor Space (m^2)
全　国 National Total	**1191146**	**711626**	**539543.3**	**425192.4**	**26567.2**	**23096.8**	**10232.2**	**34.55**
北　京 Beijing	8414	4371	3991.3	3450.1	201.6	179.0	79.0	55.73
天　津 Tianjin	6497	5254	4848.3	3817.3	243.0	185.2	98.0	52.28
河　北 Hebei	22937	6499	16843.2	11067.8	507.2	506.4	153.0	28.58
山　西 Shanxi	21812	12728	7404.1	4959.3	247.2	229.9	69.8	29.95
内蒙古 Inner Mongolia	21236	9087	7320.7	5815.6	241.3	208.7	64.3	27.29
辽　宁 Liaoning	32906	22916	9355.1	6002.4	460.1	427.9	329.8	28.94
吉　林 Jilin	18754	6236	7201.8	4123.7	309.4	237.5	184.4	25.11
黑龙江 Heilongjiang	18485	5059	6879.9	6563.7	167.9	167.9	22.1	23.93
上　海 Shanghai	6481	5638	22083.6	19504.6	1331.8	1174.5	682.9	76.69
江　苏 Jiangsu	129960	91625	52895.8	45989.8	3255.2	2993.3	1489.0	41.86
浙　江 Zhejiang	40871	28570	38363.7	33063.2	1656.0	1460.5	764.7	48.48
安　徽 Anhui	70217	39001	29932.0	23041.5	1333.9	1177.4	400.5	30.94
福　建 Fujian	23537	12679	22399.6	17818.0	1046.1	946.2	573.8	39.30
江　西 Jiangxi	30504	16313	19683.9	14793.1	855.2	822.1	242.6	35.00
山　东 Shandong	244709	157976	47297.7	36139.1	3532.8	3162.9	1209.4	31.65
河　南 Henan	54073	23381	33478.0	25671.6	1358.3	970.0	359.0	32.49
湖　北 Hubei	46003	25265	31917.4	26710.1	1257.0	1151.4	637.4	32.95
湖　南 Hunan	40030	24196	30395.6	25799.1	1116.0	967.1	320.4	34.81
广　东 Guangdong	66656	50288	37220.2	29441.1	2282.5	1601.6	1164.3	31.92
广　西 Guangxi	25846	13513	13878.5	11467.5	559.9	550.5	58.4	27.85
海　南 Hainan	6672	3111	3165.8	1928.8	132.3	111.6	25.6	31.61
重　庆 Chongqing	27793	17021	15178.3	13279.5	624.2	614.2	217.9	35.13
四　川 Sichuan	76454	43885	30641.6	24849.7	1538.0	1426.8	463.4	38.88
贵　州 Guizhou	35790	20730	12898.4	8732.7	793.4	561.9	286.4	29.86
云　南 Yunnan	20794	10685	10631.4	6262.2	344.9	297.4	68.9	29.16
陕　西 Shaanxi	41597	25937	13320.6	9033.4	659.7	541.9	126.4	26.37
甘　肃 Gansu	15466	7080	4986.0	2966.9	166.7	162.4	46.5	28.37
青　海 Qinghai	6836	3207	1388.8	645.4	58.2	45.4	2.2	29.04
宁　夏 Ningxia	16287	12337	1626.0	1022.9	169.6	116.5	77.5	33.79
新　疆 Xinjiang	13529	7038	2315.9	1232.5	117.8	98.9	14.5	28.07

Building Construction of Towns(2014)

公共建筑 Public Building					生产性建筑 Industrial Building					地区名称 Name of Regions
年末实有建筑面积(万平方米) Total Floor Space of Buildings (year-end) (10,000m²)	混合结构以上 Mixed Strucure and Above	本年竣工建筑面积(万平方米) Floor Space Completed This Year (10,000m²)	混合结构以上 Mixed Strucure and Above	房地产开发 Real Estate Development	年末实有建筑面积(万平方米) Total Floor Space of Buildings (year-end) (10,000m²)	混合结构以上 Mixed Strucure and Above	本年竣工建筑面积(万平方米) Floor Space Completed This Year (10,000m²)	混合结构以上 Mixed Strucure and Above	房地产开发 Real Estate Development	
116190.5	**100259.7**	**5289.3**	**4850.8**	**769.6**	**177354.3**	**150217.6**	**10229.7**	**9250.1**	**398.7**	**全　国**
801.3	718.2	62.3	59.7	18.6	1605.1	1489.1	42.3	34.2	3.8	北　京
902.8	817.6	52.0	45.8	20.9	3268.2	3145.3	117.7	111.8	3.0	天　津
3319.3	2552.3	131.9	131.4	30.2	6018.0	4451.0	182.7	152.4	1.5	河　北
1235.3	992.4	51.8	47.1		1534.7	1260.6	57.7	45.4	0.04	山　西
1773.0	1418.0	59.0	55.9	1.6	1218.0	1034.9	46.3	39.7		内蒙古
3021.7	2419.0	62.8	58.4	21.3	2766.2	2207.3	80.4	72.6	1.8	辽　宁
1604.0	1274.2	27.4	20.3	9.4	1092.2	830.0	62.8	46.2	3.3	吉　林
1858.4	1675.8	39.8	39.8		1506.3	1270.9	67.2	67.2		黑龙江
4587.3	4377.6	122.3	110.1	20.9	11485.4	11179.3	405.5	404.8	0.1	上　海
13031.3	11510.3	610.2	585.7	96.1	32153.2	29138.6	1617.7	1527.9	68.5	江　苏
7227.2	6747.3	401.3	389.0	42.2	26896.7	25078.3	1480.3	1437.9	36.8	浙　江
4868.7	4183.6	242.2	219.7	20.6	6705.7	5290.6	492.1	395.4	14.2	安　徽
4905.3	4334.6	220.2	213.2	17.9	6414.6	5454.2	349.6	321.6	13.6	福　建
2950.6	2442.5	199.2	191.2	30.9	2396.0	1800.4	160.7	152.0	8.8	江　西
13733.7	11570.5	993.7	910.4	155.8	25935.5	19135.6	2187.7	1981.7	83.4	山　东
3754.7	3126.0	202.0	188.2	15.0	4693.2	4017.1	260.5	234.5	16.5	河　南
10327.6	9336.4	240.2	223.6	17.7	5975.6	5246.0	439.7	412.0	12.7	湖　北
5006.2	4406.0	278.1	240.6	22.3	4572.3	3944.8	300.2	269.8	4.5	湖　南
8251.6	7215.5	308.9	210.2	138.8	15510.5	12514.2	771.1	630.9	89.4	广　东
3993.7	3243.6	127.2	117.1	9.8	2257.4	1560.7	80.3	70.0	0.04	广　西
629.8	438.6	26.1	23.2	6.2	249.7	158.7	30.0	27.9	1.3	海　南
2666.7	2412.7	72.3	70.2	4.2	1608.1	1402.3	65.4	52.9	1.4	重　庆
5031.8	4434.0	205.1	181.8	20.0	4502.8	3455.5	404.9	281.6	26.0	四　川
2104.8	1802.9	184.0	172.9	14.9	1418.1	1156.4	211.9	199.5	4.2	贵　州
2177.2	1771.6	66.4	62.8	0.3	1058.4	789.7	108.4	107.0	0.2	云　南
2898.0	2434.0	159.1	143.2	11.4	1951.9	1232.7	153.2	125.9	1.1	陕　西
1938.1	1391.1	53.2	53.2	1.7	1206.8	880.2	26.8	23.9	1.2	甘　肃
491.6	409.7	10.8	10.5	0.9	328.7	300.3	4.2	3.7		青　海
344.6	264.2	25.0	23.2	11.5	373.7	297.1	11.1	9.4	1.4	宁　夏
754.1	539.7	54.8	52.4	8.6	651.6	495.8	11.6	10.2		新　疆

3-2-8 建制镇建设投入(2014年)

计量单位：万元

地区名称 Name of Regions		本年建设投入合计 Total Construction Input of This Year	房屋 Building						
			小计 Input of House	房地产开发 Real Estate Development	住宅 Residential Building	公共建筑 Public Building	生产性建筑 Industrial Building	小计 Input of Municipal Public Facilities	供水 Water Supply
全　国	National Total	**71721740**	**55092929**	**18055895**	**35502547**	**7321547**	**12268887**	**16628921**	**1440263**
北　京	Beijing	1089969	893879	357465	697071	131541	65266	196091	9851
天　津	Tianjin	1286443	1048370	338708	682039	106106	260225	238077	15773
河　北	Hebei	947674	795132	231091	508270	123930	162936	152540	18168
山　西	Shanxi	664883	406116	92405	291260	53016	61840	258772	15285
内蒙古	Inner Mongolia	565958	403244	112956	274163	81492	47590	162716	14304
辽　宁	Liaoning	1450694	1154519	766298	914636	105975	133908	296177	22178
吉　林	Jilin	737429	587497	337513	466201	43241	78055	149933	23984
黑龙江	Heilongjiang	415921	282616	23245	166932	41579	74107	133307	10550
上　海	Shanghai	5338206	4794461	1664567	3271866	635552	887045	543744	63998
江　苏	Jiangsu	9568113	7648663	2583427	4895914	887601	1865157	1919455	137204
浙　江	Zhejiang	6680806	5246236	1895625	2743098	726042	1777100	1434567	125695
安　徽	Anhui	3016564	2458810	598441	1571740	267575	619489	557758	77121
福　建	Fujian	2839224	2234919	1179809	1586392	215763	432765	604307	66535
江　西	Jiangxi	1626422	1037401	346709	676202	230928	130271	589029	48472
山　东	Shandong	10362277	7744824	1945783	4120258	1184746	2439819	2617459	194114
河　南	Henan	2155208	1859200	247537	1401247	191578	266378	296015	42999
湖　北	Hubei	2469569	1822970	628305	1205915	231654	385402	646603	62861
湖　南	Hunan	2276312	1664005	366084	1045950	315376	302687	612314	91456
广　东	Guangdong	5542899	4293268	2047222	2932123	485595	875554	1249648	72846
广　西	Guangxi	786617	658085	64459	466519	124668	66906	128542	13525
海　南	Hainan	373575	245803	37557	156399	37627	51778	127772	34181
重　庆	Chongqing	1159467	924662	368127	765100	83432	76134	234803	23547
四　川	Sichuan	4456622	2886358	919027	2063582	287677	535097	1570273	136003
贵　州	Guizhou	2370408	1256668	397827	813397	207204	236065	1113739	42195
云　南	Yunnan	812226	659878	66255	376120	94378	189384	152350	21083
陕　西	Shaanxi	1556531	1166316	214798	765111	211233	189977	390227	30041
甘　肃	Gansu	383401	314864	60462	208900	77894	28070	68544	6830
青　海	Qinghai	111647	71027	8820	52745	15153	3132	40619	4668
宁　夏	Ningxia	375502	304781	125277	241975	47030	15776	70720	6392
新　疆	Xinjiang	301173	228357	30096	141422	75961	10974	72820	8404

Construction Input of Towns(2014)

Measurement Unit:10,000 RMB

市政公用设施 Municipal Public Facilities									
燃气 Gas Supply	集中供热 Central Heating	道路桥梁 Road and Bridge	排水 Drainage	污水处理 Wastewater Treatment	园林绿化 Landscaping	环境卫生 Environ-mental Sanitation	垃圾处理 Garbage Treatment	其他 Other	地区名称 Name of Regions
597190	**402808**	**6733842**	**2374073**	**1259950**	**1765345**	**1316548**	**602104**	**1999319**	**全　国**
9788	10730	48747	19896	6869	43870	23906	6678	29304	北　京
10747	19590	73108	40470	8373	53710	12727	4711	11954	天　津
3837	6364	48114	39027	20523	10910	17753	9193	8392	河　北
10832	21722	51986	15748	7042	31434	23768	7916	88005	山　西
629	21435	65786	24959	14124	18212	7509	3396	9888	内蒙古
32377	41344	97435	26335	13568	25141	24844	12672	26527	辽　宁
7200	18337	67077	8904	997	9600	6148	2005	8681	吉　林
1024	10850	37976	22180	5905	8597	8811	1339	33327	黑龙江
18384	200	243949	57148	38461	49354	70255	34508	40454	上　海
61855	3513	710049	287097	167109	315262	166662	74584	237826	江　苏
53869		463353	351856	242856	153543	125217	62778	161045	浙　江
8724	300	223208	73644	25831	60825	58220	28129	55730	安　徽
4805		251418	79046	40944	90485	51356	26555	60666	福　建
8980		265219	53067	22644	45022	24428	12107	143874	江　西
150546	206970	883704	337534	196325	392680	209007	97817	242926	山　东
18512	748	116194	48086	20714	24342	26348	11150	18813	河　南
23497	647	301978	102502	48281	54572	40274	16949	60315	湖　北
13973	271	254054	88237	41596	36844	48930	20654	78595	湖　南
14482		414778	296884	143354	109758	151300	76197	189638	广　东
157		57889	15906	4300	8760	21300	11072	11025	广　西
2077		53303	11391	5498	10864	7395	3086	8565	海　南
16545	320	94167	39466	21306	17372	21296	10512	22110	重　庆
79697	977	798576	157630	79063	88871	90031	37928	218513	四　川
2737	4238	819259	74436	50011	33723	23652	11019	113527	贵　州
287		75619	14933	8746	9593	8373	4532	22478	云　南
29914	5722	120730	57844	16238	36909	29584	9332	79517	陕　西
3130	11910	24306	6696	841	3941	3474	1146	8267	甘　肃
2237	239	13626	7005	3191	9773	2832	1777	244	青　海
2748	10302	24256	9891	2751	7231	8110	1520	1792	宁　夏
3600	6079	33978	6255	2489	4147	3038	842	7321	新　疆

3-2-9 建制镇建设财政性资金投资(2014)
Construction fiscal investment of Towns(2014)

计量单位：万元 Measurement Unit:10,000 RMB

地区名称 Name of Regions	财政性资金投资合计 Total Fiscal Investment	中央预算资金 Central Budgetary Fund	省级预算资金 Provincial Budgetary Fund	地级预算资金 City-Level Budgetary Fund	县级预算资金 County-Level Budgetary Fund	镇(乡)本级预算资金 Township-Level Budgetary Fund
全 国 National Total	**11085594**	**603087**	**1018521**	**615989**	**2409544**	**6438544**
北 京 Beijing	178311	257	14893	17503	29177	116483
天 津 Tianjin	175366		1278	170	21765	152153
河 北 Hebei	25508	6632	2550	323	6566	9439
山 西 Shanxi	26467	1849	7073	2453	11654	3443
内蒙古 Inner Mongolia	36495	9421	5733	5305	10556	5486
辽 宁 Liaoning	102919	14595	17666	8456	20986	41214
吉 林 Jilin	79366	19270	19743	4921	13259	22173
黑龙江 Heilongjiang	35719	9544	5667	93	11728	8687
上 海 Shanghai	1357750	1839	45173	41917	353289	915533
江 苏 Jiangsu	2224725	10921	60425	29309	216133	1907937
浙 江 Zhejiang	1016358	5512	57990	34630	283063	635167
安 徽 Anhui	345103	32308	32873	33759	103384	142783
福 建 Fujian	255606	13123	20696	21931	60863	138997
江 西 Jiangxi	267605	17252	114622	9281	57724	68729
山 东 Shandong	1882273	51787	225783	117451	286745	1200516
河 南 Henan	101618	24905	13703	9089	17433	36487
湖 北 Hubei	257155	19349	15033	20319	88967	113488
湖 南 Hunan	198267	22533	11007	41865	43181	79681
广 东 Guangdong	749518	10780	29099	38360	91269	580022
广 西 Guangxi	93648	12614	27428	11702	36913	4998
海 南 Hainan	66546	6223	7237	8361	20965	23760
重 庆 Chongqing	171995	24711	67058	8155	38508	33566
四 川 Sichuan	357068	41517	62808	19463	201438	31846
贵 州 Guizhou	377232	37876	31165	51297	135853	121042
云 南 Yunnan	89853	24612	14242	13167	24185	13645
陕 西 Shaanxi	310879	104482	76832	53428	56548	19592
甘 肃 Gansu	54055	33647	6707	3771	6811	3132
青 海 Qinghai	30708	22206	5246	684	2586	
宁 夏 Ningxia	116100	12530	8073	4247	86990	4260
新 疆 Xinjiang	101381	10792	10718	4579	71005	4285

3-2-10 乡市政公用设施水平(2014年)

Level of Municipal Public Facilities of Built-up Area of Townships(2014)

地区名称 Name of Regions	人口密度 (人/平方公里) Population Density (person/km²)	人均日生活用水量 (升) Per Capita Daily Water Consumption (liter)	供水普及率 (%) Water Coverage Rate (%)	燃气普及率 (%) Gas Coverage Rate (%)	人均道路面积 (平方米) Road Surface Area Per Capita (m²)	排水管道暗渠密度 (公里/平方公里) Density of Drains (km/km²)	人均公园绿地面积 (平方米) Public Recreational Green Space Per Capita (m²)	绿化覆盖率 (%) Green Coverage Rate (%)	绿地率 (%) Green Space Rate (%)
全　国 National Total	**4428**	**83.08**	**69.26**	**20.32**	**12.63**	**3.83**	**1.07**	**12.98**	**5.50**
北　京 Beijing	5862	65.77	95.24	80.46	5.35	4.59	0.37	21.55	12.80
天　津 Tianjin	3205	83.28	92.67	36.18	10.58	2.28	0.02	27.53	0.34
河　北 Hebei	4167	67.48	65.08	21.59	11.50	1.64	0.40	9.39	3.64
山　西 Shanxi	4479	65.93	82.49	10.37	13.45	3.46	1.25	19.69	7.88
内蒙古 Inner Mongolia	2781	53.69	54.21	12.24	11.70	0.94	0.36	7.48	3.52
辽　宁 Liaoning	3812	83.20	47.56	13.54	14.68	3.01	0.53	12.19	2.35
吉　林 Jilin	3181	75.85	49.22	11.11	14.99	1.47	0.41	5.42	2.58
黑龙江 Heilongjiang	3142	65.33	76.33	10.00	21.52	1.39	0.56	5.77	2.57
上　海 Shanghai	3302	138.05	99.12	99.12	17.44	12.61	10.50	37.50	28.55
江　苏 Jiangsu	5189	107.47	97.07	79.18	16.62	8.79	4.46	24.87	16.09
浙　江 Zhejiang	4878	116.43	80.76	45.31	15.00	7.85	1.37	11.12	6.51
安　徽 Anhui	4561	94.95	61.13	40.27	12.40	5.25	3.27	19.30	11.18
福　建 Fujian	6493	107.38	88.16	60.82	14.45	7.34	7.76	27.82	15.32
江　西 Jiangxi	4496	92.54	63.32	30.45	12.20	5.83	0.77	10.05	5.50
山　东 Shandong	4063	79.48	85.48	45.02	18.94	7.80	1.64	18.85	8.52
河　南 Henan	5771	75.87	67.83	4.24	12.01	4.88	1.02	22.32	4.51
湖　北 Hubei	4219	94.75	77.72	27.44	10.55	4.68	0.88	10.51	4.84
湖　南 Hunan	3992	101.74	54.24	24.89	10.12	3.78	0.71	14.85	6.77
广　东 Guangdong	3357	119.62	81.35	53.33	19.80	7.81	1.44	18.72	4.47
广　西 Guangxi	7239	99.40	83.76	55.42	10.52	6.40	0.36	10.31	5.71
海　南 Hainan	2627	83.18	93.77	77.10	19.86	3.37	0.52	31.19	19.35
重　庆 Chongqing	5872	84.29	78.72	23.06	11.48	8.15	0.48	8.88	4.74
四　川 Sichuan	4365	78.53	65.07	17.82	9.66	3.96	0.07	6.77	1.67
贵　州 Guizhou	4346	87.00	79.05	5.94	10.83	2.81	0.47	9.43	4.12
云　南 Yunnan	5151	93.71	81.51	9.60	10.62	5.01	0.29	5.63	2.93
陕　西 Shaanxi	4202	53.45	65.37	3.23	9.90	3.14	0.28	4.76	2.08
甘　肃 Gansu	3716	54.10	51.14	2.97	13.84	2.65	0.38	8.65	3.21
青　海 Qinghai	5236	61.40	46.78		11.15	0.56		6.04	2.47
宁　夏 Ningxia	3913	60.73	73.13	18.84	15.73	4.33	0.20	9.89	4.59
新　疆 Xinjiang	3064	76.14	77.62	5.45	22.82	1.05	1.30	16.23	11.50

3-2-11 乡基本情况(2014年)

地区名称 Name of Regions		乡个数 (个) Number of Townships (unit)	建成区面积 (公顷) Surface Area of Built-up Districts (hectare)	建设用地面积 (公顷) Area of Construction Land (hectare)	建成区户籍人口 (万人) Registered Permanent Population (10,000 persons)	建成区暂住人口 (万人) Temporary Population (10,000 persons)
全 国	**National Total**	**11871**	**722320**	**716624**	**2980.07**	**218.59**
北 京	Beijing	15	2169	2047	9.42	3.29
天 津	Tianjin	6	1061	1008	3.09	0.31
河 北	Hebei	893	65132	70244	260.22	11.18
山 西	Shanxi	624	29123	40446	120.27	10.16
内蒙古	Inner Mongolia	226	18974	10993	49.64	3.12
辽 宁	Liaoning	232	13231	9526	48.07	2.37
吉 林	Jilin	170	13473	5748	39.63	3.22
黑龙江	Heilongjiang	387	29046	21488	86.49	4.79
上 海	Shanghai	2	165	101	0.42	0.13
江 苏	Jiangsu	70	10543	7476	51.65	3.05
浙 江	Zhejiang	261	12225	9034	52.74	6.89
安 徽	Anhui	323	33793	18223	144.48	9.66
福 建	Fujian	286	15417	8627	95.29	4.81
江 西	Jiangxi	575	42498	22837	178.69	12.37
山 东	Shandong	80	9697	9694	36.80	2.60
河 南	Henan	782	86790	158731	468.92	31.94
湖 北	Hubei	176	23339	12444	89.24	9.22
湖 南	Hunan	893	63122	82523	231.59	20.38
广 东	Guangdong	14	1106	742	3.38	0.33
广 西	Guangxi	365	13017	10814	89.85	4.37
海 南	Hainan	21	731	422	1.81	0.11
重 庆	Chongqing	213	6242	3444	33.22	3.43
四 川	Sichuan	2438	68876	55856	272.82	27.81
贵 州	Guizhou	543	38073	50362	154.38	11.09
云 南	Yunnan	584	30829	24844	149.66	9.15
陕 西	Shaanxi	87	5013	3671	18.46	2.61
甘 肃	Gansu	734	32578	18560	112.96	8.10
青 海	Qinghai	223	5764	2539	28.22	1.96
宁 夏	Ningxia	91	5507	12852	20.71	0.84
新 疆	Xinjiang	557	44787	41329	127.94	9.30

Summary of Townships(2014)

规划建设管理 Planning and Administer						
设有村镇建设管理机构的个数(个) Number of Towns with Construction Management Institution (unit)	村镇建设管理人员(人) Number of Construction Management Personnel (person)	专职人员 Full-time Staff	有总体规划的乡个数(个) Number of Townships with Master Plans (unit)	本年编制 Compiled This Year	本年规划编制投入(万元) Input in Planning This Year (10,000 RMB)	地区名称 Name of Regions
8766	**23227**	**14291**	**9060**	**761**	**68879**	**全　国**
14	163	69	14	1	10	北　京
6	20	10	3		15	天　津
512	1267	793	637	40	1968	河　北
429	842	465	350	9	964	山　西
175	429	280	157	12	2735	内蒙古
232	371	304	196	14	323	辽　宁
165	308	236	88	3	239	吉　林
385	557	396	320	3	203	黑龙江
2	24	17			5	上　海
70	358	261	70	10	965	江　苏
196	510	318	211	29	2485	浙　江
250	730	470	269	19	2626	安　徽
269	570	369	281	14	2042	福　建
562	1821	992	558	54	3140	江　西
72	420	239	77	5	765	山　东
778	4360	2865	726	51	4171	河　南
164	635	400	165	22	1429	湖　北
617	1874	1038	641	108	8894	湖　南
14	112	94	10		43	广　东
349	548	434	340	42	2856	广　西
20	41	24	21	1	285	海　南
192	434	320	201	22	761	重　庆
1300	2277	1281	1288	104	8336	四　川
506	915	615	491	72	7015	贵　州
478	1208	753	536	38	9679	云　南
46	114	54	57		485	陕　西
432	1030	512	623	47	2414	甘　肃
68	97	15	101	9	1026	青　海
74	142	84	77	10	614	宁　夏
389	1050	583	552	22	2385	新　疆

3-2-12 乡供水(2014年)

地区名称 Name of Regions		集中供水的乡个数 (个) Number of Townships with Access to Piped Water (unit)	占全部乡的比例 (%) Percentage of Total Rate (%)	公共供水 Public Water Supply: 设施个数 (个) Number of Public Water Supply Facilities (unit)	公共供水 Public Water Supply: 水厂个数 Waterwork	公共供水 Public Water Supply: 综合生产能力 (万立方米/日) Integrated Production Capacity ($10,000m^3$/day)	自备水源单位: 个数 (个) Number of Self-built Water Supply Facilities (unit)
全　国	**National Total**	**9387**	**79.1**	**12755**	**5446**	**663.2**	**15671**
北　京	Beijing	14	93.3	36	8	2.5	18
天　津	Tianjin	6	100.0	17	3	0.6	5
河　北	Hebei	580	65.0	947	202	39.1	1287
山　西	Shanxi	589	94.4	756	128	19.4	912
内蒙古	Inner Mongolia	171	75.7	222	75	11.8	212
辽　宁	Liaoning	129	55.6	170	19	9.2	188
吉　林	Jilin	110	64.7	219	66	7.4	225
黑龙江	Heilongjiang	336	86.8	348	132	14.8	182
上　海	Shanghai	2	100.0	3	3	0.9	1
江　苏	Jiangsu	70	100.0	157	105	16.6	127
浙　江	Zhejiang	248	95.0	411	73	24.0	604
安　徽	Anhui	242	74.9	404	256	42.0	391
福　建	Fujian	283	99.0	451	269	28.3	736
江　西	Jiangxi	500	87.0	709	393	43.5	1031
山　东	Shandong	78	97.5	132	74	8.9	203
河　南	Henan	723	92.5	1097	524	65.0	3223
湖　北	Hubei	158	89.8	274	175	35.9	278
湖　南	Hunan	638	71.4	837	473	57.6	1350
广　东	Guangdong	12	85.7	21	9	1.8	27
广　西	Guangxi	344	94.3	377	196	14.4	404
海　南	Hainan	21	100.0	23	3	0.7	7
重　庆	Chongqing	204	95.8	266	183	6.2	100
四　川	Sichuan	1648	67.6	1920	1141	62.8	1520
贵　州	Guizhou	488	89.9	724	243	41.5	609
云　南	Yunnan	533	91.3	748	171	31.1	923
陕　西	Shaanxi	86	98.9	85	7	2.8	55
甘　肃	Gansu	455	62.0	471	98	13.1	382
青　海	Qinghai	113	50.7	120	2	2.6	21
宁　夏	Ningxia	83	91.2	94	16	9.4	82
新　疆	Xinjiang	523	93.9	716	399	49.2	568

Water Supply of Townships(2014)

Self-built Water Supply Facilities 综合生产能力(万立方米/日) Integrated Production Capacity (10,000m³/day)	年供水总量(万立方米) Annual Supply of Water (10,000m³)	年生活用水量 Annual Domestic Water Consumption	年生产用水量 Annual Water Consumption for Production	供水管道长度(公里) Length of Water Supply Pipelines (km)	本年新增 Added This Year	用水人口(万人) Population with Access to Water (10,000 persons)	地区名称 Name of Regions
254.9	**112941**	**67179**	**38349**	**97746**	**7916**	**2215.3**	**全　国**
0.7	474	291	159	231	3	12.1	北　京
0.03	180	96	39	58	1	3.2	天　津
22.7	8805	4350	4014	5339	333	176.6	河　北
19.2	5393	2589	2546	4423	126	107.6	山　西
3.9	1530	560	886	1649	204	28.6	内蒙古
3.4	1380	729	563	1477	101	24.0	辽　宁
3.2	1088	584	480	1426	105	21.1	吉　林
3.8	2459	1661	689	2876	80	69.7	黑龙江
0.01	40	27	13	17		0.5	上　海
2.5	3492	2083	1306	2466	136	53.1	江　苏
10.0	3871	2047	1480	3052	184	48.2	浙　江
7.2	5304	3266	1673	4832	539	94.2	安　徽
8.4	6113	3459	1998	4035	306	88.3	福　建
10.7	7268	4086	2416	4232	531	121.0	江　西
4.6	2588	977	1567	1780	142	33.7	山　东
43.3	16042	9409	5792	8772	952	339.8	河　南
23.3	4169	2647	1301	3162	299	76.5	湖　北
13.7	8674	5075	2798	5886	668	136.7	湖　南
0.2	272	132	131	89	5	3.0	广　东
5.3	3701	2863	646	2940	93	78.9	广　西
0.3	81	55	19	94	2	1.8	海　南
0.9	1353	888	348	1594	110	28.9	重　庆
15.9	8371	5607	1978	10085	694	195.6	四　川
16.1	6198	4154	1676	5424	555	130.8	贵　州
9.5	6369	4428	1505	7459	487	129.4	云　南
1.0	393	269	82	281	12	13.8	陕　西
13.8	1849	1223	572	2921	193	61.9	甘　肃
0.1	598	316	279	906	58	14.1	青　海
2.5	568	349	196	1327	404	15.8	宁　夏
8.7	4320	2961	1198	8914	594	106.5	新　疆

3-2-13 乡燃气、供热、道路桥梁(2014年)

地区名称 Name of Regions	用气人口（万人） Population with Access to Gas (10,000 persons)	集中供热（万平方米） Area of Centrally Heated District (10,000 m²)	道路长度（公里） Length of Roads (km)			道路面积（万平方米） Surface Area of Roads (10,000 m²)
				本年新增 Added This Year	本年更新改造 Renewal and Upgrading during The Reported Year	
全　国 National Total	**650.1**	**1889**	**70098**	**5117**	**2856**	**40392**
北　京 Beijing	10.2	418	115	6	9	68
天　津 Tianjin	1.2	3	77	1		36
河　北 Hebei	58.6	167	5987	286	180	3121
山　西 Shanxi	13.5	369	3088	133	47	1754
内蒙古 Inner Mongolia	6.5	134	959	151	15	617
辽　宁 Liaoning	6.8	159	1400	58	79	741
吉　林 Jilin	4.8	104	1124	61	62	642
黑龙江 Heilongjiang	9.1	45	3614	51	72	1964
上　海 Shanghai	0.5		25			10
江　苏 Jiangsu	43.3		1549	102	90	909
浙　江 Zhejiang	27.0		1695	80	54	894
安　徽 Anhui	62.1	12	3246	273	131	1912
福　建 Fujian	60.9		2558	152	125	1446
江　西 Jiangxi	58.2		4145	347	156	2330
山　东 Shandong	17.7	95	1173	167	125	746
河　南 Henan	21.2	29	9955	915	364	6013
湖　北 Hubei	27.0		1692	256	170	1039
湖　南 Hunan	62.7		4479	314	233	2550
广　东 Guangdong	2.0		133	10		74
广　西 Guangxi	52.2		1686	122	61	992
海　南 Hainan	1.5		59	6	0.3	38
重　庆 Chongqing	8.5		678	65	36	421
四　川 Sichuan	53.6		5160	376	160	2906
贵　州 Guizhou	9.8	17	2746	383	215	1792
云　南 Yunnan	15.3	3	2764	201	127	1686
陕　西 Shaanxi	0.7	7	421	9	9	209
甘　肃 Gansu	3.6	75	3021	166	102	1675
青　海 Qinghai			664	46	18	336
宁　夏 Ningxia	4.1	104	620	81	63	339
新　疆 Xinjiang	7.5	149	5267	300	152	3132

Gas ,Central Heating, Roads and Bridges of Townships(2014)

本年新增 Added This year	本年更新改造 Renewal and Upgrading during The Reported Year	桥梁座数（座） Number of Bridges (unit)	本年新增 Added This year	本年更新改造 Renewal and Upgrading during The Reported Year	道路照明灯盏数（盏） Number of Road Lamps (unit)	本年新增 Added This Year	地区名称 Name of Regions
2663	**1343**	**26924**	**1859**	**731**	**808988**	**149833**	**全　国**
1	5.21	30		1	11098	563	北　京
0.15		33		1	2377	526	天　津
127	90	1361	138	32	92164	15347	河　北
66	24	843	9	2	69854	11852	山　西
79	11	312	39	1	13111	3264	内蒙古
25	36	486	39	5	21575	10374	辽　宁
39	37	349	34	10	9002	2097	吉　林
25	30	338	2		13409	1277	黑龙江
		16			302		上　海
56	39	1311	73	26	26619	3697	江　苏
49	18	1096	36	17	35108	3631	浙　江
163	78	2436	115	58	36871	5470	安　徽
60	53	1140	49	47	42522	8428	福　建
161	78	2144	123	53	39174	6003	江　西
98	48	966	122	81	25660	3894	山　东
467	159	3805	410	165	122530	20067	河　南
132	94	518	20	23	15771	3159	湖　北
169	108	1802	102	69	41399	8855	湖　南
4		48		1	1359	128	广　东
46	31	402	25	10	14569	2470	广　西
4	0.12	21	1	1	951	86	海　南
33	19	316	39	16	10565	2111	重　庆
203	80	2370	188	58	52096	7482	四　川
248	101	609	55	27	28534	9298	贵　州
106	55	857	39	12	24412	6080	云　南
5	5	68	6	2	1784	298	陕　西
77	45	752	84	8	18899	4691	甘　肃
18	7	176	15	1	3247	1276	青　海
37	36	83	13	2	4082	1065	宁　夏
162	56	2236	83	2	29944	6344	新　疆

3-2-14 乡排水和污水处理(2014年)

Drainage and Wastewater Treatment of Townships(2014)

地区名称 Name of Regions		对生活污水进行处理的乡 Township with Domestic Wastewater Treated		污水处理厂 Wastewater Treatment Plant		污水处理装置 Wastewater Treatment Facilities		排水管道长度(公里) Length of Drainage Pipelines (km)		排水暗渠长度(公里) Length of Drains (km)	
		个数(个) Number (unit)	比例(%) Rate (%)	个数(个) Number of Wastwater Treatment Plants (unit)	处理能力(万立方米/日) Treatment Capacity (10,000 m3/day)	个数(个) Number of Wastwater Treatment Facilities (unit)	处理能力(万立方米/日) Treatment Capacity (10,000 m^3/day)		本年新增 Added This Year		本年新增 Added This Year
全　国	**National Total**	**726**	**6.1**	**389**	**28.69**	**1225**	**25.48**	**16484**	**1946**	**11216**	**1349**
北　京	Beijing	6	40.0	6	0.06	11	0.11	47	3	52	
天　津	Tianjin							21	1	3	
河　北	Hebei	24	2.7			17	0.13	737	59	333	24
山　西	Shanxi	4	0.6					582	54	425	34
内蒙古	Inner Mongolia	2	0.9					105	19	73	9
辽　宁	Liaoning	7	3.0	6	0.25	17	0.15	251	29	148	12
吉　林	Jilin	1	0.6					122	13	76	14
黑龙江	Heilongjiang							256	28	147	1
上　海	Shanghai	2	100.0	1	0.04	1	0.01	15		6	
江　苏	Jiangsu	30	42.9	27	5.15	27	0.79	648	84	279	45
浙　江	Zhejiang	236	90.4	8	1.77	402	2.90	614	137	346	47
安　徽	Anhui	14	4.3	12	0.99	65	1.37	1021	113	753	83
福　建	Fujian	86	30.1	80	7.98	118	1.57	750	63	382	57
江　西	Jiangxi	5	0.9	3	0.09	7	0.17	1472	111	1004	112
山　东	Shandong	16	20.0	9	0.39	21	0.68	415	90	341	35
河　南	Henan	16	2.1	7	0.06	20	3.42	2626	310	1609	250
湖　北	Hubei	12	6.8	9	0.74	10	0.37	625	111	467	88
湖　南	Hunan	13	1.5	12	1.74	31	1.11	1454	122	933	68
广　东	Guangdong	2	14.3	2	0.35	2	0.35	49	1	37	1
广　西	Guangxi	2	0.6	7	0.04	8	0.06	547	27	286	19
海　南	Hainan							20	1	5	1
重　庆	Chongqing	49	23.0	71	1.78	68	1.15	259	47	250	32
四　川	Sichuan	122	5.0	105	5.33	251	8.49	1460	200	1268	157
贵　州	Guizhou	33	6.1	10	1.50	76	1.85	440	101	631	68
云　南	Yunnan	6	1.0	2	0.03	12	0.09	762	62	783	110
陕　西	Shaanxi	1	1.2					98	5	59	4
甘　肃	Gansu	8	1.1	3	0.05	17	0.24	493	75	371	63
青　海	Qinghai							27	1	5	
宁　夏	Ningxia	15	16.5	8	0.30	31	0.14	196	33	43	4
新　疆	Xinjiang	14	2.5	1	0.05	13	0.33	370	49	102	13

3-2-15 乡园林绿化及环境卫生(2014年)
Landscaping and Environmental Sanitation of Townships(2014)

地区名称 Name of Regions		园林绿化(公顷) Landscaping(hectare)				环境卫生 Environmental Sanitation		
		绿化覆盖面积 Green Coverage Area	绿地面积 Area of Parks and Green Space	本年新增 Added This Year	公园绿地面积 Public Green Space	生活垃圾中转站(座) Number of Garbage Transfer Station (unit)	环卫专用车辆设备(辆) Number of Special Vehicles for Environmental Sanitation (unit)	公共厕所(座) Number of Latrines (unit)
全　国	**National Total**	**93738**	**39730**	**2427**	**3427**	**11568**	**23652**	**31891**
北　京	Beijing	468	278	10	5	12	60	89
天　津	Tianjin	292	4	1	0.07	15	55	173
河　北	Hebei	6117	2374	87	109	652	2962	2159
山　西	Shanxi	5734	2293	113	163	837	2076	1238
内蒙古	Inner Mongolia	1419	667	31	19	46	144	861
辽　宁	Liaoning	1613	311	39	27	350	418	845
吉　林	Jilin	730	348	16	18	146	391	387
黑龙江	Heilongjiang	1675	747	29	51	92	474	1220
上　海	Shanghai	62	47	0.42	6	8	36	14
江　苏	Jiangsu	2622	1696	113	244	98	705	508
浙　江	Zhejiang	1359	796	51	82	322	936	1947
安　徽	Anhui	6520	3780	329	503	285	1515	1256
福　建	Fujian	4289	2362	188	777	267	930	1163
江　西	Jiangxi	4270	2337	143	148	725	998	1933
山　东	Shandong	1828	827	63	65	67	666	628
河　南	Henan	19375	3915	263	509	908	2862	6509
湖　北	Hubei	2453	1131	83	86	278	488	500
湖　南	Hunan	9371	4271	335	179	1315	1514	1361
广　东	Guangdong	207	49	0.3	5	11	22	54
广　西	Guangxi	1343	743	7	34	159	695	552
海　南	Hainan	228	141	3	1	26	97	27
重　庆	Chongqing	554	296	12	17	209	243	339
四　川	Sichuan	4664	1152	55	20	2826	2108	2556
贵　州	Guizhou	3589	1569	145	78	506	594	1080
云　南	Yunnan	1737	903	45	47	408	1021	1962
陕　西	Shaanxi	239	104	9	6	20	46	217
甘　肃	Gansu	2818	1046	92	46	481	688	841
青　海	Qinghai	348	142	5		7	34	138
宁　夏	Ningxia	544	253	19	4	223	518	266
新　疆	Xinjiang	7270	5148	140	178	269	356	1068

3-2-16 乡房屋(2014年)

地区名称 Name of Regions	住宅 Residential Building							
	本年建房户数(户) Number of Households of Building Housing This Year (unit)	在新址上新建 New Construction on New Site	年末实有建筑面积(万平方米) Total Floor Space of Buildings (year-end) (10,000m²)	混合结构以上 Mixed Strucure and Above	本年竣工建筑面积(万平方米) Floor Space Completed This Year (10,000m²)	混合结构以上 Mixed Strucure and Above	房地产开发 Real Estate Development	人均住宅建筑面积(平方米) Per Capita Floor Space (m²)
全 国 National Total	**249323**	**111468**	**93029.1**	**63763.0**	**3563.4**	**3119.9**	**293.3**	**31.22**
北 京 Beijing	54		719.1	683.9	13.5	13.5	13.0	76.31
天 津 Tianjin	42	13	74.2	59.8				24.06
河 北 Hebei	11176	2666	7235.9	4204.7	142.1	140.5	2.1	27.81
山 西 Shanxi	8794	3374	3542.4	1981.9	91.3	59.5	2.0	29.45
内蒙古 Inner Mongolia	3246	1756	1140.5	857.4	51.8	45.2	2.1	22.97
辽 宁 Liaoning	1131	411	1188.4	522.8	21.4	19.6	8.8	24.72
吉 林 Jilin	1534	103	939.6	474.6	32.5	21.2	14.7	23.71
黑龙江 Heilongjiang	7267	1961	1955.1	1821.8	60.8	60.8	0.3	22.61
上 海 Shanghai	18	3	15.0	13.4	0.32	0.32		35.68
江 苏 Jiangsu	11712	7831	1835.9	1563.3	154.1	137.5	41.3	35.55
浙 江 Zhejiang	2872	1440	2635.4	1922.5	74.8	67.1	7.2	49.97
安 徽 Anhui	9458	4813	4259.8	3126.6	136.8	112.6	21.6	29.48
福 建 Fujian	4471	2545	3652.5	2670.8	110.8	106.7	3.3	38.33
江 西 Jiangxi	15226	7408	6338.9	4870.5	291.5	273.3	18.9	35.47
山 东 Shandong	5419	2537	1102.8	789.5	84.0	62.2	14.1	29.97
河 南 Henan	31905	12821	15114.3	11412.0	525.0	462.6	55.5	32.23
湖 北 Hubei	6581	3646	2920.3	2453.7	121.1	115.1	16.3	32.72
湖 南 Hunan	14163	8346	7654.4	5836.5	271.7	253.1	11.3	33.05
广 东 Guangdong	92	52	85.7	61.7	1.4	1.4		25.32
广 西 Guangxi	6359	2410	2724.0	1934.8	105.5	104.3	2.4	30.32
海 南 Hainan	286	157	62.9	42.2	4.7	3.4		34.85
重 庆 Chongqing	3988	2354	1091.7	908.4	59.1	55.4	1.9	32.86
四 川 Sichuan	25990	11150	9768.1	6702.9	417.4	352.9	18.2	35.80
贵 州 Guizhou	15151	8593	4378.1	2910.2	225.8	192.9	20.1	28.36
云 南 Yunnan	10547	4171	4601.4	2197.9	151.3	114.8	2.4	30.74
陕 西 Shaanxi	3206	2626	412.6	189.0	23.4	19.5		22.36
甘 肃 Gansu	15206	4749	3048.0	1602.7	117.8	110.2	8.7	26.98
青 海 Qinghai	2460	554	815.6	293.3	25.1	14.5		28.91
宁 夏 Ningxia	4886	3583	500.9	221.6	52.4	47.7	4.6	24.18
新 疆 Xinjiang	26083	9395	3215.9	1432.7	196.3	152.3	2.5	25.14

Building Construction of Townships(2014)

公共建筑 Public Building					生产性建筑 Industrial Building					
年末实有建筑面积(万平方米) Total Floor Space of Buildings (year-end) (10,000m²)	混合结构以上 Mixed Strucure and Above	本年竣工建筑面积(万平方米) Floor Space Completed This Year (10,000m²)	混合结构以上 Mixed Strucure and Above	房地产开发 Real Estate Development	年末实有建筑面积(万平方米) Total Floor Space of Buildings (year-end) (10,000m²)	混合结构以上 Mixed Strucure and Above	本年竣工建筑面积(万平方米) Floor Space Completed This Year (10,000m²)	混合结构以上 Mixed Strucure and Above	房地产开发 Real Estate Development	地区名称 Name of Regions
18430.1	**13897.6**	**860.5**	**794.0**	**36.2**	**11291.1**	**8331.2**	**712.8**	**562.7**	**14.9**	**全　国**
43.4	41.2	22.0	22.0		4.2	3.8				北　京
7.4	7.0				48.4	47.2	0.2	0.2		天　津
1000.3	721.2	27.3	27.1	0.7	1410.3	1012.3	53.7	44.7	0.01	河　北
513.6	395.6	16.8	15.4		472.0	345.1	18.2	15.2		山　西
296.4	244.5	11.6	9.4	0.7	186.4	136.8	3.0	2.8		内蒙古
412.5	278.1	6.3	5.2	0.9	229.3	157.2	3.1	2.3	0.3	辽　宁
209.8	133.8	3.3	2.6	0.3	99.3	68.0	3.7	2.9		吉　林
477.7	394.4	14.1	14.1		359.5	320.5	40.9	40.9		黑龙江
9.4	9.4	0.5	0.5		8.6	8.4				上　海
486.6	387.7	24.8	21.2	4.6	614.9	493.4	63.8	58.3	0.7	江　苏
378.2	326.4	24.9	24.2	0.3	356.0	285.1	12.2	11.1	0.5	浙　江
869.8	729.1	41.1	36.0	2.6	597.1	387.2	31.7	22.8	0.4	安　徽
835.2	678.1	20.2	19.3	0.5	522.5	353.9	20.3	16.6	2.0	福　建
1290.8	1042.3	65.8	58.8	7.9	627.0	456.4	30.6	26.8	1.3	江　西
396.5	314.8	26.3	25.8	1.6	821.2	672.0	38.6	30.1	2.9	山　东
2103.5	1655.4	98.6	89.7	0.7	1495.1	1150.1	78.8	64.9	1.5	河　南
611.5	497.9	37.4	36.2	1.4	334.4	252.9	22.8	18.9	1.3	湖　北
1349.5	1130.4	71.0	67.8	1.5	775.3	602.9	55.8	50.3		湖　南
21.0	17.9	1.2	0.2		13.9	13.0	0.1	0.1		广　东
765.7	545.4	27.2	26.4		255.5	122.7	3.5	3.0		广　西
17.9	12.6	1.7	1.7		0.9	0.3				海　南
246.3	223.9	8.2	7.9		94.2	73.4	5.2	5.0		重　庆
1879.7	1140.5	79.5	71.3	0.7	435.5	314.8	14.8	12.4	1.0	四　川
729.4	620.1	68.7	59.6	6.0	364.7	324.5	162.7	90.5	1.2	贵　州
961.7	718.5	42.2	37.3		261.0	178.6	10.9	7.9	0.6	云　南
80.7	59.1	3.2	2.7	0.03	37.1	31.4	5.7	4.3	0.02	陕　西
1147.9	753.2	33.1	33.1		532.9	319.0	21.4	21.1		甘　肃
153.5	105.9	6.4	6.1		14.5	9.4	0.7	0.7		青　海
190.7	98.9	10.9	10.1	2.9	92.5	53.5	2.6	1.4	1.3	宁　夏
943.8	614.6	66.5	62.4	3.0	227.2	137.3	8.3	7.7	0.03	新　疆

3-2-17 乡建设投入(2014年)

计量单位：万元

地区名称 Name of Regions		本年建设投入合计 Total Construction Input of This Year	房屋 Building						
			小计 Input of House	房地产开发 Real Estate Development	住宅 Residential Building	公共建筑 Public Building	生产性建筑 Industrial Building	小计 Input of Municipal Public Facilities	供水 Water Supply
全　国	**National Total**	**6708036**	**5387774**	**443882**	**3324256**	**1387850**	**675699**	**1320327**	**187033**
北　京	Beijing	484730	480826	39000	40506	440200	120	3904	176
天　津	Tianjin	1051	552		142		410	499	9
河　北	Hebei	214712	179748	2765	116743	25319	37695	34979	5309
山　西	Shanxi	149604	112548	3017	81411	16468	14672	37057	5013
内蒙古	Inner Mongolia	104937	68211	2990	49704	14345	4161	36727	4714
辽　宁	Liaoning	70570	46338	19169	32839	9450	4049	24233	2601
吉　林	Jilin	53997	36744	11307	28912	4554	3278	17253	2976
黑龙江	Heilongjiang	156946	116049	313	60980	14689	40380	40898	4572
上　海	Shanghai	2908	1340		540	800		1568	
江　苏	Jiangsu	285249	250512	57822	148406	30644	71462	34738	4016
浙　江	Zhejiang	216794	158442	23200	103651	43326	11466	58350	6720
安　徽	Anhui	274475	200414	16730	125251	43960	31198	74065	13284
福　建	Fujian	224665	161337	15797	116722	26831	17784	63328	9537
江　西	Jiangxi	380325	284121	33252	192734	68695	22694	96207	12672
山　东	Shandong	191115	141508	22881	82589	27887	31032	49608	3062
河　南	Henan	646752	537644	58795	397690	77957	61995	109113	20401
湖　北	Hubei	218921	169405	26785	115374	36804	17227	49517	8067
湖　南	Hunan	496760	382290	6250	243353	76781	62162	114477	18370
广　东	Guangdong	3198	2313		1702	431	180	885	137
广　西	Guangxi	140381	116583	1958	84396	29116	3071	23801	2126
海　南	Hainan	8097	7102		4054	3048		995	82
重　庆	Chongqing	81618	61630	1433	49029	9058	3546	19991	3197
四　川	Sichuan	709920	545046	28073	433579	93012	18463	164888	23473
贵　州	Guizhou	505493	433844	35370	197882	75488	160476	71651	9398
云　南	Yunnan	280183	229743	4595	155942	58151	15652	50447	9492
陕　西	Shaanxi	53880	47363	76	37487	3704	6173	6516	890
甘　肃	Gansu	226844	184093	13469	120396	42428	21267	42747	3668
青　海	Qinghai	48949	35001		23861	10565	577	13947	922
宁　夏	Ningxia	102935	86665	9949	69860	12789	4018	16270	1650
新　疆	Xinjiang	372027	310362	8886	208521	91350	10491	61668	10499

Construction Input of Townships(2014)

Measurement Unit:10,000 RMB

市政公用设施 Municipal Public Facilities									地区名称 Name of Regions
燃气 Gas Supply	集中供热 Central Heating	道路桥梁 Road and Bridge	排水 Drainage	污水处理 Wastewater Treatment	园林绿化 Landscaping	环境卫生 Environmental Sanitation	垃圾处理 Garbage Treatment	其他 Other	
30329	**23642**	**507094**	**148876**	**43579**	**135526**	**144648**	**58694**	**143447**	**全 国**
90	260	479	825	60	1463	415	104	196	北 京
	12	19	243		51	126	38	41	天 津
2188	726	13914	2762	185	3765	3908	1520	2416	河 北
2516	3373	9123	3081	205	7245	4799	1293	1918	山 西
887	1399	23139	1217	154	1847	1649	566	1876	内蒙古
85	1962	10247	910	13	2844	3002	1615	2584	辽 宁
111	1281	7269	1330	408	913	1893	918	1479	吉 林
	1310	10965	2100	70	4692	4315	844	12951	黑龙江
					246	342	148	980	上 海
850		9600	5241	1689	7271	4073	1894	3688	江 苏
146		12716	18446	12740	7129	7015	2926	6184	浙 江
993		25965	7639	1706	7232	11934	5700	7026	安 徽
1301		19445	6188	2058	10800	9224	5131	6836	福 建
1698		38247	11557	672	12137	8394	3954	11540	江 西
325	711	28893	7200	1283	3073	5056	2147	1294	山 东
2478	950	38924	12552	1494	11023	12438	4026	10370	河 南
324		21471	6535	1877	3965	4453	1645	4708	湖 北
1178	53	42780	12059	2150	15767	13374	5596	10926	湖 南
10		144	111		60	242	138	181	广 东
30		9064	2658	703	1579	4768	2817	3577	广 西
		519	164	2	88	109	6	33	海 南
1425		6041	3895	2123	1684	2291	1198	1474	重 庆
12337		57743	19724	7021	7160	21777	6978	22715	四 川
626	764	39022	6998	2496	4804	4805	1997	5249	贵 州
228		20614	3874	1080	4728	3248	1782	8281	云 南
72	952	1746	573	58	604	669	150	1014	陕 西
31	1572	19005	4480	724	6363	2602	892	5036	甘 肃
		12129	211	16	193	276	64	219	青 海
201	2838	4419	2438	435	1879	2241	559	608	宁 夏
199	5479	23452	3865	2157	4921	5210	2048	8047	新 疆

3-2-18 乡建设财政性资金投资(2014年)
Construction fiscal investment of Townships(2014)

计量单位：万元　　　　Measurement Unit:10,000 RMB

地区名称 Name of Regions		财政性资金投资合计 Total Fiscal Investment	中央预算资金 Central Budgetary Fund	省级预算资金 Provincial Budgetary Fund	地级预算资金 City-Level Budgetary Fund	县级预算资金 County-Level Budgetary Fund	镇(乡)本级预算资金 TownshipLevel Budgetary Fund
全　国	**National Total**	**760742**	**179634**	**127333**	**64892**	**219390**	**169546**
北　京	Beijing	422		6		114	302
天　津	Tianjin	36					36
河　北	Hebei	10474	2008	3405	109	3450	1507
山　西	Shanxi	3288	755	790	436	836	467
内蒙古	Inner Mongolia	13637	2248	2721	838	7518	312
辽　宁	Liaoning	7942	829	1001	579	1312	4221
吉　林	Jilin	9124	2176	2007		2494	2449
黑龙江	Heilongjiang	5638	3222	247	15	868	1286
上　海	Shanghai	2368		800		164	1404
江　苏	Jiangsu	15430	78	410	144	2244	12554
浙　江	Zhejiang	39696	262	5668	683	16939	16145
安　徽	Anhui	27610	4746	4881	681	7221	10083
福　建	Fujian	35536	5168	7524	4580	11967	6299
江　西	Jiangxi	25567	2271	3949	746	7282	11320
山　东	Shandong	48880	2947	2418	405	5723	37387
河　南	Henan	31377	6991	8793	1081	5241	9270
湖　北	Hubei	38608	6987	10492	1320	12613	7196
湖　南	Hunan	52939	5483	8121	4163	17306	17868
广　东	Guangdong	499			62	248	189
广　西	Guangxi	19858	3266	6039	1172	8515	868
海　南	Hainan	1962				1952	10
重　庆	Chongqing	14872	4738	2142	1023	4531	2439
四　川	Sichuan	76441	32504	8967	1959	27799	5220
贵　州	Guizhou	41808	8470	5681	3534	16433	7691
云　南	Yunnan	25539	8834	6352	1534	6612	2210
陕　西	Shaanxi	8764	44	2829	2361	3267	264
甘　肃	Gansu	36563	23545	3438	1548	6573	1468
青　海	Qinghai	13039	9363	2643	488	552	
宁　夏	Ningxia	52052	20225	6611	22926	2080	210
新　疆	Xinjiang	100773	22474	19398	12505	37536	8871

3-2-19 镇乡级特殊区域市政公用设施水平(2014年)

Level of Municipal Public Facilities of Built-up Area of Special District at Township Level(2014)

地区名称 Name of Regions	人口密度(人/平方公里) Population Density (person/km^2)	人均日生活用水量(升) Per Capita Daily Water Consumption (liter)	供水普及率(%) Water Coverage Rate (%)	燃气普及率(%) Gas Coverage Rate (%)	人均道路面积(平方米) Road Surface Area Per Capita (m^2)	排水管道暗渠密度(公里/平方公里) Density of Drains (km/km^2)	人均公园绿地面积(平方米) Public Recreational Green Space Per Capita (m^2)	绿化覆盖率(%) Green Coverage Rate (%)	绿地率(%) Green Space Rate (%)
全　国 National Total	**3661**	**82.76**	**86.95**	**50.29**	**15.95**	**5.25**	**3.15**	**24.33**	**12.35**
河　北 Hebei	2867	75.18	75.18	46.24	14.44	3.42	0.04	4.01	1.15
山　西 Shanxi	1166	88.71	87.53	1.14	10.69	0.47	0.68	4.98	2.55
内蒙古 Inner Mongolia	1925	55.23	63.62	11.83	25.34	1.27	0.25	9.93	2.57
辽　宁 Liaoning	3910	92.94	76.66	26.69	14.62	4.39	0.33	6.54	2.69
吉　林 Jilin	3983	88.88	69.16	4.41	16.21	1.76	0.34	8.19	2.27
黑龙江 Heilongjiang	4265	73.94	96.32	47.71	13.84	6.21	3.91	31.36	18.18
上　海 Shanghai	2823	84.09	98.99	98.72	27.82	6.28	1.93	15.53	11.23
江　苏 Jiangsu	4800	122.49	96.50	86.97	14.91	10.04	5.25	26.62	20.53
浙　江 Zhejiang	4628	97.70	32.71	27.49	18.15	8.33		10.49	5.36
安　徽 Anhui	4785	95.71	79.28	44.25	13.98	8.71	2.82	19.37	9.11
福　建 Fujian	5951	79.23	61.00	57.95	20.74	6.28	3.95	22.66	16.81
江　西 Jiangxi	4458	92.48	54.19	54.89	13.22	5.07	2.66	9.87	6.75
山　东 Shandong	2454	52.03	95.18	88.71	122.45	28.00	15.88	16.69	13.70
河　南 Henan	4511	51.08	75.52		16.26	2.61	6.30	33.30	2.95
湖　北 Hubei	3623	102.48	87.80	55.22	14.99	5.94	0.95	18.11	8.54
湖　南 Hunan	5429	109.51	65.36	30.79	11.27	5.57	3.14	26.05	18.51
广　东 Guangdong	569	137.81	86.54	61.70	15.25	0.42	0.38	42.29	0.48
广　西 Guangxi	3775	107.58	94.92	83.51	13.20	7.94	0.12	6.60	2.68
海　南 Hainan	3860	116.05	83.56	73.27	13.65	4.09	2.24	19.53	12.91
云　南 Yunnan	2930				8.53			17.67	1.67
陕　西 Shaanxi	3453	90.55	86.11	10.85	16.71	1.81	0.54	2.34	1.11
甘　肃 Gansu	10000	90.62	37.14		14.00			4.29	3.71
青　海 Qinghai	3583	92.61	99.07	58.14	18.02	8.33		29.17	18.75
宁　夏 Ningxia	4080	82.66	69.05	25.31	12.60	3.51	2.66	13.70	5.08
新　疆 Xinjiang	3165	73.83	77.51	24.29	20.92	1.52	1.86	15.78	11.30
新疆生产建设兵团 Xinjiang Production and Construction Corps	4037	77.09	46.21	24.66	6.84	1.64	3.40	11.96	2.63

3-2-20 镇乡级特殊区域基本情况(2014年)

地区名称 Name of Regions	镇乡级特殊区域个数(个) Number of Special District at Township Level (unit)	建成区面积(公顷) Surface Area of Built-up Districts (hectare)	建设用地面积(公顷) Area of Construction Land (hectare)	建成区户籍人口(万人) Registered Permanent Population (10,000 persons)	建成区暂住人口(万人) Temporary Population (10,000 persons)
全 国 National Total	**679**	**105118**	**73060**	**335.66**	**49.18**
河 北 Hebei	30	2451	2737	6.44	0.58
山 西 Shanxi	8	754	498	0.80	0.08
内蒙古 Inner Mongolia	35	2108	697	3.74	0.32
辽 宁 Liaoning	29	1447	1130	5.48	0.18
吉 林 Jilin	8	512	211	1.79	0.24
黑龙江 Heilongjiang	180	46971	37998	182.60	17.75
上 海 Shanghai	4	7037	6388	8.98	10.89
江 苏 Jiangsu	10	1119	453	4.68	0.69
浙 江 Zhejiang	4	487	26	0.72	1.53
安 徽 Anhui	27	2531	1144	11.27	0.84
福 建 Fujian	9	786	680	2.53	2.15
江 西 Jiangxi	34	2448	1103	10.31	0.60
山 东 Shandong	4	1626	1804	3.45	0.54
河 南 Henan	4	176	121	0.73	0.07
湖 北 Hubei	40	4313	3133	13.84	1.79
湖 南 Hunan	29	700	1077	3.67	0.13
广 东 Guangdong	12	7828	603	4.30	0.16
广 西 Guangxi	6	552	405	1.99	0.10
海 南 Hainan	62	9253	5605	30.78	4.94
云 南 Yunnan	2	600		1.02	0.74
陕 西 Shaanxi	22	1201	840	3.73	0.42
甘 肃 Gansu	1	7	1	0.07	0.003
青 海 Qinghai	2	24	11	0.09	
宁 夏 Ningxia	20	1656	1436	5.91	0.84
新 疆 Xinjiang	78	4696	3508	12.85	2.01
新疆生产建设兵团 Xinjiang Production and Construction Corps	19	3837	1453	13.91	1.58

Summary of Special District at Township Level(2014)

规划建设管理 Planning and Administer						
设有村镇建设管理机构的个数(个) Number of Towns with Construction Management Institution (unit)	村镇建设管理人员(人) Number of Construction Management Personnel (person)	专职人员 Full-time Staff	有总体规划的镇乡级特殊区域个数(个) Number of Special District at Township Level with Master Plans (unit)	本年编制 Compiled This Year	本年规划编制投入(万元) Input in Planning This Year (10,000 RMB)	地区名称 Name of Regions
544	**2284**	**1476**	**491**	**35**	**3220**	**全　国**
19	48	42	17	1		河　北
2	2					山　西
24	41	34	25	2	138	内蒙古
28	44	30	19	1		辽　宁
8	11	10	5			吉　林
158	785	599	146	7	47	黑龙江
3	11	9	4	1	80	上　海
7	18	11	9		144	江　苏
2	12	1	4			浙　江
22	229	141	20	1	76	安　徽
7	12	8	9	1	80	福　建
30	126	52	24	1	105	江　西
4	17	13	4			山　东
4	12	7	3			河　南
37	209	115	37	3	275	湖　北
17	44	24	12	1	39	湖　南
9	15	13	8	2	18	广　东
6	17	11	3		10	广　西
49	261	113	38	6	1702	海　南
2	2		1			云　南
14	83	65	8	1	20	陕　西
			1			甘　肃
2	4	3	1			青　海
16	47	30	16	1	23	宁　夏
59	128	89	61	4	435	新　疆
15	106	56	16	2	30	新疆生产建设兵团

3-2-21 镇乡级特殊区域供水(2014年)

地区名称 Name of Regions		集中供水的镇乡级特殊区域个数(个) Number of Special District at Township Level with Access to Piped Water (unit)	占全部镇乡级特殊区域的比例(%) Percentage of Total Rate (%)	公共供水 Public Water Supply 设施个数(个) Number of Public Water Supply Facilities (unit)	水厂个数 Waterwork	综合生产能力(万立方米/日) Integrated Production Capacity (10,000 m^3/day)	自备水源单位 个数(个) Number of Self-built Water Supply Facilities (unit)
全 国	**National Total**	**574**	**84.5**	**930**	**397**	**90.18**	**834**
河 北	Hebei	25	83.3	48	2	1.06	51
山 西	Shanxi	4	50.0	3	2	0.09	4
内蒙古	Inner Mongolia	24	68.6	37	8	0.81	51
辽 宁	Liaoning	19	65.5	29	3	2.11	23
吉 林	Jilin	6	75.0	24	9	0.40	31
黑龙江	Heilongjiang	153	85.0	253	138	37.17	75
上 海	Shanghai	4	100.0	3	2	3.45	
江 苏	Jiangsu	10	100.0	22	7	2.72	7
浙 江	Zhejiang	4	100.0	4	2	1.45	1
安 徽	Anhui	26	96.3	42	19	3.55	10
福 建	Fujian	8	88.9	10	6	1.11	3
江 西	Jiangxi	26	76.5	35	12	1.50	29
山 东	Shandong	4	100.0	10	7	0.61	5
河 南	Henan	3	75.0	9	6	0.08	7
湖 北	Hubei	38	95.0	53	37	6.32	53
湖 南	Hunan	24	82.8	25	10	0.88	11
广 东	Guangdong	11	91.7	12	6	0.74	29
广 西	Guangxi	6	100.0	6	5	0.73	11
海 南	Hainan	55	88.7	138	49	6.01	349
云 南	Yunnan						
陕 西	Shaanxi	17	77.3	18	5	1.73	11
甘 肃	Gansu	1	100.0	2		0.01	
青 海	Qinghai	2	100.0	2		0.03	1
宁 夏	Ningxia	18	90.0	40	5	7.10	34
新 疆	Xinjiang	72	92.3	91	44	7.69	19
新疆生产建设兵团	Xinjiang Production and Construction Corps	14	73.7	14	13	2.83	19

Water Supply of Special District at Township Level(2014)

Self-built Water Supply Facilities 综合生产能力（万立方米/日）Integrated Production Capacity (10,000 m^3/day)	年供水总量（万立方米）Annual Supply of Water (10,000m^3)	年生活用水量 Annual Domestic Water Consumption	年生产用水量 Annual Water Consumption for Production	供水管道长度（公里）Length of Water Supply Pipelines (km)	本年新增 Added This Year	用水人口（万人）Population with Access to Water (10,000 persons)	地区名称 Name of Regions
23.10	**19770**	**10108**	**8908**	**13312**	**512**	**334.62**	**全　国**
1.36	633	145	484	251	1	5.28	河　北
0.05	38	25	13	18		0.77	山　西
1.77	113	52	57	353	51	2.58	内蒙古
1.30	355	147	207	232	54	4.34	辽　宁
0.04	54	46	2	44		1.41	吉　林
5.96	7716	5208	2231	5877	97	192.98	黑龙江
	3012	604	2408	329	5	19.66	上　海
0.29	423	232	158	524	11	5.18	江　苏
0.02	238	26	203	54		0.74	浙　江
0.19	570	335	172	396	57	9.60	安　徽
0.05	193	83	109	132	2	2.85	福　建
0.65	387	200	155	192	12	5.91	江　西
0.22	146	72	74	104	2	3.80	山　东
0.01	12	11	0	25	2	0.60	河　南
0.91	833	513	278	779	97	13.72	湖　北
0.15	133	99	30	83	9	2.48	湖　南
0.35	223	194	25	226	1	3.86	广　东
0.26	167	78	73	109	6	1.98	广　西
2.49	1754	1264	361	1596	35	29.85	海　南
							云　南
0.37	144	118	25	176	6	3.57	陕　西
	1	1		1		0.03	甘　肃
0.02	4	3	1	10		0.09	青　海
3.60	1464	141	1314	238	10	4.67	宁　夏
0.81	426	310	94	1001	44	11.52	新　疆
2.24	730	201	434	564	9	7.16	新疆生产建设兵团

3-2-22 镇乡级特殊区域燃气、供热、道路桥梁(2014年)

地区名称 Name of Regions	用气人口(万人) Population with Access to Gas (10,000 persons)	集中供热(万平方米) Area of Centrally Heated District (10,000 m^2)	道路长度(公里) Length of Roads (km)		
				本年新增 Added This Year	本年更新改造 Renewal and Upgrading during The Reported Year
全　国 National Total	**193.5**	**5134**	**8963**	**435**	**198**
河　北 Hebei	3.3	20	222	6	10
山　西 Shanxi	0.01		12		
内蒙古 Inner Mongolia	0.5	20	118	12	2
辽　宁 Liaoning	1.5	49	177	55	1
吉　林 Jilin	0.1	4	76	3	
黑龙江 Heilongjiang	95.6	4732	4002	69	49
上　海 Shanghai	19.6		393	8	5
江　苏 Jiangsu	4.7		151	8	0.12
浙　江 Zhejiang	0.6		59	20	
安　徽 Anhui	5.4		305	52	5
福　建 Fujian	2.7		107	2	2
江　西 Jiangxi	6.0		224	13	11
山　东 Shandong	3.5	32	399	37	11
河　南 Henan			25	1	3
湖　北 Hubei	8.6		398	48	16
湖　南 Hunan	1.2		75	5	3
广　东 Guangdong	2.8		153	5	
广　西 Guangxi	1.7		52	3	0.45
海　南 Hainan	26.2		980	28	3
云　南 Yunnan			32	12	
陕　西 Shaanxi	0.5		132	12	3
甘　肃 Gansu			1		
青　海 Qinghai	0.1	1	2		
宁　夏 Ningxia	1.7	98	156	4	5
新　疆 Xinjiang	3.6	32	540	31	54
新疆生产建设兵团 Xinjiang Production and Construction Corps	3.8	146	173	3	14

Gas ,Central Heating, Road and Bridge of Special District at Township Level(2014)

道路面积(万平方米) Surface Area of Roads (10,000 m²)	本年新增 Added This year	本年更新改造 Renewaland Upgrading during The Reported Year	桥梁座数(座) Number of Bridges (unit)	本年新增 Added This year	本年更新改造 Renewaland Upgrading during The Reported Year	道路照明灯盏数(盏) Number of Road Lamps (unit)	本年新增 Added This year	地区名称 Name of Regions
6137	**262**	**131**	**2164**	**62**	**22**	**139678**	**10636**	**全　国**
101	2	2	91			2557	311	河　北
9			2			85	25	山　西
103	5	2	112	6		1425	239	内蒙古
83	22	1	42	1		3480	294	辽　宁
33	1		9			274	6	吉　林
2773	47	29	142	1	1	75942	3001	黑龙江
553	14	12	254	8	2	11327	310	上　海
80	3	0.42	42	2	1	1998	152	江　苏
41	1		43			1534	10	浙　江
169	33	1	61	7	2	3148	648	安　徽
97	3	3	23			1446	128	福　建
144	8	8	38	2	1	2508	273	江　西
489	32	3	19	1	2	3419	508	山　东
13	0.09	2	9	2		290	38	河　南
234	28	30	361	5	3	4842	965	湖　北
43	4	2	19	3		721	76	湖　南
68	4		33	1		962	67	广　东
28	1	0.3	22	1		531	53	广　西
488	11	1	230	1	5	11739	1212	海　南
15	5					143	143	云　南
69	8	10	36			1181	274	陕　西
1								甘　肃
2						22		青　海
85	4	4	49	8	1	1075	96	宁　夏
311	20	17	483	13	3	5591	1526	新　疆
106	5	4	44		1	3438	281	新疆生产建设兵团

3-2-23 镇乡级特殊区域排水和污水处理(2014年)

Drainage and Wastewater Treatment of Special District at Township Level(2014)

地区名称 Name of Regions	对生活污水进行处理的镇乡级特殊区域 Special District at Township Level with Domestic Wastewater Treated		污水处理厂 Wastewater Treatment Plant		污水处理装置 Wastewater Treatment Facilities		排水管道长度(公里) Length of Drainage Piplines (km)		排水暗渠长度(公里) Length of Drains (km)	
	个数(个) Number (unit)	比例(%) Rate (%)	个数(个) Number of Wasetwater Treatment Plants (unit)	处理能力(万立方米/日) Treatment Capacity (10,000 m³/day)	个数(个) Number of Wastwater Treatment Facilities (unit)	处理能力(万立方米/日) Treatment Capacity (10,000 m³/day)		本年新增 Added This Year		本年新增 Added This Year
全　国 National Total	**41**	**6.0**	**27**	**4.47**	**57**	**4.55**	**4116**	**399**	**1401**	**85**
河　北 Hebei	1	3.3	1	0.50	1		63	10	21	
山　西 Shanxi							0.42		3	
内蒙古 Inner Mongolia							22	16	5	
辽　宁 Liaoning			2	0.30			33	3	30	3
吉　林 Jilin							2		7	
黑龙江 Heilongjiang	19	10.6	18	3.14	26	3.02	2309	224	606	12
上　海 Shanghai	4	100.0					418	13	24	
江　苏 Jiangsu	1	10.0	1	0.40	3	0.40	88	8	25	2
浙　江 Zhejiang	3	75.0					39		1	
安　徽 Anhui	1	3.7					113	39	108	24
福　建 Fujian	2	22.2	1	0.01	4	0.07	47	2	2	
江　西 Jiangxi							71	12	53	4
山　东 Shandong	1	25.0			2	0.05	239	10	216	9
河　南 Henan							5	0.02		
湖　北 Hubei	3	7.5	1	0.05	5	0.07	170	20	86	6
湖　南 Hunan	1	3.5					26	3	13	2
广　东 Guangdong							27	0.42	6	0.3
广　西 Guangxi							21	3	23	2
海　南 Hainan	2	3.2			5	0.66	232	21	147	16
云　南 Yunnan										
陕　西 Shaanxi							18	2	4	
甘　肃 Gansu										
青　海 Qinghai							2			
宁　夏 Ningxia	2	10.0	3	0.07	6	0.10	54	2	5	3
新　疆 Xinjiang					1	0.01	55	10	16	
新疆生产建设兵团 Xinjiang Production and Construction Corps	1	5.3			4	0.17	63	2		

3-2-24 镇乡级特殊区域园林绿化及环境卫生(2014年)
Landscaping and Environmental Sanitation of Special District at Township Level (2014)

地区名称 Name of Regions	园林绿化(公顷) Landscaping((hectare)				环境卫生 Environmental Sanitation		
	绿化覆盖面积 Green Coverage Area	绿地面积 Area of Parks and Green Space	本年新增 Added This Year	公园绿地面积 Public Green Space	生活垃圾中转站(座) Number of Garbage Transfer Station (unit)	环卫专用车辆设备(辆) Number of Special Vehicles for Environmental Sanitation (unit)	公共厕所(座) Number of Latrines (unit)
全　国 National Total	**25579**	**12984**	**471**	**1213**	**943**	**2519**	**4858**
河　北 Hebei	98	28	2	0.25	45	64	165
山　西 Shanxi	38	19	0.2	1		6	12
内蒙古 Inner Mongolia	209	54	8	1	24	27	145
辽　宁 Liaoning	95	39	0.42	2	6	29	86
吉　林 Jilin	42	12	0.1	1		6	10
黑龙江 Heilongjiang	14730	8541	214	782	351	1375	2747
上　海 Shanghai	1093	790	18	38	8	84	36
江　苏 Jiangsu	298	230	12	28	39	25	141
浙　江 Zhejiang	51	26	6		3	10	12
安　徽 Anhui	490	231	29	34	41	76	209
福　建 Fujian	178	132	3	18	5	47	29
江　西 Jiangxi	242	165	9	29	59	36	79
山东 Shandong	271	223	17	63	3	30	32
河　南 Henan	59	5	0.2	5	2	2	13
湖　北 Hubei	781	368	25	15	59	238	309
湖　南 Hunan	182	130	21	12	14	10	27
广　东 Guangdong	3310	37	1	2	7	11	28
广　西 Guangxi	36	15	1	0.26	71	52	70
海　南 Hainan	1807	1195	47	80	107	284	247
云　南 Yunnan	106	10			2	2	10
陕　西 Shaanxi	28	13	1	2	10	6	34
甘　肃 Gansu	0.3	0.26					
青　海 Qinghai	7	5	0.1			1	29
宁　夏 Ningxia	227	84	1	18	11	45	163
新　疆 Xinjiang	741	531	27	28	33	42	134
新疆生产建设兵团 Xinjiang Production and Construction Corps	459	101	30	53	43	11	91

3-2-25 镇乡级特殊区域房屋(2014年)

地区名称 Name of Regions	住宅 Residential Building							
	本年建房户数(户) Number of Households of Building Housing This Year (unit)	在新址上新建 New Construction on New Site	年末实有建筑面积(万平方米) Total Floor Space of Buildings (year-end) (10,000m²)	混合结构以上 Mixed Strucure and Above	本年竣工建筑面积(万平方米) Floor Space Completed This Year (10,000m²)	混合结构以上 Mixed Strucure and Above	房地产开发 Real Estate Develop-ment	人均住宅建筑面积(平方米) Per Capita Floor Space (m²)
全　国 National Total	**50305**	**23497**	**11235.0**	**9939.1**	**582.5**	**562.8**	**261.5**	**33.47**
河　北 Hebei	487	46	185.1	147.0	3.5	3.5		28.73
山　西 Shanxi	31	3	20.1	15.2	0.3	0.3		25.09
内蒙古 Inner Mongolia	220	37	104.9	74.3	2.9	2.9	1.0	28.08
辽　宁 Liaoning	815	653	131.4	93.8	6.7	6.5	1.1	23.97
吉　林 Jilin	53	17	50.9	29.6	0.2	0.2		28.34
黑龙江 Heilongjiang	23224	3896	5789.7	5789.3	192.3	192.3	88.9	31.71
上　海 Shanghai			668.4	668.4	131.4	131.4	100.8	74.43
江　苏 Jiangsu	165	76	168.8	104.5	2.2	2.0	0.2	36.09
浙　江 Zhejiang			22.9	22.1				31.60
安　徽 Anhui	2966	2825	497.1	413.9	20.6	20.5	1.6	44.11
福　建 Fujian	130	85	126.7	106.3	2.6	2.5		50.18
江　西 Jiangxi	376	163	347.6	324.9	6.7	6.7	0.2	33.71
山　东 Shandong	1383	712	165.4	78.7	20.5	20.5	10.4	47.96
河　南 Henan	75	33	24.5	18.2	0.7	0.7		33.59
湖　北 Hubei	2276	1479	465.5	359.3	28.7	28.7	9.1	33.63
湖　南 Hunan	157	67	114.3	102.3	4.6	4.6		31.15
广　东 Guangdong	115	62	116.0	98.8	2.6	2.6	0.6	26.99
广　西 Guangxi	89	68	57.5	41.2	1.5	1.5		28.93
海　南 Hainan	7055	4194	975.4	760.4	82.8	71.7	27.6	31.69
云　南 Yunnan			49.3					48.45
陕　西 Shaanxi	131	30	158.7	101.9	1.4	1.3		42.60
甘　肃 Gansu	8	3	2.0	1.6	0.1	0.1		29.25
青　海 Qinghai	19	19	2.4	2.3		0.02		28.26
宁　夏 Ningxia	405	214	164.5	117.9	4.0	3.5	0.9	27.84
新　疆 Xinjiang	2116	929	319.5	194.2	18.8	15.7		24.87
新疆生产建设兵团 Xinjiang Production and Construction Corps	8009	7886	506.4	273.1	47.2	43.1	19.3	36.41

Building Construction of Special District at Township Level(2014)

公共建筑 Public Building					生产性建筑 Industrial Building					
年末实有建筑面积(万平方米) Total Floor Space of Buildings (year-end) (10,000m²)	混合结构以上 Mixed Strucure and Above	本年竣工建筑面积(万平方米) Floor Space Completed This Year (10,000m²)	混合结构以上 Mixed Strucure and Above	房地产开发 Real Estate Development	年末实有建筑面积(万平方米) Total Floor Space of Buildings (year-end) (10,000m²)	混合结构以上 Mixed Strucure and Above	本年竣工建筑面积(万平方米) Floor Space Completed This Year (10,000m²)	混合结构以上 Mixed Strucure and Above	房地产开发 Real Estate Development	地区名称 Name of Regions
1986.3	**1827.5**	**64.6**	**58.7**	**7.9**	**3178.9**	**2896.8**	**183.0**	**152.0**	**0.3**	**全　国**
34.8	33.7	1.6	1.6		69.2	67.4	1.5	1.1		河　北
7.8	3.9	0.1	0.1		7.9	2.8	0.1	0.1		山　西
39.4	31.2	1.4	1.2		42.7	22.8	1.9	1.1		内蒙古
52.0	31.7	0.1	0.1		97.8	86.7	2.4	2.0		辽　宁
4.1	3.8	0.8	0.8		5.6	3.7				吉　林
1168.3	1157.3	16.5	16.5	1.6	789.4	778.6	19.7	19.7		黑龙江
107.9	107.9	8.2	8.2		1121.4	1101.6	26.6	26.6		上　海
53.7	41.3	0.6	0.6		97.2	90.0	5.4	5.4		江　苏
1.4	1.3				84.0	62.1				浙　江
14.9	11.0	1.1	0.8		58.5	23.8	0.9	0.8		安　徽
22.1	19.5	0.9	0.7		204.7	202.8	2.1	1.5		福　建
38.8	31.0	2.4	2.4	0.1	37.3	30.7	6.7	6.7	0.1	江　西
26.7	24.6	6.9	6.9	0.2	110.1	64.7	35.0	8.0		山　东
3.0	2.7	0.01	0.01		2.3	2.3				河　南
90.5	78.5	6.7	6.6	1.3	197.1	181.1	71.5	71.5		湖　北
20.8	18.9	2.4	0.9	1.4	23.2	20.1	1.4	1.4		湖　南
16.9	15.8	0.6	0.6		9.2	8.2	0.4	0.4		广　东
18.1	5.7	0.2	0.2		18.5	13.8	3.1	2.4		广　西
140.1	115.7	6.9	3.6	1.7	103.8	70.6	1.5	1.0	0.2	海　南
										云　南
10.7	7.3	0.3	0.3		6.3	1.7	0.3	0.3		陕　西
0.5	0.4				0.2	0.1				甘　肃
6.0	3.6	0.1	0.1		4.0	0.9				青　海
26.6	25.2	0.6	0.6		34.5	22.2	0.2	0.01		宁　夏
50.2	40.0	2.3	2.0		18.8	10.9	1.0	0.7		新　疆
31.1	15.5	4.0	3.9	1.6	35.5	27.7	1.5	1.5		新疆生产建设兵团

3-2-26 镇乡级特殊区域建设投入(2014年)

计量单位：万元

地区名称 Name of Regions		合计 Total Construction Input of This Year	房屋 Building						
			本年建设投入小计 Input of House	房地产开发 Real Estate Development	住宅 Residential Building	公共建筑 Public Building	生产性建筑 Industrial Building	小计 Input of Municipal Public Facilities	供水 Water Supply
全　国	**National Total**	**1708460**	**1305792**	**527861**	**938874**	**82842**	**284076**	**402668**	**52840**
河　北	Hebei	13173	7029		4563	1268	1198	6144	334
山　西	Shanxi	344	312		197	65	50	32	
内蒙古	Inner Mongolia	10316	8162	1164	3634	2188	2340	2154	283
辽　宁	Liaoning	20423	14644	2200	12012	150	2482	5779	498
吉　林	Jilin	1305	1076		326	750		229	8
黑龙江	Heilongjiang	457636	257308	104861	226395	14661	16252	200328	24422
上　海	Shanghai	570414	530592	302250	394290	12300	124002	39822	1257
江　苏	Jiangsu	16835	14529	240	3822	1600	9107	2306	376
浙　江	Zhejiang	1254	232		232			1022	
安　徽	Anhui	30643	26476	1800	24445	934	1097	4167	1008
福　建	Fujian	10611	7343		3741	1160	2442	3268	227
江　西	Jiangxi	18684	11885	150	4331	1885	5669	6799	539
山　东	Shandong	98687	91770	43250	46250	6950	38570	6917	245
河　南	Henan	866	660		555	105		206	37
湖　北	Hubei	166222	112794	13139	32475	9812	70507	53428	13591
湖　南	Hunan	9573	6703	150	3708	2009	986	2870	530
广　东	Guangdong	12520	5344	1247	3765	897	682	7176	518
广　西	Guangxi	4801	3677		1176	175	2326	1124	152
海　南	Hainan	133357	114963	36794	103846	9642	1475	18394	2688
云　南	Yunnan	3075	3000			3000		75	
陕　西	Shaanxi	3301	2300		1907	250	143	1001	18
甘　肃	Gansu	50	50		50				
青　海	Qinghai	245	191		21	170		54	22
宁　夏	Ningxia	9696	6399	1616	5495	821	83	3297	318
新　疆	Xinjiang	33603	25221		20479	4057	685	8382	2023
新疆生产建设兵团	Xinjiang Production and Construction Corps	80826	53132	19000	41159	7993	3980	27694	3746

Construction Input of Special District at Township Level(2014)

Measurement Unit:10,000 RMB

市政公用设施 Municipal Public Facilities									
燃气 Gas Supply	集中供热 Central Heating	道路桥梁 Road and Bridge	排水 Drainage	污水处理 Wastewater Treatment	园林绿化 Landscaping	环境卫生 Environmental Sanitation	垃圾处理 Garbage Treatment	其他 Other	地区名称 Name of Regions
9121	**62018**	**123222**	**36673**	**7953**	**46092**	**20684**	**6493**	**52018**	**全　国**
	338	3972	373	10	617	437	192	73	河　北
					21	11	3		山　西
	30	757	70		335	122	69	557	内蒙古
188	939	532	1291	850	846	644	215	841	辽　宁
	16	187			10	8			吉　林
550	54951	33512	23423	5494	20268	9749	2217	33453	黑龙江
4432		21119	3563	480	7351	2100	950		上　海
15		888	199		263	225	120	340	江　苏
		903	2		11	91	14	15	浙　江
		1334	484	132	571	319	152	451	安　徽
4		1828	433	65	345	266	133	165	福　建
1		2342	703	25	2385	307	134	522	江　西
35	15	3063	175	65	1690	809	462	885	山　东
		134	5		5	25			河　南
2344		29853	1564	138	3334	1297	306	1445	湖　北
		1191	145		427	302	82	275	湖　南
3		445	793	325	301	411	273	4705	广　东
		560	78		58	231	40	45	广　西
168		4293	1617		2066	1444	533	6118	海　南
		75							云　南
		550	19		291	2		121	陕　西
									甘　肃
		19	4		9				青　海
51	365	1146	179	80	400	538	247	300	宁　夏
	595	2298	299	192	886	591	175	1690	新　疆
1330	4769	12221	1254	97	3602	755	176	17	新疆生产建设兵团

3-2-27 镇乡级特殊区域建设财政性资金投资(2014)

计量单位：万元

地区名称	Name of Regions	财政性资金投资合计 Total Fiscal Investment	中央预算资金 Central Budgetary Fund	省级预算资金 Provincial Budgetary Fund
全　国	**National Total**	**302878**	**74603**	**20464**
河　北	Hebei	2492		
山　西	Shanxi	15	8	3
内蒙古	Inner Mongolia	1392		988
辽　宁	Liaoning	3605	810	1078
吉　林	Jilin	40		
黑龙江	Heilongjiang	168714	48460	8633
上　海	Shanghai	24961		
江　苏	Jiangsu	3655		
浙　江	Zhejiang			
安　徽	Anhui	13556	3878	1696
福　建	Fujian	4692	66	65
江　西	Jiangxi	1950	497	1139
山　东	Shandong	3818		
河　南	Henan			
湖　北	Hubei	3854	180	90
湖　南	Hunan	200	60	
广　东	Guangdong	461	139	136
广　西	Guangxi	345		
海　南	Hainan	27049	5243	5256
云　南	Yunnan			
陕　西	Shaanxi	560	335	200
甘　肃	Gansu			
青　海	Qinghai	135	115	
宁　夏	Ningxia	339	8	300
新　疆	Xinjiang	5932	1221	880
新疆生产建设兵团	Xinjiang Production and Construction Corps	35113	13583	

Construction fiscal investment of Special District at Township Level(2014)

Measurement Unit:10,000 RMB

地级预算资金 City-Level Budgetary Fund	县级预算资金 County-Level Budgetary Fund	镇(乡)本级预算资金 Township-Level Budgetary Fund	地区名称 Name of Regions
3348	**42676**	**161787**	**全国**
	2442	50	河北
2	2		山西
18	356	30	内蒙古
996	121	600	辽宁
40			吉林
739	24601	86281	黑龙江
52		24909	上海
		3655	江苏
			浙江
50	840	7092	安徽
30	3180	1352	福建
20	30	264	江西
	100	3718	山东
			河南
202	1633	1749	湖北
	30	110	湖南
86	100		广东
29	215	101	广西
845	5759	9947	海南
			云南
	25		陕西
			甘肃
	20		青海
	8	23	宁夏
189	2072	1568	新疆
50	1142	20338	新疆生产建设兵团

3-2-28 村庄人口及面积(2014年)

地区名称 Name of Regions		村庄现状用地面积(公顷) Area of Villages (hectare)	行政村个数(个) Number of Administrative Villages(unit)			
			合计 Total	500人以下 Under 500 (persons)	500-1000人 500-1000 (persons)	1000人以上 Above 1000 (persons)
全 国	**National Total**	**13941179**	**546699**	**110065**	**170071**	**266563**
北 京	Beijing	91244	3734	1223	1271	1240
天 津	Tianjin	61084	2944	783	1022	1139
河 北	Hebei	884679	42152	9448	15852	16852
山 西	Shanxi	375068	27406	10741	9336	7329
内蒙古	Inner Mongolia	272189	10717	2782	3871	4064
辽 宁	Liaoning	477290	10655	548	1833	8274
吉 林	Jilin	398153	9047	1438	2859	4750
黑龙江	Heilongjiang	486588	8713	1396	2486	4831
上 海	Shanghai	83232	1585	190	200	1195
江 苏	Jiangsu	714956	14285	752	2388	11145
浙 江	Zhejiang	382538	22693	5150	7789	9754
安 徽	Anhui	665072	14498	977	3310	10211
福 建	Fujian	258589	12927	1782	3706	7439
江 西	Jiangxi	485392	16798	3188	4093	9517
山 东	Shandong	1108950	64573	18062	24969	21542
河 南	Henan	990209	45623	7696	12140	25787
湖 北	Hubei	521221	23564	3039	8594	11931
湖 南	Hunan	911393	39137	7712	15477	15948
广 东	Guangdong	884076	17770	1239	3096	13435
广 西	Guangxi	522874	14324	1112	2217	10995
海 南	Hainan	132244	3717	1001	898	1818
重 庆	Chongqing	217371	8545	584	1443	6518
四 川	Sichuan	865952	45139	10193	13813	21133
贵 州	Guizhou	445740	15706	2072	4620	9014
云 南	Yunnan	502495	12971	1110	1944	9917
陕 西	Shaanxi	378531	24581	8302	8703	7576
甘 肃	Gansu	352077	15995	2764	6395	6836
青 海	Qinghai	57281	4143	1487	1701	955
宁 夏	Ningxia	68181	2325	411	611	1303
新 疆	Xinjiang	321943	8710	1820	2935	3955
新疆生产建设兵团	Xinjiang Production and Construction Corps	24569	1722	1063	499	160

Population and Area of Villages (2014)

自然村个数(个) Number of Natural Villages(unit)					村庄户籍人口(万人) Registered Permanent Population (10,000 persons)	村庄暂住人口(万人) Temporary Population (10,000 persons)	地区名称 Name of Regions
合计 Total	200人以下 Under 200 (persons)	200-600人 200-600 (persons)	600-1000人 600-1000 (persons)	1000人以上 Above 1000 (persons)			
2701828	**1260017**	**911496**	**339225**	**191090**	**76292.90**	**2807.29**	**全　国**
4945	1070	1469	1169	1237	331.84	215.82	北　京
2975	133	849	849	1144	241.68	33.79	天　津
63658	15864	18027	13871	15896	4394.51	58.50	河　北
45246	17210	13911	7686	6439	1924.69	50.15	山　西
42948	19679	16413	4574	2282	1313.56	49.82	内蒙古
49151	14324	22641	7388	4798	1776.55	35.26	辽　宁
38312	10034	17333	7660	3285	1340.34	30.79	吉　林
35516	5861	18184	6920	4551	1700.73	32.36	黑龙江
25700	17949	6636	981	134	285.44	319.35	上　海
133746	61997	47830	15173	8746	3458.94	306.44	江　苏
87245	41597	29414	10569	5665	2174.27	368.01	浙　江
223049	125045	65122	24472	8410	4439.64	56.55	安　徽
64811	28989	21948	9541	4333	1850.17	101.41	福　建
165252	90932	54181	14966	5173	2969.82	58.27	江　西
88444	9602	33933	26140	18769	5183.59	112.99	山　东
187862	82440	55621	31760	18041	6495.79	87.99	河　南
143591	71286	45150	18142	9013	3298.82	54.01	湖　北
145195	83753	31247	17186	13009	4392.53	78.77	湖　南
149587	65194	55959	18938	9496	4428.75	405.30	广　东
180883	87400	58676	24581	10226	3988.86	36.93	广　西
19361	9471	7341	1790	759	528.22	14.99	海　南
66372	22908	32228	8398	2838	1994.91	38.58	重　庆
327033	191761	105328	17695	12249	5867.01	68.82	四　川
83031	35286	29540	11520	6685	2770.44	30.33	贵　州
131813	68301	45793	12345	5374	3263.48	49.21	云　南
73692	33021	25317	10031	5323	2131.78	42.53	陕　西
85895	37447	35852	8929	3667	1859.81	17.55	甘　肃
7123	2195	2959	1210	759	364.07	8.50	青　海
12483	4211	6488	1382	402	382.39	8.73	宁　夏
15094	4650	5185	3034	2225	1049.70	25.98	新　疆
1815	407	921	325	162	90.57	9.56	新疆生产建设兵团

3-2-29 村庄规划及整治(2014年)

地区名称 Name of Regions		村庄规划			
		行政村 Administrative Village			自然村
		已编制村庄规划的行政村个数(个) Number of Administrative Villages with Completed Village Plans (unit)	本年编制 Compiled This Year	占全部行政村比例(%) Percentage of Tatol (%)	已编制村庄规划的自然村个数(个) Number of Natural Villages with Completed Village Plans (unit)
全 国	**National Total**	**322403**	**20674**	**58.97**	**766048**
北 京	Beijing	3160	86	84.63	1925
天 津	Tianjin	1909	144	64.84	1144
河 北	Hebei	18544	659	43.99	13983
山 西	Shanxi	11321	393	41.31	3033
内蒙古	Inner Mongolia	4149	356	38.71	6220
辽 宁	Liaoning	5375	140	50.45	8591
吉 林	Jilin	2686	195	29.69	6787
黑龙江	Heilongjiang	4729	69	54.28	8113
上 海	Shanghai	767	46	48.39	5156
江 苏	Jiangsu	12475	843	87.33	44741
浙 江	Zhejiang	17234	1555	75.94	32564
安 徽	Anhui	10692	1181	73.75	35264
福 建	Fujian	10994	296	85.05	13395
江 西	Jiangxi	15121	960	90.02	99905
山 东	Shandong	45038	1627	69.75	49310
河 南	Henan	26786	1133	58.71	53640
湖 北	Hubei	19984	778	84.81	70648
湖 南	Hunan	12171	2500	31.10	15531
广 东	Guangdong	10261	1070	57.74	47689
广 西	Guangxi	11105	653	77.53	44388
海 南	Hainan	2352	488	63.28	11864
重 庆	Chongqing	3921	153	45.89	7816
四 川	Sichuan	16630	1827	36.84	22206
贵 州	Guizhou	6936	1202	44.16	10110
云 南	Yunnan	11150	717	85.96	102666
陕 西	Shaanxi	12902	337	52.49	24762
甘 肃	Gansu	10029	629	62.70	13508
青 海	Qinghai	3366	340	81.25	1172
宁 夏	Ningxia	1715	86	73.76	5567
新 疆	Xinjiang	7959	127	91.38	3662
新疆生产建设兵团	Xinjiang Production and Construction Corps	942	84	54.70	688

Planning and Rehabilitation of Villages (2014)

Planning of Villages		村庄整治 Rehabilitation of Villages			
Natural Village					
本年编制 Compiled This Year	占全部自然村比例 (%) Percentage of Tatol (%)	已开展村庄整治的行政村个数(个) Number of Administrative Villages That Have Carried Out Programs to Improve The Living Environment (unit)	本年新增 Added This Year	占全部行政村比例 Percentage of Tatol (%)	地区名称 Name of Regions
55834	**28.35**	**250518**	**35886**	**45.82**	**全　国**
90	38.93	2862	26	76.65	北　京
131	38.45	1665	159	56.56	天　津
434	21.97	14075	2120	33.39	河　北
151	6.70	8103	1107	29.57	山　西
524	14.48	2889	695	26.96	内蒙古
262	17.48	6111	1223	57.35	辽　宁
546	17.72	3197	384	35.34	吉　林
104	22.84	3259	78	37.40	黑龙江
68	20.06	1018	78	64.23	上　海
2488	33.45	13156	1663	92.1	江　苏
3285	37.32	15781	985	69.54	浙　江
2280	15.81	8241	1372	56.84	安　徽
648	20.67	8032	610	62.13	福　建
6782	60.46	10558	1112	62.85	江　西
1452	55.75	53358	10450	82.63	山　东
2648	28.55	10736	1794	23.53	河　南
2563	49.20	14012	1591	59.46	湖　北
4833	10.70	12046	2558	30.78	湖　南
4645	31.88	7416	832	41.73	广　东
4993	24.54	5108	869	35.66	广　西
3904	61.28	2009	254	54.05	海　南
222	11.78	2859	381	33.46	重　庆
2816	6.79	13353	1312	29.58	四　川
1869	12.18	4447	868	28.31	贵　州
5378	77.89	6514	779	50.22	云　南
701	33.60	9591	1112	39.02	陕　西
705	15.73	4909	691	30.69	甘　肃
185	16.45	1256	188	30.32	青　海
198	44.60	1482	149	63.74	宁　夏
899	24.26	1992	392	22.87	新　疆
30	37.91	483	54	28.05	新疆生产建设兵团

3-2-30 村庄公共设施(一)(2014年)

地区名称 Name of Regions		集中供水的行政村 Administrative Villages With Access to Piped Water		村内自建集中供水设施的行政村 The Administrative Villages with Self-built Central Water Supply Facilities		年生活用水量(万立方米) Annual Domestic Water Consumption (10,000m3)	供水管道长度(公里) Length of Water Supply Pipelines (km)
		个数(个) Number (unit)	比例(%) Rate (%)	个数(个) Number (unit)	比例(%) Rate (%)		
全　国	**National Total**	**341487**	**62.5**	**61090**	**11.2**	**1292889**	**1228394**
北　京	Beijing	3202	85.8	716	19.2	16864	16865
天　津	Tianjin	2656	90.2	609	20.7	8105	9405
河　北	Hebei	31203	74.0	7073	16.8	76045	69596
山　西	Shanxi	20173	73.6	2990	10.9	31715	47705
内蒙古	Inner Mongolia	5943	55.5	1020	9.5	11106	21523
辽　宁	Liaoning	6367	59.8	1702	16.0	27248	31312
吉　林	Jilin	5146	56.9	1260	13.9	13552	23866
黑龙江	Heilongjiang	6539	75.1	1884	21.6	23559	41120
上　海	Shanghai	1584	99.9	3	0.2	19227	10622
江　苏	Jiangsu	13539	94.8	1211	8.5	105487	110358
浙　江	Zhejiang	17658	77.8	3253	14.3	63794	61582
安　徽	Anhui	7478	51.6	815	5.6	55416	42080
福　建	Fujian	10551	81.6	2606	20.2	50029	30106
江　西	Jiangxi	8180	48.7	1288	7.7	32927	26819
山　东	Shandong	60055	93.0	11666	18.1	129037	139276
河　南	Henan	22307	48.9	2527	5.5	73364	50952
湖　北	Hubei	13169	55.9	1670	7.1	43384	39635
湖　南	Hunan	11591	29.6	2053	5.3	50182	38355
广　东	Guangdong	10917	61.4	2653	14.9	108755	51817
广　西	Guangxi	6887	48.1	771	5.4	66841	36036
海　南	Hainan	2759	74.2	393	10.6	12910	9710
重　庆	Chongqing	5044	59.0	689	8.1	25747	26567
四　川	Sichuan	13409	29.7	2368	5.3	50352	49068
贵　州	Guizhou	9081	57.8	1717	10.9	42397	35992
云　南	Yunnan	8950	69.0	1925	14.8	67094	60616
陕　西	Shaanxi	15932	64.8	5117	20.8	34180	35634
甘　肃	Gansu	8240	51.5	407	2.5	19611	32499
青　海	Qinghai	2701	65.2	7	0.2	7127	11804
宁　夏	Ningxia	1832	78.8	38	1.6	5945	11367
新　疆	Xinjiang	6795	78.0	361	4.1	18438	47946
新疆生产建设兵团	Xinjiang Production and Construction Corps	1599	92.9	298	17.3	2452	8163

Public Facilities of Villages Ⅰ(2014)

本年新增 Added This Year	用水人口 (万人) Population with Access to Water (10,000 persons)	供水普及率 (%) Water Coverage Rate (%)	人均日生活用水量 (升) Per Capita Daily Water Consumption (liter)	用气人口 (万人) Population with Access to Gas (10,000 persons)	燃气普及率 (%) Gas Coverage Rate (%)	集中供热面积 (万平方米) Area of Centrally Heated District (10,000 m2)	地区名称 Name of Regions
83464	**48687.31**	**61.55**	**72.75**	**16276.50**	**20.58**	**8926**	**全　国**
79	499.04	91.12	92.58	190.86	34.85	925	北　京
122	258.89	93.98	85.77	118.90	43.16	385	天　津
3735	3655.62	82.09	56.99	731.10	16.42	383	河　北
964	1593.16	80.67	54.54	91.93	4.66	1045	山　西
2601	694.71	50.95	43.80	63.86	4.68	219	内蒙古
1851	961.24	53.05	77.66	228.99	12.64	787	辽　宁
1942	599.55	43.73	61.93	43.08	3.14	205	吉　林
645	990.79	57.17	65.15	44.51	2.57	258	黑龙江
155	574.54	95.00	91.68	400.91	66.29		上　海
4725	3550.03	94.28	81.41	2637.66	70.05		江　苏
3604	2014.52	79.24	86.76	1125.41	44.27		浙　江
3811	2124.49	47.25	71.46	955.26	21.25	25	安　徽
1926	1573.73	80.64	87.10	940.48	48.19		福　建
2342	1105.67	36.51	81.59	439.08	14.50	6	江　西
10475	4814.93	90.91	73.42	2182.93	41.21	3756	山　东
5619	3468.00	52.67	57.96	149.24	2.27	149	河　南
3478	1681.03	50.14	70.71	584.96	17.45		湖　北
4405	1723.11	38.54	79.79	472.52	10.57		湖　南
2959	3293.11	68.12	90.48	2236.72	46.27		广　东
2201	2095.46	52.05	87.39	1210.48	30.07		广　西
496	448.62	82.59	78.84	333.36	61.37		海　南
2092	935.90	46.02	75.37	196.75	9.68	5	重　庆
5629	2096.00	35.31	65.82	439.94	7.41	116	四　川
4187	1620.90	57.87	71.66	52.87	1.89	19	贵　州
3864	2185.11	65.96	84.12	116.63	3.52		云　南
1965	1523.74	70.08	61.46	175.04	8.05	32	陕　西
2433	1136.56	60.54	47.27	42.11	2.24	103	甘　肃
811	303.46	81.45	64.34	6.26	1.68	1	青　海
1501	273.30	69.88	59.60	27.44	7.02	182	宁　夏
2726	812.86	75.57	62.15	19.35	1.80	125	新　疆
117	79.24	79.14	84.77	17.87	17.85	200	新疆生产建设兵团

3-2-31 村庄公共设施(二)(2014年)

地区名称 Name of Regions		村庄内道路长度(公里) The Length of Roads within Villages (km)				村庄内道路面积(万平方米) The Area of Roads within Villages (10,000 m²)		
			本年新增 Added This Year	本年更新改造 Renewal and Upgrading during The Reported Year	硬化道路 Hardened Roads		本年新增 Added This Year	本年更新改造 Renewal and Upgrading during The Reported Year
全国	**National Total**	**2340964.4**	**101194.4**	**60664.5**	**724846.5**	**1847303.5**	**76724.7**	**37845.3**
北京	Beijing	23990.7	171.3	206.8	9509.2	40148.4	188.4	121.8
天津	Tianjin	11848.4	318.0	433.4	2459.8	7345.6	191.5	216.7
河北	Hebei	111007.1	5082.9	1995.0	36567.3	54095.9	2509.9	1104.4
山西	Shanxi	54293.1	675.0	358.4	17225.8	33508.8	567.8	181.8
内蒙古	Inner Mongolia	41343.0	4480.9	1473.7	9723.2	35487.6	3309.3	962.4
辽宁	Liaoning	55996.7	2915.2	3509.7	24227.9	36727.7	1869.6	1903.2
吉林	Jilin	75090.8	909.3	1577.3	22833.1	46917.2	651.1	781.8
黑龙江	Heilongjiang	79755.4	505.1	957.0	22077.5	44088.2	263.8	444.9
上海	Shanghai	11865.3	183.9	490.8	6771.4	8813.7	147.4	211.2
江苏	Jiangsu	124321.2	4006.2	3498.2	59039.6	69901.2	2539.8	1880.3
浙江	Zhejiang	69013.9	2340.2	1131.0	21517.9	59305.1	1966.5	864.4
安徽	Anhui	109412.9	4424.1	2226.8	28279.1	72173.0	3188.1	1398.5
福建	Fujian	47897.3	1935.0	1206.2	21319.3	38228.0	1376.2	736.1
江西	Jiangxi	64398.3	2931.6	1225.7	20391.2	42070.1	2321.0	736.5
山东	Shandong	223041.8	12513.1	9725.6	87638.8	145366.9	10051.7	6734.6
河南	Henan	113344.0	4297.0	1763.9	30957.0	157105.5	3472.8	1566.3
湖北	Hubei	140916.3	5101.5	3493.5	34744.2	101020.4	5211.3	2724.4
湖南	Hunan	135716.9	5611.5	3022.0	35418.4	125145.4	6405.3	2172.9
广东	Guangdong	114106.6	3878.7	1809.5	47999.4	164142.1	3079.5	1255.7
广西	Guangxi	96682.4	4457.8	1647.4	27989.2	46701.6	2403.9	778.2
海南	Hainan	22762.3	483.2	436.2	4053.3	15116.7	635.4	182.6
重庆	Chongqing	44452.6	2064.9	2275.5	7420.3	23766.3	1595.3	1289.1
四川	Sichuan	184670.9	15733.8	4750.7	41685.1	230532.4	11218.1	3130.7
贵州	Guizhou	60813.7	3876.2	3639.5	10066.2	46651.0	3826.5	2321.7
云南	Yunnan	89287.7	3493.8	2851.6	16467.1	62885.7	2508.4	1576.2
陕西	Shaanxi	82227.4	2584.6	1535.9	43483.6	40013.4	1408.0	772.0
甘肃	Gansu	56401.7	2189.3	1679.0	11252.4	33432.9	1193.4	922.4
青海	Qinghai	20864.6	806.2	106.4	6801.7	14169.2	724.7	89.3
宁夏	Ningxia	20645.4	809.2	541.0	4328.5	14747.7	648.2	234.3
新疆	Xinjiang	47745.3	2277.6	1014.2	10445.0	32217.6	1142.1	515.6
新疆生产建设兵团	Xinjiang Production and Construction Corps	7050.9	137.3	82.7	2154.6	5478.3	110.0	35.4

Public Facilities of Villages Ⅱ(2014)

硬化道路 Hardened Roads	排水管道沟渠长度(公里) The Length of Drainage Pipelines and Canals (km)	本年新增 Added This Year	对生活污水进行处理的行政村 Administrative Villages with Domestic Wastewater Treated 个数(个) Number (unit)	比例(%) Rate (%)	有生活垃圾收集点的行政村 Administrative Villages with Domestic Garbge Collected 个数(个) Number (unit)	比例(%) Rate (%)	对生活垃圾进行处理的行政村 Villages with Domestic Garbge Treated 个数(个) Number (unit)	比例(%) Rate (%)	地区名称 Name of Regions
552716.8	**541812.5**	**35151.6**	**54574**	**10.0**	**349774**	**64.0**	**263412**	**48.2**	**全　国**
28732.7	9139.1	111.4	876	23.5	3517	94.2	3097	82.9	北　京
1921.4	2974.5	184.7	484	16.4	2443	83.0	1973	67.0	天　津
20527.4	10039.2	603.4	1405	3.3	21634	51.3	10575	25.1	河　北
11259.2	10602.2	224.6	1105	4.0	20135	73.5	7496	27.4	山　西
8403.4	2172.9	442.0	255	2.4	1695	15.8	727	6.8	内蒙古
13704.9	15121.2	1018.6	402	3.8	6831	64.1	4026	37.8	辽　宁
14989.4	10053.4	245.0	332	3.7	4087	45.2	2315	25.6	吉　林
10912.4	5696.9	206.3	35	0.4	5013	57.5	235	2.7	黑龙江
5142.5	5906.2	51.2	840	53.0	1549	97.7	1406	88.7	上　海
32509.7	33990.3	1889.7	3902	27.3	13272	92.9	12326	86.3	江　苏
15573.3	27452.2	3353.1	12387	54.6	20478	90.2	18411	81.1	浙　江
18165.6	22408.1	1721.2	833	5.8	8667	59.8	6464	44.6	安　徽
14441.8	14398.7	761.4	1639	12.7	11751	90.9	10361	80.2	福　建
13112.2	26755.8	1714.2	1280	7.6	12551	74.7	9428	56.1	江　西
57228.5	91950.6	7369.9	11889	18.4	62437	96.7	59139	91.6	山　东
23173.7	22969.0	1330.7	1241	2.7	16534	36.2	7778	17.1	河　南
21130.5	32564.6	2046.0	2032	8.6	13115	55.7	9139	38.8	湖　北
37583.7	29435.7	1597.7	1584	4.1	18262	46.7	13317	34.0	湖　南
80375.2	29347.3	1091.6	2710	15.3	15675	88.2	12594	70.9	广　东
14196.6	16646.8	1116.1	688	4.8	13800	96.3	13341	93.1	广　西
2740.3	1923.1	152.8	156	4.2	1901	51.1	1664	44.8	海　南
4561.2	13323.5	1139.4	948	11.1	3193	37.4	2168	25.4	重　庆
26759.5	39327.1	2753.7	4363	9.7	39395	87.3	38534	85.4	四　川
8629.2	10663.6	845.2	711	4.5	4613	29.4	2829	18.0	贵　州
21905.1	19906.5	1011.9	741	5.7	5173	39.9	3251	25.1	云　南
21300.2	18583.6	1099.8	964	3.9	10966	44.6	4774	19.4	陕　西
5969.3	4399.9	564.5	165	1.0	5352	33.5	2793	17.5	甘　肃
4692.8	3218.2	26.4	51	1.2	592	14.3	279	6.7	青　海
3456.5	8743.8	224.9	171	7.4	1476	63.5	917	39.4	宁　夏
8125.6	1694.5	199.8	231	2.7	2571	29.5	1514	17.4	新　疆
1493.2	404.2	54.6	154	8.9	1096	63.7	541	31.4	新疆生产建设兵团

3-2-32 村庄房屋(2014年)

地区名称 Name of Regions	住宅 Residential Building 本年建房户数(户) Number of Households of Building Housing This Year (unit)	在新址上新建 New Construction on New Site	年末实有建筑面积(万平方米) Total Floor Space of Buildings (year-end) (10,000m²)	混合结构以上 Mixed Strucure and Above	本年竣工建筑面积(万平方米) Floor Space Completed This Year (10,000m²)	混合结构以上 Mixed Strucure and Above	房地产开发 Real Estate Development	人均住宅建筑面积(平方米) Per Capita Floor Space (m²)
全 国 National Total	**4233712**	**1414912**	**2533643.2**	**1646471.3**	**54553.8**	**48498.3**	**2693.9**	**33.2**
北 京 Beijing	17236	2066	15483.6	11188.9	494.7	451.3	259.1	46.7
天 津 Tianjin	5928	1411	7864.8	5629.2	129.8	51.6		32.5
河 北 Hebei	121824	28673	122908.7	74075.3	1400.1	1373.3	25.4	28.0
山 西 Shanxi	104515	30268	56781.8	35275.8	897.9	694.3	24.1	29.5
内蒙古 Inner Mongolia	96153	38527	32733.2	25816.2	898.1	714.0	6.4	24.9
辽 宁 Liaoning	29522	6332	41257.6	16452.7	342.5	272.5	29.2	23.2
吉 林 Jilin	50915	5061	30580.5	12094.5	539.2	372.4	42.8	22.8
黑龙江 Heilongjiang	201381	2553	36496.5	33629.8	1716.3	1716.3		21.5
上 海 Shanghai	8050	2142	14563.6	13484.5	129.3	112.0		51.0
江 苏 Jiangsu	107814	37301	151779.9	111967.2	1755.8	1614.1	175.1	43.9
浙 江 Zhejiang	76950	31381	109760.5	85158.2	1891.9	1819.4	32.4	50.5
安 徽 Anhui	185077	74334	144459.4	92737.4	2391.2	1977.8	95.1	32.5
福 建 Fujian	50187	18753	70268.0	45194.7	1288.4	1262.4	22.1	38.0
江 西 Jiangxi	231311	87566	123322.6	89513.0	4205.9	3975.2	23.3	41.5
山 东 Shandong	299232	138429	179889.8	111636.3	3525.6	3099.9	413.1	34.7
河 南 Henan	183147	49894	201181.3	141395.1	3013.5	2548.8	260.0	31.0
湖 北 Hubei	128688	57277	121852.3	94187.5	2697.8	2569.7	602.5	36.9
湖 南 Hunan	152399	77764	159953.3	121404.0	3001.9	2727.5	40.7	36.4
广 东 Guangdong	130731	66716	122595.1	82080.7	2714.5	2531.5	280.7	27.7
广 西 Guangxi	294259	120100	109565.1	67322.4	3660.3	3499.9	21.7	27.5
海 南 Hainan	50371	19208	14844.0	6365.8	507.0	401.6	16.2	28.1
重 庆 Chongqing	78124	34959	84844.4	60801.2	1237.2	1183.5	8.0	42.5
四 川 Sichuan	526161	129693	225467.9	146681.4	5458.2	4805.6	27.5	38.4
贵 州 Guizhou	206763	89145	76314.0	39803.0	2218.3	1868.6	78.1	27.6
云 南 Yunnan	260915	85165	115406.3	36998.9	3227.6	2444.1	40.7	35.4
陕 西 Shaanxi	113576	47564	66842.2	43642.9	1317.3	1233.4	37.8	31.4
甘 肃 Gansu	165516	40646	48977.1	23772.6	1273.9	1207.8	88.2	26.3
青 海 Qinghai	67156	13244	10135.1	4176.1	504.0	362.5	40.7	27.8
宁 夏 Ningxia	46486	14390	9314.2	2234.4	265.3	210.9	0.3	24.4
新 疆 Xinjiang	233986	56861	25635.0	10613.3	1813.4	1364.2	1.5	24.4
新疆生产建设兵团 Xinjiang Production and Construction Corps	9339	7489	2565.5	1138.2	37.2	32.3	1.2	28.3

Building Construction of Villages(2014)

公共建筑 Public Building: 年末实有建筑面积(万平方米) Total Floor Space of Buildings (year-end) (10,000m²)	公共建筑 Public Building: 混合结构以上 Mixed Strucure and Above	公共建筑 Public Building: 本年竣工建筑面积(万平方米) Floor Space Completed This Year (10,000m²)	公共建筑 Public Building: 混合结构以上 Mixed Strucure and Above	公共建筑 Public Building: 房地产开发 Real Estate Development	生产性建筑 Industrial Building: 年末实有建筑面积(万平方米) Total Floor Space of Buildings (year-end) (10,000m²)	生产性建筑 Industrial Building: 混合结构以上 Mixed Strucure and Above	生产性建筑 Industrial Building: 本年竣工建筑面积(万平方米) Floor Space Completed This Year (10,000m²)	生产性建筑 Industrial Building: 混合结构以上 Mixed Strucure and Above	生产性建筑 Industrial Building: 房地产开发 Real Estate Development	地区名称 Name of Regions
104619.6	**79366.2**	**4603.8**	**4015.6**	**216.2**	**169992.0**	**129433.9**	**8422.1**	**6923.0**	**195.8**	**全　国**
1950.1	1826.6	58.2	50.9	3.5	3612.7	3185.6	304.7	282.6	14.0	北　京
527.9	462.3	9.6	6.2		2635.3	2411.7	31.8	29.5		天　津
4288.2	3049.5	168.7	168.5	1.4	9232.0	6854.9	430.9	384.4	1.9	河　北
4546.0	3344.1	81.4	68.3		4502.6	3096.7	120.7	82.2		山　西
1305.2	955.4	91.4	64.7	3.5	1569.7	1072.6	94.6	63.4	1.4	内蒙古
2246.2	1447.3	50.5	39.9	7.1	4271.2	3074.1	123.7	107.8	7.1	辽　宁
788.3	396.6	16.8	14.3	1.0	1164.4	754.5	33.2	23.7	1.0	吉　林
1573.9	1367.4	19.0	19.0		2058.1	1861.6	104.0	104.0		黑龙江
771.2	757.5	7.0	7.0		5112.7	4943.5	114.2	112.9		上　海
6085.8	4809.6	225.9	210.1	13.2	20123.5	17776.2	950.0	888.3	15.5	江　苏
5236.4	4557.3	237.9	210.2	5.0	19672.5	17170.0	600.4	558.9	7.7	浙　江
4248.5	3347.6	246.6	220.0	6.4	4683.0	3571.4	287.3	214.6	5.0	安　徽
4653.5	3639.1	115.5	111.6	1.0	6998.4	5281.0	333.9	310.1		福　建
5173.9	4273.5	244.8	229.3	4.9	4156.8	3265.6	222.0	199.8	2.6	江　西
12996.2	9475.3	760.0	662.1	40.7	19446.0	15085.6	1398.4	1135.2	45.3	山　东
6348.2	4608.9	236.4	215.8	7.9	13348.9	8512.9	402.9	343.6	4.3	河　南
4925.9	4038.7	208.6	202.9	1.9	4938.8	4000.3	442.9	414.1	8.8	湖　北
5248.7	4434.3	288.4	252.1	5.4	5483.5	4377.5	422.5	313.4	15.7	湖　南
5027.4	3976.8	164.9	146.2	10.9	13097.8	9444.3	586.7	535.7	14.7	广　东
3805.6	2443.3	110.8	105.7	0.7	2184.5	1210.3	76.0	56.9		广　西
607.7	420.0	20.8	15.6	0.5	354.2	138.7	19.1	10.4	0.4	海　南
2153.3	1690.2	58.3	55.8	0.3	3165.0	2249.8	58.6	46.9	0.2	重　庆
4848.5	3648.2	145.9	134.5	3.9	4474.0	2850.1	160.3	113.7	2.6	四　川
2521.1	1923.8	361.4	259.6	72.6	1495.9	1155.2	294.7	234.9	40.4	贵　州
4365.7	2827.5	253.1	156.9	1.1	4452.5	1598.1	457.0	74.4	0.6	云　南
3037.5	2370.5	128.1	115.5	6.1	2454.8	1807.2	128.5	106.7	5.1	陕　西
2829.0	1647.9	108.0	105.2	16.0	3038.5	1602.5	101.5	93.6		甘　肃
319.5	197.4	25.4	22.6		213.1	100.4	14.7	7.4		青　海
367.3	215.4	10.9	8.4		440.4	227.8	42.0	20.6		宁　夏
1615.5	1091.5	142.2	131.5	1.2	1396.5	638.1	33.2	25.5		新　疆
207.2	122.9	7.4	5.5		214.4	115.9	31.7	28.0	1.4	新疆生产建设兵团

3-2-33 村庄建设投入(2014年)

计量单位：万元

地区名称 Name of Regions	本年建设投入合计 Total Construction Input of This Year	房屋 Building						
		小计 Input of House	房地产开发 Real Estate Development	住宅 Residential Building	公共建筑 Public Building	生产性建筑 Industrial Building	小计 Input of Municipal Public Facilities	供水 Water Supply
全　国 National Total	**80876049**	**63803546**	**3625179**	**50202794**	**4713114**	**8887638**	**17072503**	**2378715**
北　京 Beijing	2019115	1505643	992265	1284276	141128	80239	513472	25277
天　津 Tianjin	299591	192061		136026	18264	37771	107530	2960
河　北 Hebei	2193228	1804010	62126	1275753	151277	376980	389218	45022
山　西 Shanxi	1396201	1119361	25406	951830	66516	101015	276840	38963
内蒙古 Inner Mongolia	1394722	984171	5592	811161	81961	91049	410551	72695
辽　宁 Liaoning	1065500	632646	48606	386691	75715	170240	432854	42930
吉　林 Jilin	827578	614938	57579	558549	19552	36837	212640	45880
黑龙江 Heilongjiang	1924670	1748034		1635452	17748	94834	176636	19396
上　海 Shanghai	597562	382428		193979	19398	169051	215134	26902
江　苏 Jiangsu	4622961	3153212	232630	1721757	276628	1154827	1469749	253949
浙　江 Zhejiang	4185345	2956299	157380	1994696	315684	645919	1229046	170029
安　徽 Anhui	3277126	2535398	152022	2038561	228231	268606	741728	124165
福　建 Fujian	2219560	1735473	37670	1242860	150500	342113	484087	78438
江　西 Jiangxi	3551472	3079721	24139	2754327	166795	158599	471751	78124
山　东 Shandong	8097781	5962624	608727	3703953	799639	1459032	2135157	246895
河　南 Henan	3091247	2605272	67086	2101461	194307	309504	485975	126373
湖　北 Hubei	4401280	3462181	42524	2939323	176122	346736	939099	110325
湖　南 Hunan	3491906	2832855	54532	2289677	228913	314265	659051	104566
广　东 Guangdong	4175829	3556147	447810	2788423	209378	558346	619682	88676
广　西 Guangxi	3430765	2974027	11943	2812259	106261	55507	456738	47571
海　南 Hainan	689254	568560	35468	532044	19651	16865	120694	21876
重　庆 Chongqing	1614134	1147376	11956	1044468	54575	48333	466758	64124
四　川 Sichuan	6477184	4928172	28240	4624865	158254	145053	1549012	157182
贵　州 Guizhou	3336712	2568827	201901	1914404	303204	351219	767885	87145
云　南 Yunnan	5289177	4583462	37828	3194328	223936	1165198	705715	111016
陕　西 Shaanxi	1964783	1624969	83199	1344876	149871	130222	339814	46850
甘　肃 Gansu	1865510	1630073	102461	1390495	118080	121498	235437	47406
青　海 Qinghai	645601	584321	88971	531848	38857	13616	61280	18629
宁　夏 Ningxia	525037	399404	800	350369	19129	29906	125633	33218
新　疆 Xinjiang	1985200	1796142	3153	1589274	172045	34823	189058	33025
新疆生产建设兵团 Xinjiang Production and Construction Corps	220018	135739	3165	64809	11495	59435	84279	9108

Construction Input of Villages(2014)

Measurement Unit:10,000 RMB

市政公用设施 Municipal Public Facilities									地区名称 Name of Regions
燃气 Gas Supply	集中供热 Central Heating	道路桥梁 Road and Bridge	排水 Drainage	污水处理 Wastewater Treatment	园林绿化 Landscaping	环境卫生 Environmental Sanitation	垃圾处理 Garbage Treatment	其他 Other	
365672	**177164**	**8085638**	**1803375**	**637741**	**1267646**	**1699539**	**631980**	**1294754**	**全　国**
19447	37930	103367	35889	6728	170227	96005	17906	25330	北　京
75	517	35236	7788	526	20751	32420	9780	7783	天　津
5622	6384	185204	66221	9190	21336	46761	17027	12668	河　北
18497	10854	93226	12368	2317	43791	44462	9129	14679	山　西
895	8502	273316	21286	1666	8278	8385	2175	17194	内蒙古
9186	22145	197934	69165	2780	15941	53545	22159	22008	辽　宁
1281	5751	114682	10815	599	7723	18569	5394	7939	吉　林
21	2420	82798	8853	13	11460	15353	2204	36335	黑龙江
2922		101458	25861	17710	10077	22448	5752	25466	上　海
22892		535932	158637	58369	182011	227878	76425	88450	江　苏
10276	1525	279189	435275	303109	98016	128418	52945	106318	浙　江
15904	555	328909	85980	22316	49354	62949	25050	73912	安　徽
4534		213141	50764	16381	46337	62207	28500	28666	福　建
2276		217222	50853	5145	34391	40149	17385	48736	江　西
99493	58616	835896	202355	54275	224644	307092	127593	160166	山　东
4024	543	238770	36052	5993	22658	29722	9537	27833	河　南
12994		599030	75792	8714	38726	47379	14751	54853	湖　北
10284	2242	325392	52883	7478	37636	63348	26736	62700	湖　南
4860		237932	96573	52109	51755	99764	47439	40122	广　东
302		301877	27898	6909	7194	49325	25506	22571	广　西
4688		50028	7770	301	7547	8381	2785	20404	海　南
17546		296175	32089	11063	11484	25452	11135	19888	重　庆
76203		915227	96218	23684	49563	83601	32328	171018	四　川
6230	687	506986	35800	5302	26391	15159	6496	89487	贵　州
2075		453714	35234	7075	16204	31474	13990	55998	云　南
4296	115	170808	29890	2538	24390	42017	9995	21448	陕　西
385	2166	138524	12531	1101	6723	14900	5840	12802	甘　肃
2155		31599	2613	95	1135	3146	446	2003	青　海
156	1190	60856	9575	2321	7164	9305	2597	4169	宁　夏
5352	2916	120754	5017	1529	5567	7077	2178	9350	新　疆
801	12106	40456	5330	405	9172	2848	797	4458	新疆生产建设兵团

3-2-34 村庄建设财政性资金投资(2014年)
Construction fiscal investment of Villages(2014)

计量单位：万元 Measurement Unit:10,000 RMB

地区名称 Name of Regions	财政性资金投资合计 Total Fiscal Investment	中央预算资金 Central Budgetary Fund	省级预算资金 Provincial Budgetary Fund	地级预算资金 City-Level Budgetary Fund	县级预算资金 County-Level Budgetary Fund	镇(乡)本级预算资金 Township-Level Budgetary Fund
全　国 National Total	**8819012**	**1685730**	**1355879**	**634944**	**2221266**	**2921193**
北　京 Beijing	388022	22912	29429	17333	68561	249787
天　津 Tianjin	63925	499	3836	652	16940	41998
河　北 Hebei	71183	19433	13867	3591	22390	11902
山　西 Shanxi	58628	21554	11248	6389	15135	4302
内蒙古 Inner Mongolia	130074	39648	30800	21992	32300	5334
辽　宁 Liaoning	129673	19358	40795	13800	28591	27129
吉　林 Jilin	94159	28484	27972	5619	21419	10665
黑龙江 Heilongjiang	289059	63393	28759	247	3765	192895
上　海 Shanghai	248307	983	16343	25945	95553	109483
江　苏 Jiangsu	834960	9673	43404	15713	130054	636116
浙　江 Zhejiang	544743	5917	69487	22087	197691	249561
安　徽 Anhui	388422	57961	46903	46661	101217	135680
福　建 Fujian	246974	16774	36556	29543	70162	93939
江　西 Jiangxi	148427	34766	25315	14169	41217	32960
山　东 Shandong	996005	30678	90947	45004	292169	537207
河　南 Henan	118525	57416	17250	7492	11344	25023
湖　北 Hubei	191600	33244	21341	9036	84281	43698
湖　南 Hunan	131431	26739	14195	12463	40426	37608
广　东 Guangdong	343307	17336	39650	46219	57037	183065
广　西 Guangxi	483709	135956	158343	65131	107568	16711
海　南 Hainan	77283	7149	10183	4318	41514	14119
重　庆 Chongqing	277615	75960	50985	20338	76706	53626
四　川 Sichuan	545138	167505	80190	32752	235594	29097
贵　州 Guizhou	260903	63595	30418	15807	78630	72453
云　南 Yunnan	415068	164377	97715	29987	84266	38723
陕　西 Shaanxi	204502	60952	56625	39952	31056	15917
甘　肃 Gansu	216700	133952	32430	17603	27839	4876
青　海 Qinghai	189883	100507	71558	4553	13265	
宁　夏 Ningxia	174175	50293	50004	2087	66547	5244
新　疆 Xinjiang	513721	200625	108378	58115	119232	27371
新疆生产建设兵团 Xinjiang Production and Construction Corps	42891	18091	953	346	8797	14704

主要指标解释

Explanatory Notes on Main Indicators

主要指标解释

城市和县城部分

人口密度

指城区内的人口疏密程度。计算公式：

$$人口密度=\frac{城区人口+城区暂住人口}{城区面积}$$

人均日生活用水量

指每一用水人口平均每天的生活用水量。计算公式：

$$人均日生活用水量=\frac{居民家庭用水量+公共服务用水量}{用水人口}\div 报告期日历日数\times 1000升$$

用水普及率

指报告期末城区内用水人口与总人口的比率。计算公式：

$$用水普及率=\frac{城区用水人口}{城区人口+城区暂住人口}\times 100\%$$

燃气普及率

指报告期末城区内使用燃气的人口与总人口的比率。计算公式：

$$燃气普及率=\frac{城区用气人口}{城区人口+城区暂住人口}\times 100\%$$

人均道路面积

指报告期末城区内平均每人拥有的道路面积。计算公式：

$$人均道路面积=\frac{城区道路面积}{城区人口+城区暂住人口}$$

路网密度

指报告期末城区（建成区）内道路分布的稀疏程度。计算公式：

$$路网密度=\frac{道路长度}{城区（建成区）面积}$$

排水管道密度

指报告期末城区（建成区）内的排水管道分布的疏密程度。计算公式：

$$排水管道密度=\frac{排水管道长度}{城区（建成区）面积}$$

污水处理率

指报告期内污水处理总量与污水排放总量的比率。计算公式：

$$污水处理率=\frac{污水处理总量}{污水排放总量}\times 100\%$$

污水处理厂集中处理率

指报告期内通过污水处理厂处理的污水量与污水排放总量的比率。计算公式：

$$污水处理厂集中处理率=\frac{污水处理厂处理的污水量}{污水排放总量}\times100\%$$

人均公园绿地面积

指报告期末城区内平均每人拥有的公园绿地面积。计算公式：

$$人均公园绿地面积=\frac{城区公园绿地面积}{城区人口+城区暂住人口}$$

建成区绿化覆盖率

指报告期末建成区内绿化覆盖面积与区域面积的比率。计算公式：

$$建成区绿化覆盖率=\frac{建成区绿化覆盖面积}{建成区面积}\times100\%$$

建成区绿地率

指报告期末建成区内绿地面积与建成区面积的比率。计算公式：

$$建成区绿地率=\frac{建成区绿地面积}{建成区面积}\times100\%$$

生活垃圾处理率

指报告期内生活垃圾处理量与生活垃圾产生量的比率。计算公式：

$$生活垃圾处理率=\frac{生活垃圾处理量}{生活垃圾产生量}\times100\%$$

生活垃圾无害化处理率

指报告期内生活垃圾无害化处理量与生活垃圾产生量的比率。计算公式：

$$生活垃圾无害化处理率=\frac{生活垃圾无害化处理量}{生活垃圾产生量}\times100\%$$

在统计时，由于生活垃圾产生量不易取得，用清运量代替。

市区面积

指城市行政区域内的全部土地面积(包括水域面积)。地级以上城市行政区不包括市辖县(市)。

城区面积

指城市的城区包括：(1)街道办事处所辖地域；(2)城市公共设施、居住设施和市政公用设施等连接到的其他镇（乡）地域；（3）常住人口在3000人以上独立的工矿区、开发区、科研单位、大专院校等特殊区域。

连接是指两个区域间可观察到的已建成或在建的公共设施、居住设施、市政设施和其他设施相连，中间没有被水域、农业用地、园地、林地、牧草地等非建设用地隔断。

对于组团式和散点式的城市，城区由多个分散的区域组成，或有个别区域远离主城区，应将这些分散的区域相加作为城区。

城区人口

指划定的城区（县城）范围的人口数。按公安部门的户籍统计为准。

暂住人口

指离开常住户口地的市区或乡、镇，到本市居住半年以上的人员。一般按公安部门的暂住人口统计为准。

建成区面积

城市行政区内实际已成片开发建设、市政公用设施和公共设施基本具备的区域。对核心城市，它包括集中连片的部分以及分散的若干个已经成片建设起来，市政公用设施和公共设施基本具备的地区；对一城多镇来说，它包括由几个连片开发建设起来的，市政公用设施和公共设施基本具备的地区组成。因此建成区范围，一般是指建成区外轮廓线所能包括的地区，也就是这个城市实际建设用地所达到的范围。

城市建设用地面积

指城市用地中除水域与其他用地之外的各项用地面积，即居住用地、公共管理与公共服务用地、商业服务业设施用地、工业用地、物流仓储用地、道路交通设施用地、公共设施用地、绿地与广场用地八大类用地。

城市维护建设资金

指用于城市维护和建设的资金，资金来源包括城市维护建设税、公用事业附加、中央和地方财政拨款、国内贷款、债券收入、利用外资、土地出让转让收入、资产置换收入、市政公用企事业单位自筹资金、国家和省规定收取的用于城市维护建设的行政事业性收费、集资收入以及其他收入。资金支出包括固定资产投资支出、维护支出和其他支出。

本年鉴中仅统计了用于城市维护和建设的财政性资金。

城市维护建设税

指依据《中华人民共和国城市维护建设税暂行条例》开征的一种地方性税种。现行的征收办法是以纳税人实际缴纳的增值税、消费税、营业税税额为计税依据，与增值税、消费税、营业税同时缴纳。根据纳税人所在地不同执行不同的纳税率：市区的税率为百分之七；县城、镇的税率为百分之五；不在市区、县城或镇的税率为百分之一。

城市公用事业附加

指在部分公用事业产品（服务）价外征收的用于城市维护建设的附加收入。包括工业用电、工业用水附加，公共汽车、电车、民用自来水、民用照明用电、电话、煤气、轮渡等附加。

固定资产投资

指建造和购置市政公用设施的经济活动，即市政公用设施固定资产再生产活动。市政公用设施固定资产再生产过程包括固定资产更新（局部更新和全部更新）、改建、扩建、新建等活动。新的企业财务会计制度规定，固定资产局部更新的大修理作为日常生产活动的一部分，发生的大修理费用直接在成本费用中列支。按照现行投资管理体制及有关部门的规定，凡属于养护、维护性质的工程，不纳入固定资产投资统计。对新建和对现有市政公用设施改造工程，应纳入固定资产统计。

新增固定资产

指报告期内交付使用的固定资产价值。包括报告期内建成投入生产或交付使用的工程投资和达到固定资产标准的设备、工具、器具的投资及有关应摊入的费用。

新增生产能力(或效益)

指通过固定资产投资活动而增加的设计能力。计算新增生产能力(或效益)是以能独立发挥生产能力(或效益)的工程为对象。当工程建成，经有关部门验收鉴定合格，正式移交投入生产，即应计算新增生产能力(或效益)。

供水设计综合生产能力

指按供水设施取水、净化、送水、出厂输水干管等环节设计能力计算的综合生产能力。包括在原设计能力的基础上，经挖、革、改增加的生产能力。计算时，以四个环节中最薄弱的环节为主确定能力。

供水管道长度

指从送水泵至用户水表之间所有管道的长度。在同一条街道埋设两条或两条以上管道时，应按每条管道的长度计算。

供水总量

指报告期供水企业（单位）供出的全部水量。包括有效供水量和漏损水量。

有效供水量指水厂将水供出厂外后，各类用户实际使用到的水量。包括售水量和免费供水量。售水量指收费供应的水量。免费供水量指无偿供应的水量。

漏损水量指在供水过程中由于管道及附属设施破损而造成的漏水量、失窃水量以及水表失灵少计算的水量。

按用水用途可分为生产运营用水、公共服务用水、居民家庭用水和消防及其他特殊用水四类。

生产运营用水指在城市范围内生产、运营的农、林、牧、渔业、工业、建筑业、交通运输业等单位在生产、运营过程中的用水。

公共服务用水指为城市社会公共生活服务的用水。包括行政事业单位、部队营区和公共设施服务、社会服务业、批发零售贸易业、旅馆饮食业等单位的用水。

居民家庭用水指城市范围内所有居民家庭的日常生活用水。包括城市居民、农民家庭、公共供水站用水。

消防及其他特殊用水指城市灭火以及除居民家庭、公共服务、生产运营用水范围以外的各种特殊用水。包括消防用水、深井回灌用水、其他用水。

新水取用量

指取自任何水源被第一次利用的水量。新水量就一个城市来说，包括城市供水企业新水量和社会各单位的新水量。

用水重复利用量

指各用水单位在生产和生活中，循环利用的水量和直接或经过处理后回收再利用的水量之和。

节约用水量

指报告期新节水量，通过采用各项节水措施(如改进生产工艺、技术、生产设备、用水方式、换装节水器具、加强管理等)后，用水量和用水效益产生效果，而节约的水量。

人工煤气生产能力

指报告期末燃气生产厂制气、净化、输送等环节的综合生产能力，不包括备用设备能力。一般按设计能力计算，如果实际生产能力大于设计能力时，应按实际测定的生产能力计算。测定时应以制气、净化、输送三个环节中最薄弱的环节为主。

供气管道长度

指报告期末从气源厂压缩机的出口或门站出口至各类用户引入管之间的全部已经通气投入使用的管道长度。不包括煤气生产厂、输配站、液化气储存站、灌瓶站、储配站、气化站、混气站、供应站等厂（站）内的管道。

供气总量

指报告期燃气企业（单位）向用户供应的燃气数量。包括销售量和损失量。

汽车加气站

指专门为燃气机动车（船舶）提供压缩天然气、液化石油气等燃料加气服务的站点。

供热能力

指供热企业（单位）向城市热用户输送热能的设计能力。

供热总量

指在报告期供热企业（单位）向城市热用户输送全部蒸汽和热水的总热量。

供热管道长度

指从各类热源到热用户建筑物接入口之间的全部蒸汽和热水的管道长度。不包括各类热源厂内部的管道长度。

城市道路

指城市供车辆、行人通行的，具备一定技术条件的道路、桥梁、隧道及其附属设施。城市道路由车行道和人行道等组成。在统计时只统计路面宽度在3.5米（含3.5米）以上的各种铺装道路，包括开放型工业区和住宅区道路在内。

道路长度

指道路长度和与道路相通的桥梁、隧道的长度，按车行道中心线计算。

道路面积

指道路面积和与道路相通的广场、桥梁、隧道的面积（统计时，将人行道面积单独统计）。

人行道面积按道路两侧面积相加计算，包括步行街和广场，不含人车混行的道路。

桥梁

指为跨越天然或人工障碍物而修建的构筑物。包括跨河桥、立交桥、人行天桥以及人行地下通道等。

道路照明灯盏数

指在城市道路设置的各种照明用灯。一根电杆上有几盏即计算几盏。统计时，仅统计功能照明灯，不统计景观照明灯。

防洪堤长度

指实际修筑的防洪堤长度。统计时应按河道两岸的防洪堤相加计算长度，但如河岸一侧有数道防洪堤时，只计算最长一道的长度。

污水排放总量

指生活污水、工业废水的排放总量，包括从排水管道和排水沟（渠）排出的污水量。

（1）可按每条管道、沟（渠）排放口的实际观测的日平均流量与报告期日历日数的乘积。

（2）有排水测量设备的，可按实际测量值计算。

（3）如无观测值，也可按当地供水总量乘以污水排放系数确定。

城市分类污水排放系数

城市污水分类	污水排放系数
城市污水	0.7～0.8
城市综合生活污水	0.8～0.9
城市工业废水	0.7～0.9

排水管道长度

指所有排水总管、干管、支管、检查井及连接井进出口等长度之和。

污水处理量

指污水处理厂（或污水处理装置）实际处理的污水量。包括物理处理量、生物处理量和化学处理量。

污水处理厂干污泥产生量

指报告期内污水处理厂在污水处理过程中干污泥的最终产生量。干污泥是指污水处理过程中分离出来的固体，含水率85%以下。

污水处理厂干污泥处置量

指报告期内经过污泥消化、调理、浓缩、脱水等手段进行处理后，采用土地填埋、焚烧等方法对污泥进行最终安全处置的量。

绿化覆盖面积

指城市中的乔木、灌木、草坪等所有植被的垂直投影面积。包括公园绿地、防护绿地、生产绿地、附属绿地、其他绿地的绿化种植覆盖面积、屋顶绿化覆盖面积以及零散树木的覆盖面积。乔木树冠下重迭的灌木和草本植物不能重复计算。

绿地面积

指报告期末用作园林和绿化的各种绿地面积。包括公园绿地、生产绿地、防护绿地、附属绿地和其他绿地的面积。

公园绿地

城市中向公众开放的、以游憩为主要功能，有一定的游憩设施和服务设施，同时兼有健全生态、美化景观、防灾减灾等综合作用的绿化用地。它是城市建设用地、城市绿地系统和城市市政公用设施的重要组成部分。

公园

指常年开放的供公众游览、观赏、休憩、开展科学、文化及休闲等活动，有较完善的设施和良好的绿化环境、景观优美的公园绿地。包括综合性公园、儿童公园、文物古迹公园、纪念性公园、风景名胜公园、动物园、植物园、带状公园等。不包括居住小区及小区以下的游园。统计时只统计市级和区级的综合公园、专类公园和带状公园。

国家级风景名胜区

风景名胜区指风景名胜资源集中、自然环境优美、具有一定规模和游览条件，供人游览、观赏、休息和进行科学文化活动的地域。国家级风景名胜区指经国务院审定公布的风景名胜区。

风景名胜区面积

指经政府审定批准所确定的风景名胜区规划面积。

供游览面积

指报告期末风景名胜区内实际可供游人游览的面积。

道路清扫保洁面积

指报告期末对城市道路和公共场所（主要包括城市行车道、人行道、车行隧道、人行过街地下通道、道路附属绿地、地铁站、高架路、人行过街天桥、立交桥、广场、停车场及其他设施等）进行清扫保洁的面积。一天清扫保洁多次的，按清扫保洁面积最大的一次计算。

生活垃圾、粪便清运量

指报告期收集和运送到各生活垃圾、粪便处理场（厂）和生活垃圾、粪便最终消纳点的生活垃圾、粪便的数量。统计时仅计算从生活垃圾、粪便源头和从生活垃圾转运站直接送到处理场和最终消纳点的清运量，对于二次中转的清运量不要重复计算。

公共厕所

指供城市居民和流动人口使用，在道路两旁或公共场所等处设置的厕所。分为独立式、附属式和活动式三种类型。统计时只统计独立式和活动式，不统计附属式公厕。

独立式公共厕所按建筑类别应分为三类，活动式公共厕所按其结构特点和服务对象应分为组装厕所、单体厕所、汽车厕所、拖动厕所和无障碍厕所五种类别。

市容环卫专用车辆设备

指用于环境卫生作业、监察的专用车辆和设备，包括用于道路清扫、冲洗、洒水、除雪、垃圾粪便清运、市容监察以及与其配套使用的车辆和设备。如：垃圾车、扫路机（车）、洗路车、洒水车、真空吸粪车、除雪机、装载机、推土机、压实机、垃圾破碎机、垃圾筛选机、盐粉撒布机、吸泥渣车和专用船舶等。对于长期租赁的车辆及设备也统计在内。

村镇部分

人口密度

指建成区范围内的人口疏密程度。计算公式：

人口密度=（建成区户籍人口+建成区暂住人口）/建成区面积

用水普及率

指报告期末建成区（村庄）用水人口与建成区（村庄）人口的比率。按建成区、村庄分别统计。计算公式:

建成区用水普及率＝建成区用水人口/（建成区户籍人口+建成区暂住人口）×100%

村庄用水普及率＝村庄用水人口/（村庄户籍人口+村庄暂住人口）×100%

燃气普及率

指报告期末建成区使用燃气的人口与建成区人口的比率。计算公式：

燃气普及率＝用气人口/(建成区户籍人口+建成区暂住人口)×100%

人均道路面积

指报告期末建成区范围内平均每人拥有的道路面积。计算公式：

人均道路面积=道路面积/(建成区户籍人口+建成区暂住人口)

排水管道密度

指报告期末建成区范围内排水管道分布的疏密程度。计算公式：

排水管道密度=排水管道长度/建成区面积

人均公园绿地

指报告期末建成区范围内平均每人拥有的公园绿地面积。计算公式：

人均公园绿地面积＝公园绿地面积/(建成区户籍人口+建成区暂住人口)

绿化覆盖率

指报告期末建成区范围内绿化覆盖面积与建成区面积的比率。计算公式：

绿化覆盖率＝绿化覆盖面积/建成区面积×100%

绿地率

指报告期末镇（乡）建成区范围内绿地面积与建成区面积的比率。计算公式：

绿地率＝绿地面积/建成区面积×100%

人均日生活用水量

指用水人口平均每天的生活用水量。计算公式：

人均日生活用水量=报告期生活用水量/用水人口/报告期日历天数×1000升

建成区

指行政区域内实际已成片开发建设、市政公用设施和公共设施基本具备的区域。建成区面积以镇人民政府建设部门(或规划部门)提供的范围为准。

村庄

指农村居民生活和生产的聚居点。

建成区（村庄）户籍人口

指在其经常居住地的公安户籍管理机关登记了户籍的人口。

暂住人口

指在本地居住半年及以上的非本乡（镇）户籍的人。均以公安部门数据为准。

总体规划

指在镇（乡）行政区域范围内进行的布点规划及相应各项建设的整体部署，并经市（县）人民政府批准同意实施，报告期末仍处于有效期。

村庄建设规划

指在总体规划指导下，根据本地区经济发展水平，主要对住宅和供水、供电、道路、绿化、环境卫生以及生产配套设施建设的具体安排。村庄建设规划须经村民会议讨论同意，由乡级人民政府报县级人民政府批准。统计时要注意规划的有效期， 如至本年年底，规划已过期，则按无规划统计。

本年规划编制投入

指本年各种规划编制工作的总投入。

本年市政公用设施建设财政性资金收入

指本年内收到的可用于市政公用设施建造和购置的各种财政性资金，包括中央财政拨款、省财政拨款、市（县）财政拨款、镇（乡）本级财政。

公共供水

指公共供水企业以公共供水管道及其附属设施向单位和居民的生活、生产和其他各项建设提供用水。公共供水设施包括正规的水厂和虽达不到水厂标准,但不是临时供水设施,水质符合标准的其他设施。

自建设施供水

指企事业单位、机关团体、部队等社会单位自办的独立供水设施，以其自行建设的供水管道及其附属设施主要向本单位的生活、生产和其他各项建设提供用水。

综合生产能力

指按供水设施取水、净化、送水、输水干管等环节设计能力计算的综合生产能力。计算时，以四个环节中最薄弱的环节为主确定能力。没有设计能力的按实际测定的能力计算。对于经过更新改造后，实际生产能力与设计能力相差很大的，按实际能力填报。

供水管道长度

指从送水泵至用户水表之间直径 75mm 以上所有供水管道的长度。不包括从水源地到水厂的管道、水源井之间的连络管、水厂内部的管道、用户建筑物内的管道和新安装尚未使用的管道。按单管计算，即：如在同一条街道埋设两条或两条以上管道时，应按每条管道的长度计算。

年生活用水量

指居民家庭与公共服务年用水量。包括饮食店、医院、商店、学校、机关、部队等单位生活用水量，以及生产单位装有专用水表计量的生活用量（不能分开者，可不计）。

年生产用水量

指生产运营单位在生产、运营过程中的年用水量。

用水人口

指由供水设施供给生活用水的人口数，包括学校、机关、部队的用水人口。

用气人口

指报告期末使用燃气（人工煤气、天然气、液化石油气）的家庭用户总人口数。可以本地居民平均每户人口数乘以燃气家庭用户数计算。

在统计液化气家庭用户数时，年平均用量低于 90 公斤的户数，忽略不计。

集中供热面积

指通过热网向建成区内各类房屋供热的房屋建筑面积。只统计供热面积达到 1 万平方米及以上的集中供热设施。

道路

指镇（乡）建成区范围内和村庄内有交通功能的各种道路和土路。在统计时只统计路面宽度在 3.5 米（含 3.5 米）以上的道路。

道路长度、面积的计算

道路长度包括道路长度和与道路相通的桥梁、隧道的长度。道路面积只包括路面面积和与道路相通的广场、桥梁、停车场的面积，不含隔离带和绿化带面积。

污水处理厂

指污水通过排水管道集中于一个或几个处所，并利用由各种处理单元组成的污水处理系统进行净化处理，最终使处理后的污水和污泥达到规定要求后排放水体或再利用的生产场所。

氧化塘是污水处理的一种工艺，严格按《氧化塘设计规范》运行管理的氧化塘应作为污水处理厂。

污水处理装置

指在厂矿区设置的处理工业废水和周边地区生活污水的小型集中处理设备，以及居住区、度假村中设置的小型污水处理装置。

污水处理能力

指污水处理设施每昼夜处理污水量的设计能力,没有设计能力的按实际能力计算。

年污水处理总量

指一年内各种污水处理设施处理的污水量，包括将本地的污水收集到外地的污水处理设施处理的量，其中污水处理厂处理的量计为集中处理量。

绿化覆盖面积

指建成区内的乔木、灌木、草坪等所有植被的垂直投影面积。包括各种绿地的绿化种植覆盖面积、屋顶绿化覆盖面积以及零散树木的覆盖面积，不包括植物未覆盖的水域面积。

绿地面积

指报告期末建成区内用作园林和绿化的各种绿地面积。包括公园绿地、生产绿地、防护绿地、附属绿地的面积。其中：**公园绿地**指向公众开放的、以游憩为主要功能，有一定游憩设施的绿地。

年生活垃圾处理量

指一年将建成区内的生活垃圾运到生活垃圾处理场（厂）进行处理的量，包括无害化处理量和简易处理量。

公共厕所数量

指在建成区范围内供居民和流动人口使用的厕所座数。统计时只统计独立的公厕，不包括公共建筑内附设的厕所。

住宅

指坐落在村镇范围内，上有顶、周围有墙，能防风避雨，供人居住的房屋。按照各地生活习惯，可供居住的帐篷、毡房、船屋等也包括在内，兼作生产用房的房屋可以算为住宅。包括厂矿、企业、医院、机关、学校的集体宿舍和家属宿舍，但不包括托儿所、病房、疗养院、旅馆等具有专门用途的房屋。

公共建筑

指坐落在村镇范围内的各类机关办公、文化、教育、医疗卫生、商业等公共服务用房。

生产性建筑

指坐落在村镇范围内的包括乡镇企业厂房、养殖厂、畜牧场等用房及各类仓库用房的建筑面积。

本年竣工建筑面积

指本年内完工的住宅（公共建筑、生产性建筑）建筑面积。包括新建、改建和扩建的建筑面积，未完工的在建房屋不要统计在内。统计时按镇（乡）建成区和村庄分开统计。

年末实有建筑面积

指本年年末，坐落在村镇范围内的全部住宅（公共建筑、生产性建筑）建筑面积。统计时按镇（乡）建成区和村庄分开统计。计算方法为：

年末实有房屋建筑面积=上年末实有+本年竣工+本年区划调整增加-本年区划调整减少-本年拆除（倒塌、烧毁等）

混合结构以上

指结构形式为混合结构及其以上（如钢筋混凝土结构、砖混结构）的房屋建筑面积。

Explanatory Notes on Main Indicators

Indicators in the statistics for Cities and County Seats

Population Density

It refers to the quality of being dense for population in a given zone. The calculation equation is:

$$\text{Population Density}=\frac{\text{Population in Urban Areas + Urban Temporary Population}}{\text{Urban Area}}$$

Daily Domestic Water Use Per Capita

It refers to average amount of daily water consumed by each person. The calculation equation is

Daily Domestic Water Use Per Capita= (Water Consumption by Households + Water Use for Public Service) ÷Population with Access to Water Supply ÷Calendar Days in Reported Period× 1000 liters

Water Coverage Rate

It refers to proportion of urban population supplied with water to urban population. The calculation equation is:

$$\text{Water Coverage}=\frac{\text{Urban Population with Access to Water Supply}}{\text{Urban Permanent Population + Urban Temporary Population}}\times 100\%$$

Gas Coverage Rate

It refers to the proportion of urban population supplied with gas to urban population. The calculation equation is:

$$\text{Gas Coverage}=\frac{\text{Urban Population with Access to Gas}}{\text{Urban Permanent Population + Urban Temporary Population}}\times 100\%$$

Surface Area of Roads Per Capita

It refers to the average surface area of roads owned by each urban resident at the end of reported period. The calculation equation is:

$$\text{Surface Area of Roads Per Capita}=\frac{\text{Surface Area of Roads in Given Urban Areas}}{\text{Urban Permanent Population + Urban Temporary Population}}$$

Density of Road Network

It refers to the extent which roads cover given urban areas (built-up districts) at the end of reported period. The calculation equation is:

$$\text{Density of Road Network}=\frac{\text{Length of Roads in Given Urban Areas}}{\text{Floor Area of Given Urban Areas (Built}-\text{up Districts)}}$$

Density of Drainage Pipelines

It refers to the extent which drainage pipelines cover given urban areas (built-up districts) at the end of reported period. The calculation equation is:

$$\text{Density of Drainage Pipelines}=\frac{\text{Length of Drainage Pipelines in Given Urban Areas}}{\text{Floor Area of Given Urban Areas (Built}-\text{up Districts)}}$$

Wastewater Treatment Rate

It refers to the proportion of the quantity of wastewater treated to the total quantity of wastewater discharged at the end of reported period. The calculation equation is:

$$\text{Wastewater Treatment Rate}=\frac{\text{Quantity of Wastewater Treated}}{\text{Quantity of Wastewater Discharged}}\times 100\%$$

Centralized Treatment Rate of Wastewater Treatment Plants

It refers to the proportion of the quantity of wastewater treated in wastewater treatment plants to the total quantity of wastewater discharged at the end of reported period. The calculation equation is:

$$\text{Centralized Treatment Rate of Wastewater Treatment Plants} = \frac{\text{Quantity of wastewater treated in wastewater treatment facility}}{\text{Quantity of wastewater discharged}} \times 100\%$$

Public Recreational Green Space Per Capita

It refers to the average public recreational green space owned by each urban dweller in given areas. The calculation equation is:

$$\text{Public Recreational Green Space Per Capita} = \frac{\text{Public green space in given urban areas}}{\text{Urban Permanent Population} + \text{Urban Temporary Population}} \times 100\%$$

Green Coverage Rate of Built Districts

It refers to the ratio of green coverage area of built districts to surface area of built districts at the end of reported period. The calculation equation is:

$$\text{Green Coverage Rate of Built Districts} = \frac{\text{Green Coverage Area of Built Districts}}{\text{Area of Built Districts}} \times 100\%$$

Green Space Rate of Built Districts

It refers to the ratio of area of parks and green land of built districts to the area of built up districts at the end of reported period. The calculation equation is:

$$\text{Green Space Rate of Built Districts} = \frac{\text{Area of parks and green land of built districts}}{\text{Area of Built Districts}} \times 100\%$$

Domestic Garbage Treatment Rate

It refers to the ratio of quantity of domestic garbage treated to quantity of domestic garbage produced at the end of reported period. The calculation equation is:

$$\text{Domestic Garbage Treatment Rate} = \frac{\text{Quantity of Domestic Garbage Treated}}{\text{Quantity of Domestic Garbage Produced}} \times 100\%$$

Domestic Garbage Harmless Treatment Rate

It refers to the ratio of quantity of domestic garbage treated harmlessly to quantity of domestic garbage produced at the end of reported period. The calculation equation is:

$$\text{Domestic Garbage Harmless Treatment Rate} = \frac{\text{Quantity of Domestic Garbage Treated Harmlessly}}{\text{Quantity of Domestic Garbage Produced}} \times 100\%$$

Urban District Area

It refers to the total land area (including water area) under jurisdiction of cities.

Urban Area

Urban area of a city includes: (1) areas administered by neighborhood office; (2) other towns (villages) connected to city public facilities, residential facilities and municipal utilities; (3) Independent Industrial and Mining District, Development Zones, special areas like research institutes , universities and colleges with permanent residents of 3000 above.

Towns (villages) connected to city public facilities, residential facilities and municipal utilities means that towns and urban centers are connected with public facilities, residential facilities and municipal utilities that are constructed or under construction , and not cut off by non-construction land like water area, agricultural land, parks, woodland or pasture.

As to conurbation or cities organized in scattered form, urban area should include the separated or decentralized area.

Urban Permanent Population

It refers to permanent residents in urban areas, which are in compliance with the number of permanent residents registered in public security authorities.

Temporary Population

Temporary population includes people who leave permanent address, and live for over half one year in a place, which are in compliance with the number of temporary residents registered in public security authorities.

Area of Built District

It refers to large scale developed quarters within city jurisdiction with basic public facilities and utilities. For a nucleus city, the built-up district consists of large-scale developed quarters with basic public facilities and utilities, which are either centralized or decentralized. For a city with several towns, the built- up district consists of several developed quarters attached in succession with basic public facilities and utilities. Range of built-up district is the area encircled by the limits of the built-up district, i.e. the range within which the actual developed land of this city exists.

Area of Urban Land for development Purpose

It refers to area of land except water area and land for other purposes, including land for residential development, Administration and Public Services, Commercial and Business Facilities, Industrial, Manufacturing, Logistics and Warehouse, Road, Street and Transportation, Municipal Utilities, Green Space and Square.

Urban Maintenance and Construction Fund

It refers to fund used for urban construction and maintenance, including urban maintenance and construction tax, extra-charges for public utilities, financial allocation from the central government and local governments, domestic loan, securities revenue, foreign investment, revenue from land transfer and assets replacement, self-raised fund by municipal utilities, charges by administrative and institutional units for urban maintenance and construction, pooled revenue and other revenues.

Urban Maintenance and Construction Tax

It is one of local taxes imposed according to *Temporary Regulations of People's Republic of China on Urban Maintenance and Construction Tax*. It is levied based on actual value-added tax, consumption tax and business tax paid by a taxpayer. It is also paid with value-added tax, consumption tax and business tax at the same time. Different rates apply different places. The rate comes to 7% in urban areas, 5% in counties and towns and 1% beyond these places.

Extra Charge from Urban Utilities

It is additional revenue obtained from additional fees imposed on provision of products and service of such urban utilities as power generation, water supply for the industry, operation of public bus and trolley bus, taped water supply, electricity for lightening, telephone operation, gas and ferry etc. for the purpose of urban construction and maintenance.

Investment in Fixed Assets

It is the economic activities featuring construction and purchase of fixed assets, i.e. it is an essential means for social reproduction of fixed assets. The process of reproducing fixed assets includes fixed assets renovation (part and full renovation), reconstruction, extension and new construction etc. According to the new industrial financial accounting system, cost of major repairs for part renovation of fixed assets is covered by direct cost. According to the current investment management and administrative regulations, any repair and maintenance works are not included in statistics as investment in fixed assets. Innovation projects on current municipal service facilities should be included in statistics.

Newly Added Fixed Assets

They refer to the newly increased value of fixed assets, including investment in projects completed and put into operation in the reported period, and investment in equipment, tools, vessels considered as fixed assets as well as relevant expenses should be included in.

Newly Added Production Capacity (or Benefits)

It refers to newly added design capacity through investment in fixed assets. Newly added production capacity or benefits is calculated based on projects which can independently produce or bring benefits once projects are put into operation.

Integrated Water Production Design Capacity

It refers to a comprehensive capacity based on the design capacity of components of the process, including water collection, purification, delivery and transmission through mains. The integrated capacity also includes added capacity through reform and renovation of water system based on the original design capacity. In calculation, the capacity of weakest component is the principal determining capacity.

Length of Water Pipelines

It refers to the total length of all pipes from the pumping station to individual water meters. If two or more pipes line in parallel in a same street, the length of water pipelines is the length sum of each line.

Total Quantity of Water Supplied

It refers to the total quantity of water delivered by water suppliers during the reported period, including accounted water and unaccounted water.

Accounted water refers to the actual quantity of water delivered to and used by end users, including water sold and free. Water sold refers to the quantity of water billed. Free water refers to water supplied without charge.

Unaccounted water refers to sum of water leakage, theft water due to degeneration of water pipes and accessories as well as non-billed water due to malfunction of water meters.

Water supplied are classified into four types due to different purposes: water for production and operation, water for public service, water for domestic use, water for fire control and other special purposes.

Water for production and operation refers to the quantity of water used by units in sectors of agriculture, forestry, animal husbandry, industry, construction, and transportation for production and operation within cities.

Water for public service refers to water used for public services by units in administration, military, utilities, retails, hotel and food services etc.

Water for domestic use refers to daily water quantity consumed by all urban households, such as urban dwellers, farmers. It also includes water used by public water supply stations.

Water for fire control and other special purposes refers to water used for fire control within cities and other specific purposes, including deep-well recharge, other than for domestic, public service, production and operation purposes.

Quantity of Fresh Water Used

It refers to the quantity of water obtained from any water source for the fist time. As for a city, it includes the quantity of fresh water used by urban water suppliers and customers in different industries and sectors.

Quantity of Recycled Water

It refers to the sum of water recycled, reclaimed and reused by customers.

Quantity of Water Saved

It refers to the water saved in the reported period through efficient water saving measures, e.g. improvement of production methods, technologies, equipment, water use behavior or replacement of defective and inefficient devices, or strengthening of management etc.

Integrated Gas Production Capacity

It refers to the combined capacity of components of the process such as gas production, purification and delivery with an exception of the capacity of backup facilities at the end of reported period. It is usually calculated based on the design capacity. Where the actual capacity surpluses the design capacity, integrated capacity should be calculated based on the actual capacity, mainly depending on the capacity of the weakest component.

Length of Gas Supply Pipelines

It refers to the length of pipes operated in the distance from a compressor's outlet or a gas station exit to pipes connected to individual households at the end of reported period, excluding pipes through coal gas production plant, delivery station, LPG storage station, bottled station, storage and distribution station, air mixture station and supply station.

Quantity of Gas Supplied

It refers to amount of gas supplied to end users by gas suppliers at the end of reported period. It includes sales amount and loss amount.

Gas Stations for Gas- Fueled Motor Vehicles

They are designated stations that provide such fuels as compressed natural gas, LPG to gas-fueled motor vehicles.

Heating Capacity

It refers to the design capacity of heat delivery by heat suppliers to urban customers.

Total Quantity of Heat Supplied

It refers to the total quantity of heat obtained from steam and hot water, which is delivered to urban users by heat suppliers during the reported period.

Length of Heating Pipelines

It refers to the total length of pipes for delivery of steam and hot water from heat sources to entries of buildings, excluding lines within heat sources.

Urban roads

They refer to roads, bridges, tunnels and auxiliary facilities that are provided to vehicles and passengers for transportation. Urban roads consist of drive lanes and sidewalks. Only paved roads with width with and above 3.5 m, including roads within on-limits industrial parks and residential communities are included in statistics.

Length of Roads

It refers to the length of roads and bridges and tunnels connected to roads. It is calculated based on the length of centerlines of traffic lanes.

Surface Area of Roads

It refers to surface area of roads and squares, bridges and tunnels connected to roads (surface area of sidewalks is calculated separately). Surface area of sidewalks is the area sum of each side of sidewalks including pedestrian streets and squares, excluding car-and-pedestrian mixed roads.

Bridges

They refer to constructed works that span natural or man-made barriers. They include bridges spanning over rivers, flyovers, overpasses and underpasses.

Number of Road Lamps

It refers to the sum of road lamps only for illumination, excluding road lamps for landscape lightening.

Length of Flood Control Dikes

It refers to actual length of constructed dikes, which sums up the length of dike on each bank of river. Where each bank has more than one dike, only the longest dike is calculated.

Quantity of Wastewater Discharged

It refers to the total quantity of domestic sewage and industrial wastewater discharged, including effluents of sewers, ditches, and canals.

(1) It is calculated by multiplying the daily average of measured discharges from sewers, ditches and canals with calendar days during the reported period.

(2) If there is a device to read actual quantity of discharge, it is calculated based on reading.

(3) If without such ad device, it is calculated by multiplying total quantity of water supply with wastewater drainage coefficient.

Category of urban wastewater	Wastewater drainage coefficient
Urban wastewater	0.7-0.8
Urban domestic wastewater	0.8-0.9
Urban industrial wastewater	0.7-0.9

Length of Drainage Pipelines

The total length of drainage pipelines is the length of mains, trunks, branches plus distance between inlet and outlet in manholes and junction wells.

Quantity of Wastewater Treated

It refers to the actual quantity of wastewater treated by wastewater treatment plants and other treatment facilities in a physical, or chemical or biological way.

Quantity of Dry Sludge Produced in Wastewater Treatment Plants

It refers to the final quantity of dry sludge produced in the process of wastewater treatment plants. Dry sludge is the solid mass with moisture below 85%, which is separated from the wastewater treatment process.

Quantity of Dry Sludge Treated in Wastewater Treatment Plants

It refers to total quantity of dry sludge that has been treated through land fill or incinerated after being digested, conditioned, densified and dewatered at reported period.

Green Coverage Area

It refers to the vertical shadow area of vegetation such as trees (arbors), shrubs and grasslands. It is the area sum of public recreational green space, shelter belt green land for production, attached green space and other green space, roof greening and scattered trees coverage. The coverage area of bushes and herbs under the shadow of trees should not be counted for repetitively.

Area of Green Space

It refers to the area of all spaces for parks and greening at the end of reported period, which includes area of public recreational green space, green land for production, shelter belt, attached green spaces, and other green space.

Public Recreational Green Space

It refers to green space with recreation and service facilities. It also serves some comprehensive functions such as improving ecology and landscape and preventing and mitigating disasters. It is an important part of urban construction land, urban green space system and urban service facilities.

Parks

They refer to places open to the public for the purposes of tourism, appreciation, relaxation, and undertaking scientific, cultural and recreational activities. They are fully equipped and beautifully landscaped green spaces. There are different kinds of parks, including general park, Children Park, park featuring historic sites and culture relic, memorial park, scenic park, zoo, botanic garden, and belt park.

Recreational space within communities is not included in statistics, while only general parks, theme parks and belt parks at city or district level are included in statistics.

State-level Scenic Spots and Historic Sites

Scenic spots and historic sites are areas boasting concentrated natural beauty and resources of historic interests, where people could tour, sightsee, rest or conduct scientific and cultural activities. State-level scenic spots and historic sites are scenic spots and historic sites approved and publicized by the State Council.

Area of Scenic Spots and Historic Sites

It is the planned area of scenic spots and historic sites that has been examined and approved by the state council.

Tourism Area

It is the actual area for tourists in scenic spots and historic sites at the end of the reported period.

Area of Roads Cleaned and Maintained

It refers to the area of urban roads and public places cleaned and maintained at the end of reported period, including drive lanes, sidewalks, drive tunnels, underpasses, green space attached to roads, metro stations, elevated roads, flyovers, overpasses, squares, parking areas and other facilities. Where a place is cleaned and maintained several times a day, only the time with maximum area cleaned is considered.

Quantity of Domestic Garbage and Soil Transferred

It refers to the total quantity of domestic garbage and soil collected and transferred to treatment grounds. Only quantity collected and transferred from domestic garbage and soil sources or from domestic garbage transfer stations to treatment grounds is calculated with exception of quantity of domestic garbage and soil transferred second time.

Latrines

They are used by urban residents and flowing population, including latrines placed at both sides of a road and public place. They usually consist of detached latrine movable latrine and attached latrine. Only detached latrines rather than latrines attached to public buildings are included in the statistics.

Detached latrine is classified into three types. Moveable latrine is classified into fabricated latrine, separated latrine, motor latrine, trail latrine and barrier-free latrine.

Specific Vehicles and Equipment for Urban Environment Sanitation

They refer to vehicles and equipment specifically for environment sanitation operation and supervision, including vehicles and equipment used to clean, flush and water the roads, remove snow, clean and transfer garbage and soil, environment sanitation monitoring, as well as other vehicles and equipment supplemented, such as garbage truck, road clearing truck, road washing truck, sprinkling car, vacuum soil absorbing car, snow remover, loading machine, bulldozer, compactor, garbage crusher, garbage screening machine, salt powder sprinkling machine, sludge absorbing car and special shipping. Vehicles and equipment for long-term lease are also included in the statistics.

Indicators in the Statistics for Villages and Small Towns

Population density

Population density is the measure of the population per unit area in built-up district.

Calculation equation is:

Population Density= (Registered Permanent Population in Built District +Temporary Population in Built District)/ Area of Built District

Water Coverage Rate

It refers to proportion of population supplied with water in built district (villages) to population in built district (villages) at the end of reported period. Statistics is made by built district and village respectively. The calculation equation is:

Water Coverage Rate in Built District = Population with Access to Water Supply in Built District/ (Registered Permanent Population in Built District +Temporary Population in Built District)×100%

Water Coverage Rate in Villages= Population with Access to Water Supply in Villages/ (Registered Permanent Population in Village +Temporary Population in Village)×100%

Gas Coverage Rate

It refers to the proportion of population supplied with gas in built district to urban population in built district at the end of reported period. The calculation equation is:

Gas Coverage Rate= Population Supplied with Gas in Built District/ (Registered Permanent Population in Built District +Temporary Population in Built District)×100%

Surface Area of Roads Per Capita

It refers to the average surface area of roads owned by each urban resident in built district at the end of reported period. The calculation equation is:

Surface Area of Roads Per Capita= Surface Area of Roads / (Registered Permanent Population in Built District +Temporary Population in Built District)

Density of Drainage Pipelines

It refers to the extent which drainpipes cover built district at the end of reported period. The calculation equation is:

Density of Drainage Pipelines=Length of Drainage Pipelines /Floor Area of Built District

Public Recreational Green Space Per Capita

It refers to the average public recreational green space owned by each dwell in built district at the end of reported period. The calculation equation is:

Public Recreational Green Space Per Capita = Area of Public Recreational Green Space / (Registered Permanent Population in Built District +Temporary Population in Built District)

Green Coverage Rate

It refers to the ratio of green coverage area of built district to surface area of built district at the end of reported period. The calculation equation is:

Green Coverage Rate =

Built District Green Coverage Area / Area of Built District ×100%

Green Space Rate

It refers to the ratio of area of parks and green land of built district to the area of built district at the end of reported period. The calculation equation is:

Green Space Rate =

Built district Area of Parks and Green Space /Area of built district×100%

Daily Domestic Water Use Per Capita

It refers to average amount of daily water consumed by each person. The calculation equation is:

Domestic Water Use Per Capita= Domestic Water Consumption / Population with Access to Water Supply/ Calendar Days in Reported Period× 1000 liters

Built District

It refers to large scale developed quarters within city jurisdiction with basic public facilities and utilities, which is subject to area verified by local construction authorities or planning authorities.

Village

It refers to a collection of houses and other buildings in a country area where rural residents live and produce.

Population of Built Districts (villages)

It refers to the population who register with the public security authorities responsible for the district of their permanent residence.

Temporary Population

Temporary population includes people who leave permanent address, and live for half one year in a place, which are subject to the number of temporary residents registered with the public security authorities.

Master Planning

It addresses location, size, form, character and environment, and arrangement of facilities within local jurisdiction at town (village) level, which is approved by city (county) government and still validates at the end of reported period.

Villages Development Planning

It addresses, under guidance of master planning, detailed arrangement for residential buildings, water supply, power supply, roads, greening, environmental sanitation and supplementary facilities for production according to local economic development level. Development Planning in Villages must be discussed by village farmers, and approved by county government. Special attention should be given to planning validation in statistics.

Input in Planning Development this Year

It refers to total input in development of various kinds of planning this year.

Fiscal Appropriation for Municipal Service Facilities Development

It refers to various kinds of fiscal funds for purchase or construction of municipal service facilities received within this year, including appropriation from central government, provincial government, municipal/county and Town/village government.

Public Water Supply

It refers to water supply for production, domestic use as well as public service by public water suppliers through water supply pipes and accessories. Public water supply facilities include regular plants , and other facilities which are not temporary facilities and produce water in compliance with standards.

Water Supply by Self-Built Facilities

They refer to independent facilities operated by government agencies, organizations, enterprises and institutions, which supply water for own production, domestic use and services through water supply pipes and accessories.

Integrated Water Production Capacity

It refers to a comprehensive capacity based on the design capacity of components of the process, including water collection, purification, delivery and transmission through mains. In calculation, the capacity of weakest component is the principal determining capacity. Without design capacity, it is calculated based on capacity measured. If real production capacity differs widely from design capacity through renovation, real production capacity will be the basis for calculation.

Length of Water Pipelines

It refers to the total length of all pipes from the pumping station to individual water meters, excluding pipes from water resources to water plants, connection pipes between water resources wells, pipes within water plants and end-use buildings as well as pipes newly installed but not uses yet. If two or more pipes line in parallel in a same street, the length of water pipelines is the length sum of each line.

Yearly Domestic Water Use

It refers to amount of water consumed by households and public facilities, including domestic water use by restaurant, hospital, department store, school, government agency and army as well as water metered by special meters installed in industrial users for domestic use.

Yearly Water Consumption for Production

It refers to water consumed each year by industrial users for production and operation.

Population with Access to Water

It refers to quantity of people supplied with water supply facilities, including people in school, government agency and army.

Population with Access to Gas

It refers to total quantity of customers in households supplied with gas (including man-made gas, natural gas and LPG) at the end of reported period. It can be calculated by multiplying average members in each household by number of households supplied with gas.

When comes to number of households supplied with LPG, the households with yearly average use of LPG being below 90 kilograms are not included in statistics.

Area of Centrally Heated District

It refers to floor area of building stock in built-up districts supplied with centralized heating system. Only areas with centrally heated floor space of 10,000 square meters and above are included in statistics.

Road

They refer to smooth prepared track or way along which wheeled vehicles can travel in built district at town level and villages. Roads whose width is 3.5 meters or over are included in statistics.

Length and Surface Area of Road

It refers to the length of roads and bridges and tunnels connected to roads. It is calculated based on the length of centerlines of traffic lanes. Surface area of roads only includes surface area of roads and squares, bridges and tunnels connected to roads, excluding separation belt and green belt.

Wastewater Treatment Plant

It refers to places where wastewater is collected in one or a few places through drainage pipes, then purified and treated by wastewater treatment system with treated water and sludge being discharged or recycled in accordance with related standards and requirements.

Oxidation pond is one of techniques applied in wastewater treatment. Oxidation pond which is strictly operated in accordance with Oxidation Pond Design Standard should be employed as wastewater treatment plant

Wastewater Treatment Facilities

They refer to small-size and centralized equipment and devices installed in plant or mining area to treat industrial wastewater and domestic wastewater in surrounding areas , as well as wastewater equipment and devices placed in residential areas.

Wastewater Treatment Capacity

It refers to design capacity for amount of wastewater treated every day and night by wastewater treatment facilities. If there is lack of design capacity, real capacity will be the determining factor for calculation.

Yearly Amount of Wastewater Treated

It refers to amount of wastewater treated by different wastewater treatment facilities within a year, including the amount of local wastewater collected and delivered to wastewater treatment facilities in other areas. The amount of wastewater treated in wastewater treatment plants are regarded as centralized treated amount.

Green Coverage Area

It refers to the vertical shadow area of vegetation such as trees (arbors), shrubs and grasslands. It is the area sum of green space, roof greening and scattered trees coverage. The surface area of water bodies which are not covered by green is not included.

Area of Green Space

It refers to the area of all spaces for parks and greening at the end of reported period, which includes area of public recreational green space, green land for production, shelter belt, and attached green spaces. Among which, Public Recreational Green Space refers green space equipped with recreational facilities and open to the public for recreational purposes.

Yearly Amount of Domestic Garbage Treated

It refers to amount of domestic garbage in built district which are delivered to domestic garbage treatment plants for harmless treatment or simplified treatment each year.

Number of Latrines

It refers to number of latrines for residents and floating population. Statistics only includes detached latrines, and latrines located within buildings are not included.

House

It refers to residential building with roof and wall that shelters people from external environment. In light of the local customs, houses also include tent, yurt and ship where people could live, building used for production in addition to habitation, and living quarters for workers and staff supplied by factories and mines, enterprises, hospitals, government agencies and schools. Nursery, ward, sanatorium, and hotel which are special purpose buildings are not included.

Public Building

It refers to buildings for government agencies, culture activities, healthcare, and business and commerce, which are located in towns and villages.

Building for Production

It refers to buildings for township enterprises, farms, stock farms, and warehouses located in towns and villages.

Floor Area of Buildings Completed this Year

It refers to floor area of buildings (public buildings and buildings for production) completed in this year, including floor area of new construction, renovation, and extension. On going construction is not included in statistics. Data are separately collected for the built-up districts of small towns and villages.

Real Floor Area of Buildings at the End of Year

It refers to floor area of total buildings (public buildings and buildings for production) located in towns and villages at the end of year. Calculation equation:

Real Floor Area of Buildings at the End of Year =Real Floor Area of Buildings at The End of Last Year+ Added Floor Area of Buildings Due to District Readjustment This Year- Reduced Floor Area of Buildings Due to District Readjustment This Year-floor Area of Buildings Dismantled (collapsed or burned down)This Year.

Building with Mixed Structure

It refers to floor area of buildings with mixed structure, such as reinforced concrete structure, brick-and-concrete structure etc.